꿈이당

꿈 꾸어라!
이 루어라!
당 신 뜻대로!

KB007875

경찰대학 수학

유형별 기출문제 총정리

특수대학 입학시험 연구회 편

단권화

경찰대학 합격! 수능 고득점!

- 경찰대학 수학시험의 특성을 분석하여 출제경향에 맞춘 유형별 문제 수록

- 유형별로 최적화된 고난도 문제로 수능 고득점 준비 완전체 수학 문제집

사관학교·경찰대학 1차 시험 합격
수학능력시험 고득점

사관학교 · 경찰대학 1차 시험[국영수] 출제경향을 분석하여 유형별로 제시한 과목별 문제집

유형별로 최적화된 고난도 문제로 수능 고득점을 준비하기 위한 완전체 과목별 문제집

영어 고득점!
사관학교와
경찰대학, 수능까지!

사관학교 · 경찰대학 · 수학능력시험 영어 기출문제에서 뽑은 영단어 모음집

기출 문장으로 익히고 확인문제로 복습하는 영단어 모음집

꿈이당 꿈 꾸어라!
이 루어라!
당 신 뜻대로!

경찰대학 수학

유형별 기출문제 총정리

특수대학 입학시험 연구회 편

나는 똑똑한 것이 아니라
단지 문제를 더 오래 연구할 뿐이다.

– 알버트 아인슈타인

성과를 내려는 사람들은 수없이 많습니다.
하지만 마음만으로 원하는 결과를 얻을 수 있는 것은 아닙니다.

어렵고 힘든 목표를 성취하려면 끈기 있는 자세가 필요합니다.
쉽게 단념하지 않고 견딜 때 노력이 결실을 맺을 수 있는 가능성이 열립니다.

재능이 부족하다고 도중에 멈춘다면 성공할 수 있는 기회도 주어지지 않습니다.
스스로 포기하기보다는 끈기를 가지고 노력하세요.

〈꿈이당〉은 수험생 여러분의 노력을 응원합니다.
〈꿈이당〉과 함께 합격의 그날까지 꾸준히 나아가시기 바랍니다.

이 책의 구성과 특징

1 경찰대학 경쟁률 및 출제 경향

지난 3년간 경찰대학 경쟁률 및 국어·영어·수학 과목의 전반적인 출제 경향과 대비책, 2018학년도 수학 기출문제 분석표를 수록하였습니다.

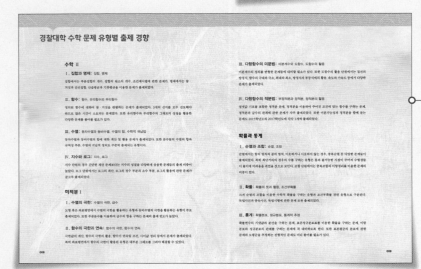

2 경찰대학 수학 기출문제 단원별·유형별 출제 경향 분석

경찰대학 수학 출제 범위에 해당하는 기출문제의 단원별·유형별 출제 경향을 분석하여 수험생들이 학습 방향을 잡을 수 있도록 하였습니다.

3 단원별 개념 정리

교과서 개념을 정리하여 수록하였습니다. 문제를 풀기 전 해당 개념을 학습할 수 있습니다.

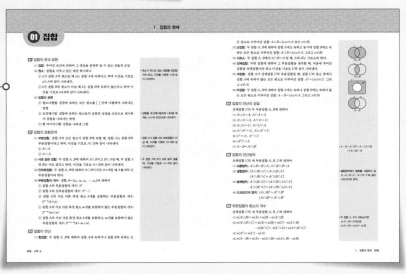

4 경찰대학 수학 문제 유형을 훑어보는 기출 유형 살피기

각 유형별 대표 기출문제를 선정하여 각 단원 맨 앞에 수록하였습니다. 해당 문제의 풀이 및 해결 Tip을 담아 수험생들 스스로 풀이 과정을 점검해 볼 수 있도록 하였습니다.

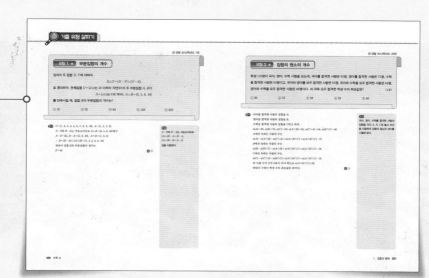

5 경찰대학 기출문제를 수록한 기출 유형 더 풀기

각 유형별 경찰대학 수학 기출문제를 수록하였습니다. 수험생들은 해당 문제를 통해 출제 유형에 익숙해 질 수 있습니다.

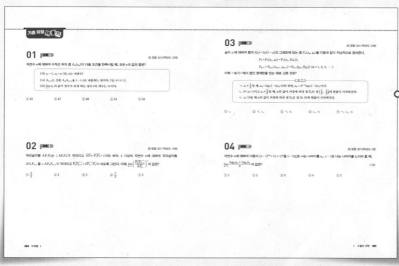

6 동일 유형 타기관 기출 문제를 수록한 유형 연습 더하기

추가 연습이 가능하도록 사관학교, 대학 수학능력시험, 평가원, 교육청 기출문제를 수록하였습니다.

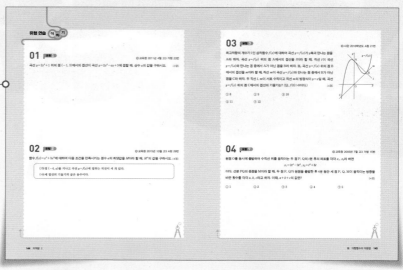

목 차

이 책의 구성과 특징	002
경찰대학 경쟁률 및 출제 경향	006
경찰대학 수학 문제 유형별 출제 경향	008
경찰대학 모집요강 및 사정표	010
대입 중심 연중 행사표	012
공무원 직급표	014

	문제	해설
수학 II		
Ⅰ. 집합과 명제		
01 집합	018	002
02 명제	026	003
Ⅱ. 함수		
01 함수	034	004
02 유리함수와 무리함수	040	004
Ⅲ. 수열		
01 등차수열과 등비수열	046	006
02 수열의 합	058	008
03 수학적 귀납법	068	011
Ⅳ. 지수와 로그		
01 지수	072	011
02 로그	078	012
미적분 I		
Ⅰ. 수열의 극한		
01 수열의 극한	090	014
02 급수	100	016
Ⅱ. 함수의 극한과 연속		
01 함수의 극한과 연속	112	018
Ⅲ. 다항함수의 미분법		
01 미분계수와 도함수	124	019
02 도함수의 활용	130	019
Ⅳ. 다항함수의 적분법		
01 부정적분과 정적분	146	024
02 정적분의 활용	158	026
확률과 통계		
Ⅰ. 순열과 조합		
01 순열	168	028
02 조합	180	030
Ⅱ. 확률		
01 확률의 뜻과 활용 및 조건부확률	192	031
Ⅲ. 통계		
01 확률분포와 정규분포	206	033
02 통계적 추정	222	035

경찰대학 경쟁률 및 출제 경향

1. 최근 3년간 경쟁률 및 인원

구분		총계	일반전형			특별전형		
			소계	남	여	소계	농어촌 학생	한마음 무궁화
2018	비율 인원	68.5 100명	73.1 90명	57.6 80명	197.8 10명	26.4 10명	21.4 5명	31.4 5명
2017	비율 인원	113.6 100명	121.5 90명	97.2 80명	315.8 10명	43.1 10명	37 5명	49.2 5명
2016	비율 인원	97 100명	103 90명	85.2 80명	245.5 10명	42.6 10명	35.4 5명	49.8 5명

2. 출제 경향에 따른 경찰대학 1차 시험 대비책

〈경찰대학 및 수학능력시험 출제 범위 비교〉

영역	경찰대학	수학능력시험
국어	화법과 작문 독서와 문법 문학	화법과 작문 독서와 문법 문학
영어	영어 Ⅰ 영어 Ⅱ	영어 Ⅰ 영어 Ⅱ
수학	수학 Ⅱ 미적분 Ⅰ 확률과 통계	수학 Ⅱ 미적분 Ⅰ 확률과 통계

    2018학년도 경찰대학 1차 시험은 고등학교 문과 교과 과정 국어, 영어, 수학 전 영역에서 출제되었다. 2019학년도 1차 시험은 수학 나형 기준 대학수학능력시험과 출제 범위가 같다.

    경찰대학 1차 시험은 수학능력시험에 비해 난이도가 높다는 의견이 우세하다. 타 시험에 비해 수험생들이 경찰대학 1차 시험을 어렵다고 느끼는 주요 원인은 국어 영역의 문법 문항, 영어 영역의 동의어 문항, 수학 영역의 5점 문항이다. 해당 문항들은 고등학교 내신 시험 문제나 수학능력시험 기출문제에서는 쉽게 볼 수 없기 때문에 경찰대학 1차 시험을 준비하는 수험생들은 경찰대학 1차 시험 기출문제를 통해 대비할 필요가 있다.

● 수학 영역

〈2018학년도 경찰대학 수학 영역 출제 문항 분석〉

구분		개수	3점	4점	5점
수학Ⅰ	다항식	1		1	
	방정식과 부등식	2	1	1	
	도형의 방정식				
수학Ⅱ	집합과 명제	1		1	
	함수	2		1	1
	수열	3	1	1	1
	지수와 로그	3	1	2	
미적분Ⅰ	수열의 극한	1		1	
	함수의 극한과 연속	1	1		
	다항함수의 미분법	4		3	1
	다항함수의 적분법	3		1	2
확률과 통계	순열과 조합	2		2	
	확률	1		1	
	통계	1	1		

2018학년도 경찰대학 수학 영역에서는 수학Ⅰ, 수학Ⅱ, 미적분Ⅰ, 확률과 통계 4과목 총 25문항이 출제되었다. 고등학교 내신 시험이나 대학수학능력시험에서 볼 수 없었던 유형의 고난도 문항들이 출제되어 많은 수험생들이 어려움을 겪었을 것으로 예상된다.

2019학년도에는 1차 시험에서 제외되는 수학Ⅰ이 2018학년도에는 출제 범위에 포함되었다. 방정식과 부등식에서는 나머지 정리와 복소수에서 1문항씩 총 2문항이 출제되었다. 2017학년도에 3개 출제되었던 도형의 방정식 문항은 2018학년도에는 출제되지 않았다. 또한 5점 문항도 출제되지 않았다.

수학Ⅱ에서는 수열, 지수와 로그가 3문항씩 출제되어 가장 높은 비중을 차지했다. 수열에서는 2017학년도에 5점 문항만 3개가 출제되었지만 2018학년도에는 3점, 4점, 5점 문항이 1개씩 출제되었다. 출제된 3문항 중 등비수열을 활용한 문항이 2개였다. 지수와 로그에서는 수열 혹은 경우의 수 개념과 혼합된 문항이 출제되었는데, 3점 계산 문항만 출제되었던 2017학년도보다 난이도가 높았다. 또한 2017학년도에 출제되지 않았던 함수 단원에서 2문항이 출제되었다.

미적분Ⅰ에서는 총 9문항이 출제되었고 그 중 4문항이 다항함수의 미분법에서 출제되었다. 곱의 미분법, 함수의 극대와 극소, 최대·최소와 미분, 도함수의 활용에 대한 문항이 출제되었는데, 이 중 함수의 극대와 극소, 도함수의 활용은 2017학년도 기출 단원이다. 다항함수의 적분법에서는 정적분의 활용에서 5점 문항이 2개 출제되었다. 각각 적분 구간이 상수인 함수를 구하는 문항, 정적분으로 정의된 함수의 미분 문항이었다.

확률과 통계에서는 2017학년도보다 3문항 줄어든 4문항이 출제되었다. 조합에서 2개, 확률의 덧셈정리에서 1개, 정규분포에서 1개 문항이 출제되었다. 이 중 함수의 개수를 구하는 조합 문항에 시간이 많이 소요되었을 것으로 보인다.

2019학년도에는 수학Ⅰ이 출제 범위로 지정되지 않은 것에 유의해야 한다. 2017학년도와 마찬가지로 가장 많은 문항이 출제된 미적분Ⅰ과 전형적인 유형의 문항들이 출제된 확률과 통계는 대표 유형 문제를 빠짐없이 연습할 필요가 있다. 또한 수학Ⅱ의 등비수열은 최근 3년간 계속 출제 범위에 포함되었으므로 꼼꼼히 학습해야 한다.

경찰대학 수학 문제 유형별 출제 경향

수학 II

I. 집합과 명제: 집합, 명제

집합에서는 부분집합의 개수, 집합의 원소의 개수, 조건제시법에 관한 문제가, 명제에서는 참·거짓과 진리집합, 산술평균과 기하평균을 이용한 문제가 출제되었다.

II. 함수: 함수, 유리함수와 무리함수

정의된 함수에 대하여 참·거짓을 판별하는 문제가 출제되었다. 3개의 선지를 모두 검토해야 하므로 많은 시간이 소요되는 문제였다. 또한 유리함수와 무리함수의 그래프의 성질을 활용한 다양한 문제를 풀어볼 필요가 있다.

III. 수열: 등차수열과 등비수열, 수열의 합, 수학적 귀납법

등차수열과 등비수열의 합에 대한 계산 및 활용 문제가 출제되었다. 또한 분수꼴의 수열의 합과 규칙성 추론, 수열의 귀납적 정의도 꾸준히 출제되는 유형이다.

IV. 지수와 로그: 지수, 로그

지수 단원의 경우 간단한 계산 문제보다는 지수의 성질을 다양하게 응용한 문제들의 출제 비중이 높았다. 로그 단원에서는 로그의 계산, 로그의 정수 부분과 소수 부분, 로그의 활용에 관한 문제가 골고루 출제되었다.

미적분 I

I. 수열의 극한: 수열의 극한, 급수

도형 혹은 좌표평면에서 수열의 극한을 활용하는 유형과 등비수열의 극한을 활용하는 유형이 주로 출제되었다. 또한 부분분수를 이용하여 급수의 합을 구하는 문제의 출제 빈도가 높았다.

II. 함수의 극한과 연속: 함수의 극한, 함수의 연속

극한값의 계산, 함수의 극한의 활용, 함수가 연속일 조건, 사이값 정리 등에서 문제가 출제되었다. 특히 좌표평면에서 함수의 극한이 활용된 유형은 대부분 그래프를 그려야 해결할 수 있었다.

Ⅲ. 다항함수의 미분법: 미분계수와 도함수, 도함수의 활용

미분계수의 정의를 변형한 문제들에 대비할 필요가 있다. 또한 도함수의 활용 단원에서는 접선의 방정식, 함수의 극대와 극소, 최대와 최소, 방정식과 부등식에의 활용, 속도와 가속도 등에서 다양한 문제가 출제되었다.

Ⅳ. 다항함수의 적분법: 부정적분과 정적분, 정적분의 활용

절댓값 기호를 포함한 정적분 문제, 정적분을 이용하여 주어진 조건에 맞는 함수를 구하는 문제, 정적분과 급수의 관계에 관한 문제가 자주 출제되었다. 또한 미분가능성과 정적분을 함께 묻는 문제도 2015학년도와 2017학년도에 각각 1개씩 출제되었다.

확률과 통계

Ⅰ. 순열과 조합: 순열, 조합

순열에서는 합의 법칙과 곱의 법칙, 이웃하거나 이웃하지 않는 경우, 중복순열 등 다양한 문제들이 출제되었다. 특히 최단거리의 경우의 수를 구하는 유형은 통과 불가능한 지점이 주어져 수험생들이 풀이에 어려움을 겪었을 것으로 보인다. 조합 단원에서는 중복조합과 이항정리를 이용한 문제의 비중이 컸다.

Ⅱ. 확률: 확률의 뜻과 활용, 조건부확률

크게 순열과 조합을 이용한 수학적 확률을 구하는 유형과 조건부확률 관련 유형으로 구분된다. 독립사건과 종속사건, 독립시행에 관한 문제 또한 출제되었다.

Ⅲ. 통계: 확률분포, 정규분포, 통계적 추정

확률변수의 기댓값과 분산을 구하는 문제, 표준정규분포표를 이용한 확률을 구하는 문제, 이항분포와 정규분포의 관계를 구하는 문제에 꼭 대비하도록 한다. 또한 표본평균의 분포에 관한 문제와 모평균을 추정하는 전형적인 문제도 미리 풀어볼 필요가 있다.

경찰대학 모집요강 및 사정표

1. 전형 일정

구분		내용
원서 접수 (인터넷)	특별전형	5월 초 ~ 5월 중순
	일반전형	5월 중순 ~ 5월 말 ※ 특별전형 지원자는 일반전형으로 이중 지원 불가
1차 시험	시험 일자	7월 말(토) 08:30~13:30
	합격자 발표	8월 초
2차 시험	1차 합격자 서류 제출	1차 합격자 발표 시 ~ 8월 초
	신체검사	1차 합격자 발표 시 ~ 8월 말 ※ 경찰병원 및 경찰공무원 채용 신체검사 가능한 국·공립대학병원에서 개별 수검 후 인편 및 등기우편 제출(체력시험 당일 직접 제출도 가능)
	체력시험 인·적성검사	9월 중순 ※ 3일간 조를 나누어 시행(개인별 1일 소요, 식비 수험생 부담)
	자기소개서 제출	8월 말 ~ 9월 초 ※ 경찰대학 홈페이지 각종 서류양식 또는 원서접수 대행업체 다운로드 후 작성하여 자기소개서 파일 업로드
	면접시험	10월 중순 ※ 신체검사, 체력시험 합격자에 한해 진행(개인별 1일 소요, 식비 수험생 부담)
최종 사정	대학수학능력시험	시험 11월 중순 / 성적 발표 12월 초
	최종합격자 발표	12월 중순 경찰대학 홈페이지 발표 ※ 원서접수 대행업체 홈페이지에서 최종 합격/불합격 여부, 예비순위 확인 가능

2. 모집 인원

모집 인원 및 학과	일반전형	특별전형	
		농어촌학생	한마음 무궁화
100명 법학과/행정학과 각 50명(2학년 진학 시 결정)	90	5	5

3. 전형 기준

(1) 1차 시험

선발 인원	배점	과목	문항 수	시간	출제 범위
4배수	300점	국어	45	60분	화법과 작문, 독서와 문법, 문학 (※ 교육과정에 기초, 다양한 지문과 자료 활용)
		영어	45	60분	영어 Ⅰ, 영어 Ⅱ (※ 교육과정에 기초, 다양한 지문과 자료 활용)
		수학	25	80분	수학 Ⅱ, 미적분 Ⅰ, 확률과 통계

(2) 2차 시험

신체검사	체력시험	면접	비고
합 · 불	50점(5%) (1종목 이상 1점 불합격)	100점(10%) (인성 · 적격성 40, 창의성 · 논리성 30, 집단토론 30, 생활태도 감점 −10)	• 평가점수 60점 미만 불합격 • 인성 · 적격성 면접 평가 40점 만점 기준 4할(16점) 미만자는 전체 평가 점수 60점 이상이어도 불합격

(3) 기타

학교생활기록부	수학능력시험	비고
150점(15%)	500점(50%) 국수영 각 140, 탐구 80, 한국사 등급별 감점 반영	• 학생부 3학년 1학기까지 반영 • 영역별 가산점 없음

(4) 최종 사정

1차	2차	내신	수능	총점
200점	150점	150점	500점	
총점 × 200/300	체력시험 50점 면접시험 100점	교과성적 135점 출석성적 15점	국영수 각 140점 탐구 80점 한국사 등급별 감점	1000점

4. 2차 시험 면접평가 방법

항목	점수(100)	비고
인성 · 적격성 면접	40	
창의성논리성 면접	30	• 평가점수 100 만점 기준 60점 미만 불합격
집단토론 면접	30	• 최종 사정 성적 환산 : (평가원점수 ÷ 2) + 50
생활태도 평가	감점제(최대 10점)	

5. 2차 시험 체력시험 내용

구분	진행 내용과 방법
신체검사	수검 후 서류 제출
체력시험	기준(1종목 이상 1점) 이하 불합격 5종목(달리기(100m · 1,000m), 윗몸일으키기, 좌우 악력, 팔굽혀펴기)
인적성검사	면접 자료로 활용
면접	신체검사, 체력시험 합격자를 조를 나누어 진행

※ 위 내용은 2019학년도 경찰대학 모집요강에 근거한 것입니다. 자세한 내용은 경찰대학 홈페이지를 참고하시기 바랍니다.

대입 중심 연중 행사표

월	일정(날짜,요일)	
	1, 2학년	3학년
3월	모의학력평가 대학별 선행학습영향평가보고서 발표 (31일 이전)	모의학력평가 대학별 선행학습 영향평가 보고서 발표 (31일 이전)
4월	2019학년도 대입전형 시행계획 발표 (5월 1일 이전) 중간고사	3학년 모의학력평가 대학 모의논술, 모의면접, 모의전형 일정 확인 중간고사
5월		대학별 수시 요강 발표(5월 초) 대학별 모의수능, 적성 실시
6월	모의학력평가	평가원 모의 대수능 경찰대학 원서접수(5월) 사관학교 원서접수(6월 말)
7월	기말고사	기말고사 사관학교 원서접수 마감(7월 초) 모의학력평가 경찰대학 1차 시험(7월 말) 사관학교 1차 시험(7월 말)
8월	2021학년도 대입전형 기본사항 발표 (9월 1일 이전)	경찰대학 1차 합격자 발표(8월 초) 사관학교 1차 합격자 발표(8월 초) 경찰대학 2차 시험(8~10월) 사관학교 2차 시험(8~9월) 대학수학능력시험 원서접수 시작(8월 말) 수시 학생부 기준일(8월 31일)
9월	중간고사 모의학력평가	중간고사 평가원 모의 대수능 대학별 정시 요강 발표(9월 초) 대학수학능력시험 원서접수 마감(9월 초) KAIST, DGIST, GIST, UNIST 원서접수(9월 초중) 수시모집 원서접수(4년제)(9월 중) 수시모집 원서접수(전문대학)(9월 중)

10월		모의학력평가 해군사관학교 특별/수시 합격자 발표(10월 중) 육군사관학교 우선선발 합격자 발표(10월 중) 공군사관학교 최종 합격자 발표(10월 중)
11월	모의학력평가	수시 2차 접수기간(전문대학)(11월 초중) 대학수학능력시험 정시 학생부 기준일(11월 30일)
12월	기말고사(12월 말)	기말고사 수능 성적 발표(12월 초) 수시 합격자 발표 마감(4년제, 전문대학)(12월 중) 수시 합격자 등록기간(4년제, 전문대학공통)(12월 중) 수시 미등록 충원 등록 마감(4년제)(12월 말) 수시 충원 발표 등록(전문대학)(12월 말) 정시 원서접수(4년제)(12월 말~1월 초) 정시 원서접수(전문대학)(12월 말~1월 초) 경찰대학 최종 합격 발표(12월 중) 사관학교 최종 합격 발표(12월 중말)
1월		정시 원서접수 마감(4년제)(1월 초) 정시 원서접수 마감(전문대학)(1월 중) 정시 합격자 발표 마감(1월 말) 정시 합격자 등록기간(1월 말~2월초)
2월		정시 최초 합격자 발표(전문대학)(2월 초) 정시 미등록 충원 합격 등록 마감(4년제)(2월 초중) 정시 충원 합격자 발표 및 등록(전문대학)(2월 중) 추가모집 발표(2월 중) 추가모집 접수(2월 중말) 추가모집 발표(2월 말) 추가모집 합격자 등록기간(2월 말)

공무원 직급표

대우 급수	행정부							
	일반	외교	초중등 교원	고등 교원	치안	교정	소방	군인
원수	대통령							
총리	국무총리							
부총리	감사원장							
장관	각부 장관 국정원장 교섭본부장	외통부 장관 특1급 외교관	교과부 장관					국방장관 대장 합참정/부의장 참모총장 군사령관
차관	국무총리실장 각부 차관 처장, 청장	외통부 차관	서울교육감	국립대 총장 대학 총장	치안총감	교정본부장	소방총감	국방차관
준차관	교육원장	특2급 외교관	교육감					중장 군작전사령관 해병대사령관
차관보	차관보	차관보			치안정감			중장 (군단장)
1급	관리관	대사				교정관리관	소방정감	소장
2급	이사관	공사 영사 총영사		30호봉 이상	치안감	교정이사관	소방감	준장
3급	부이사관	부영사 참사관 영사 대리		정교수 24~29 호봉	경무관	교정부이사관	소방준감	대령
4급	서기관	1등 서기관	교육연구관 24호봉 이상	부교수 17~23 호봉	총경	교정감 (서기관)	소방정	중령
5급	사무관	2등 서기관	교장 장학관 교감 18~23호 봉	조교수 11~16 호봉	경정	교정관	소방령	소령
6급 갑	주사	3등 서기관	장학사 14~17호봉	9~10호봉	경감	교감	소방경	대위
6급 을			11~13호봉	7~8호봉	경위			중위
7급	주사보		9~10호봉	6호봉 이하	경사	교위	소방위 소방장	소위/준위
8급	서기		4~8호봉		경장	교사	소방교	원사 상사 중사
9급	서기보		3호봉 이하		순경	교도	소방사	하사
의무복무	4등급 3등급 2등급 1등급				수경 상경 일경 이경	수교 상교 일교 이교	수방 상방 일방 이방	병장(수병) 상병 일병 이병

검찰	연구직	지도직	전문경력관	지방 행정 관선	지방 행정 자치	입법부	사법부	공기업	기타
						국회의장	헌재소장 대법원장 선관위원장		
						부의장			
검찰총장 (대검 검사장)					서울시장	상임위원장 원내대표 사무처장 국회의원	대법관 헌법재판관 행정처장 헌재사무처장	한국은행 총재	
고검 검사장				서울 부시장	광역시장 도지사	입법조사장 사무차장 입법차장	고법원장 지법원장 선관위원	사장 원장	
대검 차장검사				광역시 부시장 부지사		도서관장 예산정책처장	고법 부장판사 고법 부장판사	사장 원장 본부장	사기업사장 사기업본부장
지검 검사장 지검 차장검사				광역시도 실장	서울구청장 광역부시장				
				부시장 광역시도 국장	시장 구청장			본부장	사기업본부장
	연구관 23년 초과			관선구청장 부군수 국장	군수	관리관	관리관 11호봉 이상		
	19년 초과	지도관 19년 초과		읍면동장		이사관	이사관 8~10호봉	처장	전무이사
지검 부장검사	15년 초과	15년 초과		주사		부이사관	지법 부장판사 5~7호봉	실장	상무이사
부부장검사 평검사	8년 초과 전문의	8년 초과	가군 27호봉 이상	주사보		서기관	부부장판사 평판사 2~4호봉	국장	상무이사
사무관	연구관 이상 전문의	지도관 이상	가군 26호봉 이상	서기		사무관	사무관	부장 팀장 지방관장	사법연수원생 국법무관 부장 이사보
주사	연구사 5년 초과	지도사 10년 초과	나군 28호봉 이상	서기보		주사	주사	차장	
주사보	연구사 약사	지도사 5년 초과	나군 27호봉 이상			주사보	주사보	과장	
서기	간호사	지도사	다군 28호봉 이상			서기	서기	대리	
서기보			다군 27호봉 이상			서기보		사원	10급 기능직 공기업 주임

※ 이 표는 2015년 공무원 보수 등의 업무 지침인 '인사혁신처 예규 제5호' '호봉획정을 위한 상당계급 구분'을 참고하여 정리한 것입니다.

수학 II

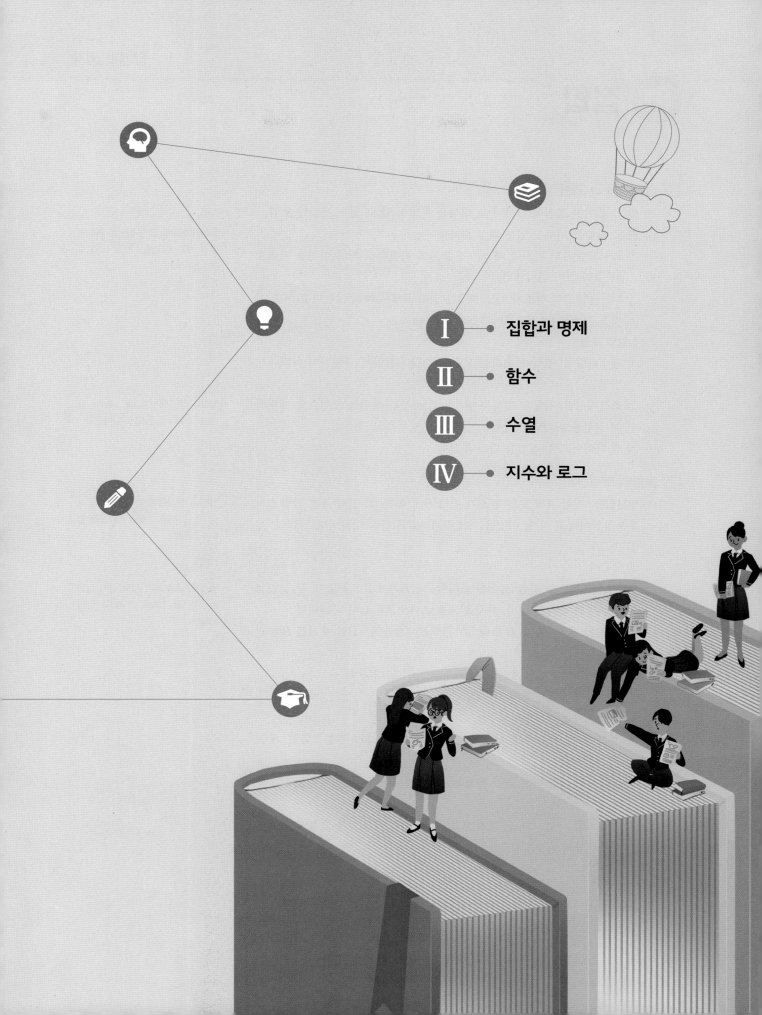

Ⅰ ● 집합과 명제

Ⅱ ● 함수

Ⅲ ● 수열

Ⅳ ● 지수와 로그

01 집합

01 집합의 뜻과 표현

(1) **집합**: 주어진 조건에 의하여 그 대상을 분명히 알 수 있는 것들의 모임

(2) **원소**: 집합을 이루고 있는 대상 하나하나

  ① a가 집합 A의 원소일 때 a는 집합 A에 속한다고 하며 이것을 기호로 $a \in A$와 같이 나타낸다.

  ② b가 집합 B의 원소가 아닐 때 b는 집합 B에 속하지 않는다고 하며 이것을 기호로 $b \notin B$와 같이 나타낸다.

(3) **집합의 표현**

  ① 원소나열법: 집합에 속하는 모든 원소를 { } 안에 나열하여 나타내는 방법

  ② 조건제시법: 집합에 속하는 원소들의 공통된 성질을 조건으로 제시하여 집합을 나타내는 방법

  ③ 벤 다이어그램: 집합을 나타낸 그림

> • 원소가 하나도 없는 집합을 공집합이라 하고, 이것을 기호로 ∅와 같이 나타낸다.

> • 집합을 조건제시법으로 나타낼 때에는 $\{x \mid x$의 조건$\}$으로 나타낸다.

02 집합의 포함관계

(1) **부분집합**: 집합 A의 모든 원소가 집합 B에 속할 때, 집합 A는 집합 B의 부분집합이라고 하며, 이것을 기호로 $A \subset B$와 같이 나타낸다.

  ① $A \subset A$

  ② $\varnothing \subset A$

(2) **서로 같은 집합**: 두 집합 A, B에 대하여 $A \subset B$이고 $B \subset A$일 때, 두 집합 A와 B는 서로 같다고 하며, 이것을 기호로 $A = B$와 같이 나타낸다.

(3) **진부분집합**: 두 집합 A, B에 대하여 $A \subset B$이지만 $A \neq B$일 때 A를 B의 진부분집합이라 한다.

(4) **부분집합의 개수**: 집합 $A = \{a_1, a_2, a_3, \cdots, a_n\}$에 대하여

  ① 집합 A의 부분집합의 개수: 2^n

  ② 집합 A의 진부분집합의 개수: $2^n - 1$

  ③ 집합 A의 서로 다른 특정 원소 k개를 포함하는 부분집합의 개수: $2^{n-k} (k \leq n)$

  ④ 집합 A의 서로 다른 특정 원소 m개를 포함하지 않는 부분집합의 개수: $2^{n-m} (m \leq n)$

  ⑤ 집합 A의 서로 다른 특정 원소 k개를 포함하고, m개를 포함하지 않는 부분집합의 개수: $2^{n-k-m} (k+m \leq n)$

> • 집합 A가 집합 B의 부분집합이 아닐 때, 이것을 기호로 $A \not\subset B$와 같이 나타낸다.

> • 두 집합 A와 B가 서로 같지 않을 때, 이것을 기호로 $A \neq B$와 같이 나타낸다.

03 집합의 연산

(1) **합집합**: 두 집합 A, B에 대하여 집합 A에 속하거나 집합 B에 속하는 모

든 원소로 이루어진 집합: $A \cup B = \{x | x \in A$ 또는 $x \in B\}$

(2) **교집합**: 두 집합 A, B에 대하여 집합 A에도 속하고 동시에 집합 B에도 속하는 모든 원소로 이루어진 집합: $A \cap B = \{x | x \in A$ 그리고 $x \in B\}$

(3) **서로소**: 두 집합 A, B에서 $A \cap B = \varnothing$일 때, A와 B는 서로소라 한다.

(4) **전체집합**: 어떤 집합에 대하여 그 부분집합을 생각할 때, 처음에 주어진 집합을 전체집합이라 하고 이것을 기호로 U와 같이 나타낸다.

(5) **여집합**: 집합 A가 전체집합 U의 부분집합일 때, 집합 U의 원소 중에서 집합 A에 속하지 않는 모든 원소로 이루어진 집합: $A^c = \{x | x \in U$ 그리고 $x \notin A\}$

(6) **차집합**: 두 집합 A, B에 대하여 집합 A에는 속하나 집합 B에는 속하지 않는 모든 원소로 이루어진 집합: $A - B = \{x | x \in A$ 그리고 $x \notin B\}$

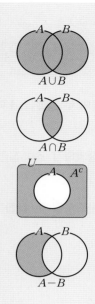

04 집합의 연산의 성질

전체집합 U의 두 부분집합 A, B에 대하여

(1) $A \cup A = A$, $A \cap A = A$

(2) $A \cup \varnothing = A$, $A \cap \varnothing = \varnothing$

(3) $A \cup U = U$, $A \cap U = A$

(4) $A \cap A^c = \varnothing$, $A \cup A^c = U$

(5) $U^c = \varnothing$, $\varnothing^c = U$

(6) $(A^c)^c = A$

(7) $A - B = A \cap B^c$

- $A - B = A \cap B^c = A - (A \cap B)$
  $= (A \cup B) - B$

05 집합의 연산법칙

전체집합 U의 세 부분집합 A, B, C에 대하여

(1) **교환법칙**: $A \cup B = B \cup A$, $A \cap B = B \cap A$

(2) **결합법칙**: $(A \cup B) \cup C = A \cup (B \cup C)$
   $(A \cap B) \cap C = A \cap (B \cap C)$

(3) **분배법칙**: $A \cap (B \cup C) = (A \cap B) \cup (A \cap C)$
   $A \cup (B \cap C) = (A \cup B) \cap (A \cup C)$

(4) **드모르간의 법칙**: $(A \cup B)^c = A^c \cap B^c$
   $(A \cap B)^c = A^c \cup B^c$

- 결합법칙에서 괄호를 사용하지 않고 $A \cup B \cup C$, $A \cap B \cap C$와 같이 나타내기도 한다.

06 유한집합의 원소의 개수

전체집합 U의 세 부분집합 A, B, C에 대하여

(1) $n(A \cup B) = n(A) + n(B) - n(A \cap B)$

(2) $n(A \cup B \cup C) = n(A) + n(B) + n(C) - n(A \cap B)$
   $- n(B \cap C) - n(C \cap A) + n(A \cap B \cap C)$

(3) $n(A^c) = n(U) - n(A)$

(4) $n(A - B) = n(A) - n(A \cap B) = n(A \cup B) - n(B)$

- 두 집합 A, B가 서로소이면 $n(A \cap B) = 0$이므로 $n(A \cup B) = n(A) + n(B)$

◉ 경찰 2010학년도 7번

유형 1 ★ 부분집합의 개수

임의의 두 집합 X, Y에 대하여

$$X \triangle Y = (X-Y) \cup (Y-X)$$

로 정의하자. 전체집합 $U = \{x \mid x$는 10 이하의 자연수$\}$의 두 부분집합 A, B가

$$A = \{x \mid x$는 6의 약수$\}, \quad A \triangle B = \{2, 5, 8, 10\}$$

를 만족시킬 때, 집합 B의 부분집합의 개수는?

① 16   ② 32   ③ 64   ④ 128   ⑤ 256

풀이 $U = \{1, 2, 3, 4, 5, 6, 7, 8, 9, 10\}$, $A = \{1, 2, 3, 6\}$

$A-B$와 $B-A$는 서로소이므로 $A \triangle B = \{2, 5, 8, 10\}$에서

$A-B = \{2\}$, $B-A = \{5, 8, 10\}$, $A \cap B = \{1, 3, 6\}$

$\therefore B = (B-A) \cup (A \cap B) = \{1, 3, 5, 6, 8, 10\}$

따라서 집합 B의 부분집합의 개수는

$2^6 = 64$

답 ③

TiP

$A-B$와 $B-A$는 서로소이므로
$(A \triangle B) - A = B - A$,
$(A \triangle B) - B = A - B$

임을 이용한다.

유형 2 ★ 집합의 원소의 개수

학생 110명이 국어, 영어, 수학 시험을 보는데, 국어를 합격한 사람은 92명, 영어를 합격한 사람은 75명, 수학을 합격한 사람은 63명이고, 국어와 영어를 모두 합격한 사람은 65명, 국어와 수학을 모두 합격한 사람은 54명, 영어와 수학을 모두 합격한 사람은 48명이다. 세 과목 모두 합격한 학생 수의 최솟값은? [5점]

① 36   ② 37   ③ 38   ④ 39   ⑤ 40

풀이 국어를 합격한 사람의 집합을 A,

영어를 합격한 사람의 집합을 B,

수학을 합격한 사람의 집합을 C라고 하자.

$n(A)=92$, $n(B)=75$, $n(C)=63$, $n(A \cap B)=65$, $n(C \cap A)=54$, $n(B \cap C)=48$

A에만 속하는 사람의 수는

$n(A)-n(A \cap B)-n(C \cap A)+n(A \cap B \cap C)=n(A \cap B \cap C)-27$

B에만 속하는 사람의 수는

$n(B)-n(B \cap C)-n(A \cap B)+n(A \cap B \cap C)=n(A \cap B \cap C)-38$

C에만 속하는 사람의 수는

$n(C)-n(C \cap A)-n(B \cap C)+n(A \cap B \cap C)=n(A \cap B \cap C)-39$

위 사람 수가 모두 0보다 커야 하므로 $n(A \cap B \cap C) \geq 39$

따라서 구하는 학생 수의 최솟값은 39이다.

답 ④

TIP

국어, 영어, 수학를 합격한 사람의 집합을 각각 A, B, C로 놓고 조건을 이용하여 집합의 원소의 개수를 나열해 본다.

유형 3 ★ 조건제시법의 활용

$\{(x, y)|y \geq 4x^2-2ax+a,\ y \leq -4x^2+3a\}$가 공집합이 되지 않도록 하는 실수 a의 범위는?

① $a \leq -16,\ a \geq 0$ ② $-16 \leq a \leq 0$ ③ $a \leq -12,\ a \geq 0$

④ $-12 \leq a \leq 0$ ⑤ $a \leq -8,\ a \geq 0$

풀이 주어진 집합이 공집합이 될 조건을 구해보면

모든 x에 대해서 $4x^2-2ax+a-(-4x^2+3a)>0$이어야 한다.

좌변의 식을 $f(x)$라고 놓고 정리하면

$f(x)=8x^2-2ax-2a=8\left(x-\dfrac{a}{8}\right)^2-\dfrac{1}{8}a^2-2a$

$x=\dfrac{a}{8}$일 때 최솟값을 가지므로 최솟값이 0보다 크면 조건을 만족한다.

$f\left(\dfrac{a}{8}\right)=-\dfrac{1}{8}a^2-2a=-\dfrac{1}{8}a(a+16)>0$

$-16<a<0$일 때 주어진 집합이 공집합이 된다.

따라서 문제에서 주어진 집합이 공집합이 되지 않도록 하는 a의 범위는

$a \leq -16$ 또는 $0 \leq a$

답 ①

TIP
주어진 집합이 공집합이 될 a의 값의 집합을 구한 후, 그 여집합을 찾는다.

01 유형 1

● 경찰 2012학년도 2번

다음 두 조건을 만족시키는 집합 A와 B의 순서쌍 (A, B)의 개수는?

> (가) A와 B는 집합 $\{1, 3, 5, 7, 9, 11\}$의 부분집합이다.
> (나) $A-B=\{1, 3, 5\}$

① 17   ② 21   ③ 24   ④ 27   ⑤ 31

02 유형 2

● 경찰 2011학년도 15번

다음 조건을 만족시키는 집합 S가 가질 수 있는 원소의 개수의 최댓값은?

> (가) $S \subset \{n \,|\, n$은 507 이하의 자연수$\}$
> (나) S에 속하는 서로 다른 임의의 두 수의 합은 5의 배수가 아니다.

① 201   ② 202   ③ 203   ④ 204   ⑤ 205

03 유형 2

● 경찰 2010학년도 16번

전체집합 $U=\{1, 2, 3, 4\}$의 두 부분집합 A, B에 대하여 $X(A, B)=\left\{i^m+\left(\dfrac{1}{i}\right)^k\middle| m\in A,\ k\in B\right\}$로 정의할 때,
<보기>에서 옳은 것을 있는 대로 고른 것은? (단, i는 허수단위이고 $n(X)$는 집합 X의 원소의 개수를 나타낸다.)

┌─ 보 기 ─┐

ㄱ. $A=\{1\}$, $B=\{1, 2\}$이면 $X(A, B)=(0, -1+i)$

ㄴ. $n(X(A, B))\leq n(A)n(B)$

ㄷ. $n(X(A, B))$의 최댓값은 12이다.

① ㄱ　　　　② ㄴ　　　　③ ㄱ, ㄴ　　　　④ ㄴ, ㄷ　　　　⑤ ㄱ, ㄴ, ㄷ

04 유형 3

● 경찰 2017학년도 5번

양수 k에 대하여

$$A=\{(x,\ y)|x\geq 0,\ y\geq kx,\ x+y\leq k\}$$
$$B=\{(x,\ y)|x^2+(y-k)^2\leq k^2\}$$

이라 하자. $A\cup B=B$를 만족시키는 k의 최솟값은? [4점]

① $2-\sqrt{3}$　　　　② $\sqrt{2}-1$　　　　③ $\sqrt{3}-1$　　　　④ $1+\sqrt{2}$　　　　⑤ $1+\sqrt{3}$

01 유형 1

◎ 사관 2018학년도 나형 16번

전체집합 $U=\{x|x는 7 \text{ 이하의 자연수}\}$의 두 부분집합 $A=\{1, 2, 3\}$, $B=\{2, 3, 5, 7\}$에 대하여 $A \cap X \neq \varnothing$, $B \cap X \neq \varnothing$ 을 모두 만족시키는 U의 부분집합 X의 개수는? [4점]

① 102   ② 104   ③ 106   ④ 108   ⑤ 110

02 유형 2

◎ 교육청 2016년 6월 고2 가형 28번

어느 고등학교 학생들을 대상으로 수학문제집 A, B, C의 구매 여부에 대하여 조사한 결과가 다음과 같다.

> (가) A와 B를 모두 구매한 학생은 15명, B와 C를 모두 구매한 학생은 12명, C와 A를 모두 구매한 학생은 11명이다.
>
> (나) A와 B 중 적어도 하나를 구매한 학생은 55명, B와 C 중 적어도 하나를 구매한 학생은 54명, C와 A중 적어도 하나를 구매한 학생은 51명이다.

수학문제집 A를 구매한 학생의 수를 구하시오. [4점]

02 명제

01 명제와 조건

(1) **명제**: 참, 거짓을 명확하게 판별할 수 있는 문장이나 식

(2) **조건**: 변수를 포함하고 있어 그 변수의 값에 따라 참, 거짓이 판별되는 문장이나 식

(3) **진리집합**: 변수가 속해 있는 전체집합 U의 원소 중에서 조건 p가 참이 되게 하는 모든 원소의 집합을 조건 p의 진리집합이라 한다.

(4) **명제와 조건의 부정**: 명제 또는 조건 p에 대하여 'p가 아니다.'를 p의 부정이라 하고, 기호 $\sim p$로 나타낸다.

  ① 명제 p가 참이면 그 부정 $\sim p$는 거짓이고, 명제 p가 거짓이면 그 부정 $\sim p$는 참이다.

  ② $\sim p$의 부정은 p이다. 즉, $\sim(\sim p)=p$

  ③ 'p 또는 q'의 부정은 '$\sim p$ 그리고 $\sim q$'이다.

  ④ 'p 그리고 q'의 부정은 '$\sim p$ 또는 $\sim q$'이다.

> • 변수가 x인 조건을 $p(x)$, $q(x)$ 등으로 나타내며, 간단히 p, q 등으로 나타내기도 한다.

02 명제 $p \rightarrow q$의 참, 거짓

(1) 두 조건 p, q로 이루어진 명제 'p이면 q이다.'를 기호 $p \rightarrow q$로 나타내고, p를 가정, q를 결론이라 한다.

(2) 두 조건 p, q의 진리집합을 각각 P, Q라 할 때

  ① 명제 $p \rightarrow q$가 참이면 $P \subset Q$이고, $P \subset Q$이면 명제 $p \rightarrow q$는 참이다.

  ② 명제 $p \rightarrow q$가 거짓이면 $P \not\subset Q$이고, $P \not\subset Q$이면 명제 $p \rightarrow q$는 거짓이다.

(3) '모든' 또는 '어떤'을 포함한 명제의 참, 거짓

  전체집합 U의 조건 p의 진리집합 P에 대하여

  ① 명제 '모든 x에 대하여 p이다.'는 $P=U$일 때 참이다.

  ② 명제 '모든 x에 대하여 p이다.'의 부정은 '어떤 x에 대하여 $\sim p$이다.'이다.

  ③ 명제 '어떤 x에 대하여 p이다.'는 $P \neq \varnothing$일 때 참이다.

  ④ 명제 '어떤 x에 대하여 p이다.'의 부정은 '모든 x에 대하여 $\sim p$이다.'이다.

> • 명제 $p \rightarrow q$가 거짓임을 보이려면 조건 p는 만족하지만 조건 q를 만족하지 않는 반례를 찾으면 된다.
>
> • U의 원소 중 조건 p에 어긋나는 단 하나의 예(반례)만 있어도 '모든 x에 대하여 p이다.'는 거짓이다.
>
> • U의 원소 중 조건 p에 맞는 단 하나의 예만 있어도 '어떤 x에 대하여 p이다.'는 참이다.

03 정의, 증명, 정리

(1) **정의**: 용어의 뜻을 명확하게 정한 것을 정의라 한다.

(2) **증명**: 이미 옳다고 밝혀진 성질을 이용하여 어떤 명제가 참임을 보이는 것을 증명이라 한다.

(3) **정리**: 참임이 증명된 명제 중에서 기본이 되는 것이나 다른 명제를 증명할 때 이용할 수 있는 것을 정리라 한다.

04 명제의 역과 대우

(1) **역**: 명제 $p \to q$에서 가정과 결론의 위치를 서로 바꾸어 놓은 명제 $q \to p$를 명제 $p \to q$의 역이라 한다.

(2) **대우**: 명제 $p \to q$에서 가정과 결론을 각각 부정하고 위치를 서로 바꾸어 놓은 명제 $\sim q \to \sim p$를 명제 $p \to q$의 대우라 한다.

(3) **명제와 그 대우의 참, 거짓**

① 명제 $p \to q$가 참이면 그 대우 $\sim q \to \sim p$도 참이다.

② 명제 $p \to q$가 거짓이면 그 대우 $\sim q \to \sim p$도 거짓이다.

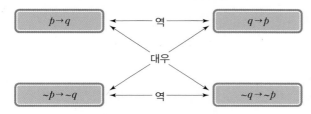

(4) **귀류법**: 어떤 명제가 참임을 증명할 때, 결론을 부정하여 가정 또는 참이라고 알려진 사실에 모순이 발생함을 보임으로써 주어진 명제가 참임을 증명하는 방법을 귀류법이라 한다.

05 필요조건과 충분조건

(1) 두 조건 p, q에 대하여 명제 $p \to q$가 참일 때, 이것을 기호 $p \to q$로 나타내고,

p는 q이기 위한 충분조건,

q는 p이기 위한 필요조건

이라 한다.

(2) 두 조건 p, q에 대하여 $p \Rightarrow q$이고 $q \Rightarrow p$일 때, 이것을 기호 $p \Leftrightarrow q$로 나타내고, p는 q이기 위한 필요충분조건이라 한다.

> 두 조건 p, q의 진리집합을 각각 P, Q라 할 때,
> • $P \subset Q$이면 p는 q이기 위한 충분조건이고, q는 p이기 위한 필요조건이다.
> • $P = Q$이면 p는 q이기 위한 필요충분조건이다.

06 절대부등식

(1) **절대부등식**: 문자를 포함한 부등식에서 그 문자에 어떤 실수를 대입하여도 항상 성립하는 부등식을 절대부등식이라 한다.

(2) **부등식의 증명에 이용되는 실수의 성질**

임의의 실수 a, b에 대하여

① $a^2 \geq 0$, $a^2 + b^2 \geq 0$

② $a > b \Leftrightarrow a - b > 0$

③ $a^2 + b^2 = 0 \Leftrightarrow a = 0$, $b = 0$

④ $|a|^2 = a^2$, $|ab| = |a||b|$

⑤ $a > 0$, $b > 0$일 때,

$a > b \Leftrightarrow a^2 > b^2 \Leftrightarrow \sqrt{a} > \sqrt{b}$

⑥ $a > 0$, $b > 0$일 때,

$\dfrac{a+b}{2} \geq \sqrt{ab}$ (단, 등호는 $a = b$일 때 성립한다.)

유형 1 ★ 명제의 참·거짓과 진리집합

양의 실수 a, b, c에 대하여 세 조건

$$p: ax^2 - bx + c < 0, \quad q: \frac{a}{x^2} - \frac{b}{x} + c < 0, \quad r: (x-1)^2 \leq 0$$

의 진리집합을 각각 P, Q, R라 할 때, <보기>에서 옳은 것만을 있는 대로 고른 것은? [4점]

┌─ 보 기 ─┐

ㄱ. $R \subset P$이면 $R \subset Q$이다.

ㄴ. $P \cap Q = \varnothing$이면 $R \subset P$ 또는 $R \subset Q$이다.

ㄷ. $P \cap Q \neq \varnothing$이면 $R \subset P \cap Q$이다.

① ㄱ   ② ㄴ   ③ ㄱ, ㄷ   ④ ㄴ, ㄷ   ⑤ ㄱ, ㄴ, ㄷ

풀이 조건 r에서 집합 $R = \{1\}$

만약에 $b^2 - 4ac > 0$이면

$P = \left\{ x \mid \dfrac{b - \sqrt{b^2 - 4ac}}{2a} < x < \dfrac{b + \sqrt{b^2 - 4ac}}{2a} \right\}$이고,

$b^2 - 4ac \leq 0$이면 P는 공집합이다.

조건 q의 양변에 x^2을 곱했을 때

$cx^2 - bx + a < 0$에서 $b^2 - 4ac > 0$이면

$Q = \left\{ x \mid \dfrac{b - \sqrt{b^2 - 4ac}}{2c} < x < \dfrac{b + \sqrt{b^2 - 4ac}}{2c} \right\}$이고,

$b^2 - 4ac \leq 0$이면 Q는 공집합이다.

ㄱ. $R \subset P$이면 $a - b + c < 0$

이것은 q에서 $x = 1$인 경우와 같으므로 $R \subset Q$임을 알 수 있다. (참)

ㄴ. 반례 : $b^2 - 4ac < 0$이라면

$P = \varnothing$, $Q = \varnothing$, $P \cap Q = \varnothing$이다. (거짓)

ㄷ. a, b, c가 양의 실수이므로

부등식 $ax^2 - bx + c < 0$에서 $x \leq 0$일 때, 부등식 $\dfrac{a}{x^2} - \dfrac{b}{x} + c < 0$에서 $x < 0$일 때,

부등식이 성립하지 않는다.

따라서 $x > 0$이다.

$ax^2 - bx + c = 0$과 $cx^2 - bx + a = 0$의 교점을 찾기 위해 두 식을 같다고 놓고 정리하면

$(a - c)(x^2 - 1) = 0$

$\therefore a = c$ 또는 $x = 1$ ($\because x > 0$)

Tip

x의 값이 존재하기 위한, 즉 진리집합이 공집합이 되지 않기 위한 세 조건 p, q, r에서의 a, b, c의 관계를 각각 찾는다.

(i) $a=c$

두 조건 p, q가 모두 $ax^2-bx+a<0$ …… ㉠

실근이 존재하려면 판별식 $D=b^2-4a^2>0$이어야 하므로

$b>2a$ …… ㉡

이때, ㉠에 $x=1$을 대입하면

$a-b+a=2a-b<0$ (∵ ㉡)

$R{\subset}P{\cap}Q$가 성립한다.

(ii) $a{\neq}c$

$y=ax^2-bx+c$, $y=cx^2-bx+a$가 한 점 $x=1$에서 만난다.

$P{\cap}Q{\neq}{\varnothing}$이면 다음 그림과 같이 $x=1$은 항상 $P{\cap}Q$에 포함된다.

즉 $R{\subset}P{\cap}Q$가 성립한다. (참)

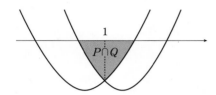

답 ③

유형 2 ★ 산술평균과 기하평균의 관계의 활용

양수 a, b가 $ab+a+2b=7$을 만족시킬 때, ab의 최댓값은? [4점]

① $6-2\sqrt{2}$ ② $8-2\sqrt{2}$ ③ $9-4\sqrt{2}$ ④ $11-6\sqrt{2}$ ⑤ $13-8\sqrt{2}$

풀이 $ab+a+2b=7$을 정리하면

$(a+2)(b+1)=9$

이때 $\alpha=a+2$, $\beta=b+1$이라 하면 $\alpha\beta=9$

한편,

$ab=(\alpha-2)(\beta-1)=\alpha\beta-2\beta-\alpha+2=11-(\alpha+2\beta)$

α와 2β는 양수이므로

$\alpha+2\beta\geq2\sqrt{2\alpha\beta}=6\sqrt{2}$

$\therefore ab\leq11-6\sqrt{2}$

따라서 구하는 최댓값은 $11-6\sqrt{2}$ 이다.

답 ④

TIP
양수 a, b에 대하여 항상

$\dfrac{a+b}{2}\geq\sqrt{ab}$

이 성립한다.

01 유형 2

● 경찰 2013학년도 17번

두 실수 x와 y에 대하여 $2x^2+y^2-2x+\dfrac{4}{x^2+y^2+1}$ 의 최솟값은?

① 1   ② $\dfrac{5}{4}$ ③ $\dfrac{3}{2}$ ④ $\dfrac{7}{4}$ ⑤ 2

01 유형 1

◎ 사관 2018학년도 나형 26번

실수 x에 대한 두 조건

$$p:-3\leq x<5, \quad q:k-2<x\leq k+3$$

에 대하여 명제

'어떤 실수 x에 대하여 p이고 q이다.'

가 참이 되도록 하는 정수 k의 개수를 구하시오. [4점]

02 유형 2

◎ 교육청 2011년 9월 고1 26번

$x>3$일 때, $x^2+\dfrac{49}{x^2-9}$의 최솟값을 구하시오. [4점]

03 유형 2

◎ 교육청 2005년 9월 고1 29번

좌표평면에서 제1사분면 위의 점 $P(a, b)$에 대하여 $a+2b=10$이 성립한다. x축 위의 두 점 $A(2, 0)$, $B(6, 0)$과 y축 위의 두 점 $C(0, 1)$, $D(0, 3)$에 대하여 두 삼각형 ABP, CDP의 넓이를 각각 S_1, S_2라 할 때, S_1과 S_2의 곱 $S_1 S_2$의 최댓값을 구하시오.

[4점]

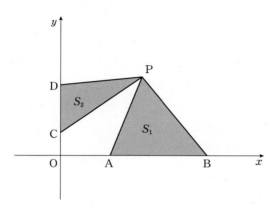

01 함수

01 함수

(1) 대응

① 공집합이 아닌 두 집합 X, Y에 대하여 X의 원소에 Y의 원소를 짝지어 주는 것을 집합 X에서 집합 Y로의 대응이라 한다.

② X의 원소 x에 Y의 원소 y가 대응하는 것을 기호 $x \rightarrow y$로 나타낸다.

(2) 함수: 두 집합 X, Y에 대하여 X의 각 원소에 Y의 원소가 오직 하나씩 대응할 때, 이 대응 f를 집합 X에서 집합 Y로의 함수라 하고, 기호 $f: X \rightarrow Y$로 나타낸다.

(3) 집합 X에서 집합 Y로의 함수 f에 대하여

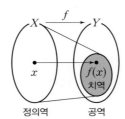

① 정의역: 집합 X를 정의역이라 한다.

② 공역: 집합 Y를 공역이라 한다.

③ 함숫값: 정의역 X의 원소 x에 대응하는 공역 Y의 원소 y를 함숫값이라 한다.

④ 치역: 함숫값 전체의 집합을 치역이라 한다. 즉, 치역은 $\{f(x)|x \in X\}$이다.

• 함수의 정의역이나 공역이 주어져 있지 않은 경우, 함수가 정의되는 실수 전체의 집합을 정의역, 실수 전체의 집합을 공역으로 생각한다.

(4) 서로 같은 함수: 정의역과 공역이 각각 같은 두 함수 f, g에서 정의역에 속하는 모든 원소 x에 대하여

$$f(x) = g(x)$$

일 때, 두 함수 f, g는 서로 같다고 하고, 기호 $f = g$로 나타낸다.

• 두 함수 f와 g가 서로 같지 않을 때, 기호 $f \neq g$로 나타낸다.

(5) 함수의 그래프: 함수 $f: X \rightarrow Y$에서 정의역 X의 원소 x와 이에 대응하는 함숫값 $f(x)$의 순서쌍 $(x, f(x))$ 전체의 집합 $\{(x, f(x))|x \in X\}$를 함수 f의 그래프라 한다.

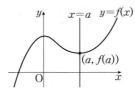

02 여러 가지 함수

(1) 일대일함수: 함수 $f: X \rightarrow Y$에서 정의역 X의 두 원소 x_1, x_2에 대하여

$$x_1 \neq x_2 \text{이면} f(x_1) \neq f(x_2)$$

가 성립하는 함수를 일대일함수라고 한다.

• '$x_1 \neq x_2$이면 $f(x_1) \neq f(x_2)$'의 대우인 '$f(x_1) = f(x_2)$이면 $x_1 = x_2$'가 성립할 때에도 함수 f는 일대일함수가 된다.

(2) 일대일 대응: 일대일함수이고, 치역과 공역이 같은 함수를 일대일 대응이라고 한다.

(3) 항등함수: 함수 $f: X \rightarrow X$에서 정의역 X의 각 원소 x에 그 자신인 x가 대응하는 함수, 즉

정의역 X의 모든 원소 x에 대하여 $f(x) = x$

인 함수를 항등함수라고 한다.

(4) **상수함수**: 함수 $f\colon X \to Y$에서 정의역 X의 모든 원소 x에 공역 Y의 단 하나의 원소 c가 대응하는 함수, 즉

$$\text{정의역 } X \text{의 모든 원소 } x \text{에 대하여 } f(x) = c \ (\text{단, } c \text{는 상수})$$

인 함수를 상수함수라고 한다.

03 합성함수

(1) **합성함수**

① 두 함수 $f\colon X \to Y$, $g\colon Y \to Z$에 대하여 집합 X의 각 원소 x에 집합 Z의 원소 $g(f(x))$를 대응시키는 함수를 f와 g의 합성함수라 하고, 기호 $g \circ f\colon X \to Z$로 나타낸다.

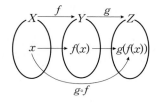

② 합성함수 $g \circ f\colon X \to Z$에서 x의 함숫값을 기호 $(g \circ f)(x)$로 나타낸다. 즉,
$$(g \circ f)(x) = g(f(x))$$

(2) **합성함수의 성질**

함수 f, g, h에 대하여
① $g \circ f \neq f \circ g$
② $h \circ (g \circ f) = (h \circ g) \circ f$

- 합성함수 $g \circ f$가 정의되려면 함수 f의 치역이 함수 g의 정의역의 부분집합이어야 한다.

- 함수의 합성에서 교환법칙은 성립하지 않고, 결합법칙은 성립한다.

04 역함수

(1) **역함수**

① 함수 $f\colon X \to Y$가 일대일 대응일 때, Y의 각 원소 y에 대하여 $f(x) = y$인 X의 원소 x를 대응시키는 함수를 함수 f의 역함수라 하고, 기호 $f^{-1}\colon Y \to X$로 나타낸다.

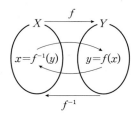

② 역함수 $f^{-1}\colon Y \to X$에서 y의 함숫값을 기호 $f^{-1}(y)$로 나타낸다.

(2) **역함수의 성질**

함수 $f\colon X \to Y$가 일대일 대응이고, 그 역함수 $f^{-1}\colon Y \to X$에 대하여
① $(f^{-1})^{-1} = f$
② $(f^{-1} \circ f)(x) = x \ (x \in X)$
③ $(f \circ f^{-1})(y) = y \ (y \in Y)$
④ 함수 $g\colon Y \to Z$가 일대일 대응일 때, $(g \circ f)^{-1} = f^{-1} \circ g^{-1}$

(3) **역함수의 그래프의 성질**

함수 $y = f(x)$의 그래프와 그 역함수 $y = f^{-1}(x)$의 그래프는 직선 $y = x$에 대하여 대칭이다.

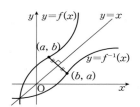

유형 1 ★ 새롭게 정의된 함수

함수 $y=f(x)$의 그래프 위의 임의의 점 P와 함수 $y=g(x)$의 그래프 위의 임의의 점 Q에 대하여 선분 PQ의 최소의 길이를 $d(f, g)$로 나타내자. 예를 들어, $f(x)=x+2$이고 $g(x)=x$이면 $d(f, g)=\sqrt{2}$이다. 임의의 함수 f, g, h에 대하여 <보기> 중에서 옳은 것을 있는 대로 고른 것은?

┌─ 보 기 ─┐

ㄱ. $f(x)=ax+b$, $g(x)=mx+n$(단, a, b, m, n은 상수) 일 때, $a \neq m$이면 $d(f, g)=0$이다.

ㄴ. $d(f, g+h) \leq d(f, g)+d(f, h)$

ㄷ. $d(f, gh) \leq d(f, g) \cdot d(f, h)$

① ㄱ　　　　② ㄴ　　　　③ ㄱ, ㄴ　　　　④ ㄱ, ㄷ　　　　⑤ ㄴ, ㄷ

풀이 ㄱ. 두 일차함수의 기울기가 다르면 반드시 한 점에서 만난다. ∴ $d(f, g)=0$ (참)

ㄴ. $f(x)=x$, $g(x)=2x+2$, $h(x)=-x$이면 $g(x)+h(x)=x+2$

이때 $d(f, g+h)$는 $y=x$와 $y=x+2$의 그래프 간 거리와 같으므로

$y=x$ 위의 한 점 $(0, 0)$을 기준으로 했을 때

$d(f, g+h)=\dfrac{|2|}{\sqrt{1^2+(-1)^2}}=\sqrt{2}$, $d(f, g)+d(f, h)=0$이므로 모순 (거짓)

ㄷ. $f(x)=x$, $g(x)=2x+4$, $h(x)=\dfrac{1}{2}$이면 $g(x)h(x)=x+2$

$d(f, gh)=\dfrac{|2|}{\sqrt{1^2+(-1)^2}}=\sqrt{2}$, $d(f, g) \cdot d(f, h)=0$이므로 모순 (거짓)

답 ①

TIP
일차함수 f, g에 대하여 f, g의 그래프의 기울기가 다르면 항상
$d(f, g)=0$
이 성립한다.

유형 2 ★ 특정 조건을 만족시키는 함수의 성질

두 함수 f와 g는 임의의 두 실수 x와 y에 대하여 다음을 만족시킨다.

$$f(0)=3,\ f(x+g(y))=(x+y^2-1)^2-1$$

이때, $f(7)+g(7)$의 값이 될 수 있는 수 중에서 가장 큰 값은?

① 92   ② 113   ③ 126   ④ 135   ⑤ 147

풀이 $f(x+g(y))=3$일 때

$x+g(y)=0$ …… ㉠

$(x+y^2-1)^2-1=3$ …… ㉡

㉡에 의해

$x+y^2=3$ 혹은 $x+y^2=-1$

$x=-y^2+3$ 혹은 $x=-y^2-1$

㉠에 의해

$x=-g(y)$

$\therefore g(y)=y^2-3$ 혹은 $g(y)=y^2+1$

따라서 $g(7)=50$ or 46

$g(7)=50$이면 $f(7)=f(-43+g(7))=(-43+7^2-1)^2-1=24$

$\therefore f(7)+g(7)=74$

$g(7)=46$이면 $f(7)=f(-39+g(7))=(-39+7^2-1)^2-1=80$

$\therefore f(7)+g(7)=126$

따라서 최댓값은 126이다.

답 ③

TIP

모든 실수 x, y에 대하여
$$f(x+g(y))=(x+y^2-1)^2-1$$
이 성립하므로 이를 이용하여 먼저 $g(y)$의 함수식을 구한다.

01 유형 1

● 경찰 2018학년도 18번

함수

$$f(x)=[x]+\left[x+\frac{1}{100}\right]+\left[x+\frac{2}{100}\right]+\cdots+\left[x+\frac{99}{100}\right]$$

에 대하여 옳은 것만을 <보기>에서 있는 대로 고른 것은? (단, $[x]$는 x를 넘지 않는 최대 정수이다.) [5점]

┌ 보 기 ┐

ㄱ. $f\left(\frac{4}{3}\right)=133$

ㄴ. 자연수 n에 대하여 $f\left(x+\frac{n}{2}\right)=f(x)+50n$

ㄷ. 자연수 n에 대하여 $\frac{n}{100}\leq x<\frac{n+1}{100}$ 일 때,

$$f(f(x)-1)=nf(x)-1$$

을 만족시키는 자연수 n의 개수는 1이다.

① ㄴ   ② ㄷ   ③ ㄱ, ㄴ   ④ ㄱ, ㄷ   ⑤ ㄱ, ㄴ, ㄷ

01 유형 1

사관 2003학년도 문과 21번

실수 전체의 집합 R의 부분집합 S에 대하여 R에서 정의된 함수 $f_S(x)$를

$$f_S(x) = \begin{cases} 2 & (x \in S) \\ 5 & (x \notin S) \end{cases}$$

라 하자. R의 세 부분집합 A, B, C에 대하여

$f_{A \cap B \cap C}(a) = 2$일 때, $\{f_A(a) + f_{B^c}(a) + f_C(a)\} \cdot f_{A-B}(a)$의 값은? (단, $B^c = R - B$) [4점]

① 12   ② 18   ③ 24   ④ 30   ⑤ 45

02 유형 2

교육청 2015년 11월 고1 28번

실수 전체의 집합 R에 대하여 함수 $f : R \to R$가

$$f(x) = a|x+2| - 4x$$

로 정의될 때, 이 함수가 일대일대응이 되도록 하는 정수 a의 개수를 구하시오. [4점]

02 유리함수와 무리함수

01 유리식

(1) **유리식**: 두 다항식 A, $B(B \neq 0)$에 대하여 $\dfrac{A}{B}$ 꼴의 분수식으로 나타내어지는 식을 유리식이라 한다.

(2) **유리식의 성질**: 유리수와 마찬가지로 유리식에서도 다음 성질이 성립한다.

다항식 A, B, C $(B \neq 0,\ C \neq 0)$에 대하여

① $\dfrac{A}{B} = \dfrac{A \times C}{B \times C}$

② $\dfrac{A}{B} = \dfrac{A \div C}{B \div C}$

• ①은 통분할 때, ②는 약분할 때 사용한다.

(3) **유리식의 사칙연산**

다항식 A, B, C, D $(B \neq 0,\ C \neq 0,\ D \neq 0)$에 대하여

① $\dfrac{A}{B} + \dfrac{C}{B} = \dfrac{A+C}{B}$

② $\dfrac{A}{B} - \dfrac{C}{B} = \dfrac{A-C}{B}$

③ $\dfrac{A}{B} \times \dfrac{C}{D} = \dfrac{AC}{BD}$

④ $\dfrac{A}{B} \div \dfrac{C}{D} = \dfrac{A}{B} \times \dfrac{D}{C} = \dfrac{AD}{BC}$

• 유리수의 사칙연산과 같은 방법으로 계산한다.

02 유리함수

(1) **유리함수**: 함수 $y = f(x)$에서 $f(x)$가 x에 대한 유리식인 함수를 유리함수라고 한다.

(2) **점근선**: 곡선 위의 점이 어떤 직선에 한없이 가까워질 때, 이 직선을 그 곡선의 점근선이라 한다.

(3) **유리함수 $y = \dfrac{k}{x}(k \neq 0)$의 그래프**

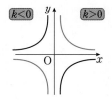

① 정의역과 치역은 모두 0을 제외한 실수 전체의 집합이다.

② $k > 0$이면 제1사분면과 제3사분면에 있고, $k < 0$이면 제2사분면과 제4사분면에 있다.

③ 원점에 대하여 대칭이다.

④ 점근선은 x축과 y축이다.

(4) **유리함수 $y = \dfrac{k}{x-p} + q\,(k \neq 0)$의 그래프**

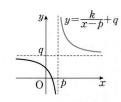

① 함수 $y = \dfrac{k}{x}$의 그래프를 x축의 방향으로 p만큼, y축의 방향으로 q만큼 평행이동한 것이다.

• 유리함수 $y = \dfrac{ax+b}{cx+d}$ $(ad - bc \neq 0, c \neq 0)$의 그래프는 $y = \dfrac{k}{x-p} + q$의 꼴로 변형하여 그린다.

② 정의역은 $\{x|x \neq p$인 실수$\}$, 치역은 $\{y|y \neq q$인 실수$\}$이다.

③ 점 (p, q)에 대하여 대칭이다.

④ 점근선은 두 직선 $x=p$, $y=q$이다.

03 무리식

(1) **무리식**: 근호 안에 문자가 포함되어 있는 식 중에서 유리식으로 나타낼 수 없는 식을 무리식이라고 한다.

(2) 분모가 무리식일 때, 분모를 유리화하여 계산한다.

$a>0$, $b>0$일 때,

① $\dfrac{a}{\sqrt{b}} = \dfrac{a \times \sqrt{b}}{\sqrt{b} \times \sqrt{b}} = \dfrac{a\sqrt{b}}{b}$

② $\dfrac{c}{\sqrt{a}+\sqrt{b}} = \dfrac{c(\sqrt{a}-\sqrt{b})}{(\sqrt{a}+\sqrt{b})(\sqrt{a}-\sqrt{b})} = \dfrac{c(\sqrt{a}-\sqrt{b})}{a-b}$ (단, $a \neq b$)

③ $\dfrac{c}{\sqrt{a}-\sqrt{b}} = \dfrac{c(\sqrt{a}+\sqrt{b})}{(\sqrt{a}-\sqrt{b})(\sqrt{a}+\sqrt{b})} = \dfrac{c(\sqrt{a}+\sqrt{b})}{a-b}$ (단, $a \neq b$)

> • 무리수의 분모의 유리화와 같은 방법으로 계산한다.

04 무리함수

(1) **무리함수**: 함수 $y=f(x)$에서 $f(x)$가 x에 대한 무리식인 함수를 무리함수라고 한다.

(2) **무리함수 $y=\sqrt{ax}\,(a \neq 0)$의 그래프**

① 함수 $y=\sqrt{ax}\,(a \neq 0)$의 정의역은

$a>0$일 때, $\{x|x \geq 0\}$

$a<0$일 때, $\{x|x \leq 0\}$

이고 치역은 $\{y|y \geq 0\}$이다.

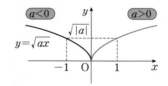

② 함수 $y=-\sqrt{ax}\,(a \neq 0)$의 정의역은

$a>0$일 때, $\{x|x \geq 0\}$

$a<0$일 때, $\{x|x \leq 0\}$

이고 치역은 $\{y|y \leq 0\}$이다.

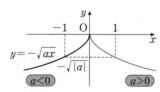

(3) **무리함수 $y=\sqrt{a(x-p)}+q\,(a \neq 0)$의 그래프**

① 함수 $y=\sqrt{ax}$의 그래프를 x축의 방향으로 p만큼, y축의 방향으로 q만큼 평행이동한 것이다.

② 정의역은

$a>0$일 때, $\{x|x \geq p\}$

$a<0$일 때, $\{x|x \leq p\}$

이고 치역은 $\{y|y \geq q\}$이다.

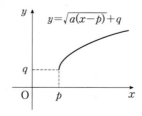

> • 무리함수 $y=\sqrt{ax+b}+c\,(a \neq 0)$의 그래프는 $y=\sqrt{a(x-p)}+q$의 꼴로 변형하여 그린다.

▶ 경찰 2018학년도 9번

유형 1 ★ 유리함수

함수 $y = \dfrac{1}{x+1}$ 의 그래프와 직선 $y = mx + n(m < 0)$이 한 점에서 만나고, 그 만나는 점은 제 1사분면에 있다.

직선 $y = mx + n$이 x축과 만나는 점을 A, y축과 만나는 점을 B라 할 때, 삼각형 OAB의 넓이가 1이다.

$m + n$의 값은? (단, m, n은 상수이고, O는 원점이다.) [4점]

① $2(3 - 4\sqrt{2})$ ② $2(3\sqrt{2} - 4)$ ③ $2(4\sqrt{2} - 3)$

④ $3\sqrt{2} - 4$ ⑤ $4\sqrt{2} - 3$

풀이 함수 $y = \dfrac{1}{x+1}$ 의 그래프와 직선 $y = mx + n(m < 0)$이 한 점에서 만나므로 방정식

$mx + n = \dfrac{1}{x+1}$ 의 해는 1개다. 즉 방정식

$(mx + n)(x + 1) = 1$, $mx^2 + (m + n)x + n - 1 = 0$

의 판별식을 D라고 하면

$D = (m + n)^2 - 4m(n - 1)$

   $= m^2 - 2mn + n^2 + 4m = 0$ ······ ㉠

한편, 직선 $y = mx + n$의 x절편은 $-\dfrac{n}{m}$, y절편은 n이고, 만나는 점이 제1사분면에 있으므로 $n > 0$이다.

또, 삼각형 OAB의 넓이가 1이므로,

$\dfrac{1}{2} \times \left(-\dfrac{n}{m}\right) \times n = 1$, $n^2 + 2m = 0$ ······ ㉡

㉠, ㉡을 연립하여 풀면 $n > 0$에서

$m = -6 + 4\sqrt{2}$, $n = -2 + 2\sqrt{2}$

∴ $m + n = (-6 + 4\sqrt{2}) + (-2 + 2\sqrt{2}) = 2(3\sqrt{2} - 4)$

답 ②

TIP

주어진 유리함수의 그래프와

$y = mx + n$

의 그래프가 한 점에서 만나므로 두 그래프는 서로 접한다.

01 유형1

경찰 2011학년도 3번

유리함수 $f(x)=\dfrac{ax+b}{cx+d}$ 의 그래프가 다음 조건을 만족시킨다.

> (가) 원점을 지난다.
> (나) 점근선의 방정식은 $x=1$과 $y=-2$이다.

이때, 함수 $f(x)$의 역함수를 $f^{-1}(x)$라 할 때, $f^{-1}(-1)$의 값은?

① -2 ② -1 ③ 0 ④ 1 ⑤ 2

02 유형1

경찰 2010학년도 11번

20보다 작은 자연수 a, b, c, d에 대하여 $f(x)=\dfrac{ax-b}{cx+d}$ 로 주어져 있다.

$$X=\{x|x>-2,\ x는\ 실수\},\ Y=\{y|y<5,\ y는\ 실수\}$$

라 할 때, 함수 $f\colon X\to Y$가 일대일 대응이 되도록 하는 자연수 a, b, c, d 중 $a+b+c+d$의 최솟값과 최댓값의 합은?

① 48 ② 50 ③ 52 ④ 54 ⑤ 56

01 유형 1

◎ 사관 2018학년도 나형 6번

함수 $f(x)=\dfrac{bx+1}{x+a}$ 의 역함수 $y=f^{-1}(x)$ 의 그래프가 점 $(2, 1)$에 대하여 대칭일 때, $a+b$의 값은? (단, a, b는 $ab\neq1$인 상수이다.)

[3점]

① -3　　　　② -1　　　　③ 1　　　　④ 3　　　　⑤ 5

02 유형 1

◎ 교육청 2016년 3월 고2 가형 18번

그림과 같이 유리함수 $y=\dfrac{k}{x}$ $(k>0)$의 그래프가 직선 $y=-x+6$과 두 점 P, Q에서 만난다. 삼각형 OPQ의 넓이가 14일 때, 상수 k의 값은? (단, O는 원점이다.)

[4점]

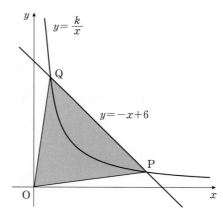

① $\dfrac{32}{9}$　　　　② $\dfrac{34}{9}$　　　　③ 4　　　　④ $\dfrac{38}{9}$　　　　⑤ $\dfrac{40}{9}$

03 유형 1

교육청 2013년 11월 고1 16번

그림과 같이 함수 $y=\dfrac{2}{x-1}+2$의 그래프 위의 한 점 P에서 이 함수의 그래프의 두 점근선에 내린 수선의 발을 각각 Q, R라 하고, 두 점근선의 교점을 S라 하자. 사각형 PRSQ의 둘레의 길이의 최솟값은? (단, 점 P는 제1사분면 위의 점이다.)

[4점]

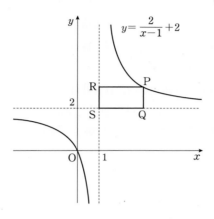

① $2\sqrt{2}$　　　　② 4　　　　③ $4\sqrt{2}$　　　　④ 8　　　　⑤ $8\sqrt{2}$

01 등차수열과 등비수열

01 수열의 뜻

(1) **수열**: 차례로 나열된 수의 열을 수열이라고 한다.

(2) **항**: 수열을 이루고 있는 각각의 수를 항이라고 한다.

(3) **일반항**

  ① 일반적으로 수열을 나타낼 때에는 각 항에 번호를 붙여

      $a_1, a_2, \cdots, a_n, \cdots$

   와 같이 나타내고, 제n항을 이 수열의 일반항이라 한다.

  ② 일반항이 a_n인 수열을 간단히 $\{a_n\}$과 같이 나타낸다.

(4) 항의 개수가 유한인 수열을 유한수열, 항의 개수가 무한인 수열을 무한수열이라 한다.

02 등차수열

(1) **등차수열**: 첫째항부터 차례로 일정한 수를 더하여 얻은 수열을 등차수열이라 하고, 그 일정한 수를 공차라 한다.

(2) **등차수열의 일반항**

  첫째항이 a, 공차가 d인 등차수열의 일반항 a_n은

$$a_1=a$$
$$a_2=a_1+d=a+d$$
$$a_3=a_2+d=(a+d)+d=a+2d$$
$$a_4=a_3+d=(a+2d)+d=a+3d$$
$$\vdots$$
$$a_n=a+(n-1)d \ (n=1, 2, 3, \cdots)$$

(3) **등차중항**: 세 수 a, b, c가 이 순서대로 등차수열을 이룰 때, b를 a와 c의 등차중항이라 한다.

이때, $b-a=c-b$이므로 $b=\dfrac{a+c}{2}$이다.

03 등차수열의 합

등차수열의 첫째항부터 제n항까지의 합을 S_n이라 하면

(1) 첫째항이 a, 공차가 d인 등차수열의 제n항이 l일 때,

$$S_n=a+(a+d)+(a+2d)+\cdots+(l-d)+l$$
$$+\underline{)\,S_n=l+(l-d)+(l-2d)+\cdots+(a+d)+a}$$
$$2S_n=(a+l)+(a+l)+\cdots(a+l)=n(a+l)$$
$$S_n=\frac{n(a+l)}{2}$$

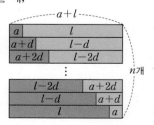

• 공차는 일반적으로 d로 나타내며, $d<0$인 경우도 있다.

• 등차수열 $\{a_n\}$의 공차가 d이면 이웃한 두 항 사이의 차가 항상 d로 일정하다. 즉,
$$a_2-a_1=a_3-a_2=a_4-a_3$$
$$=\cdots$$
$$=a_n-a_{n-1}=d$$

• 일반적으로 수열 $\{a_n\}$의 첫째항부터 제n항까지의 합을 S_n으로 나타낸다.

(2) 이때 제n항인 l은 $l = a + (n-1)d$이므로 $S_n = \dfrac{n(a+l)}{2}$에 대입하면

$$S_n = \dfrac{n\{2a+(n-1)d\}}{2}$$

04 수열의 합과 일반항 사이의 관계

수열 $\{a_n\}$의 첫째항부터 제n항까지의 합을 S_n이라 할 때, S_n을 이용하여 일반항 a_n을 구하면

$S_1 = a_1$이므로 $a_1 = S_1$

$S_2 = a_1 + a_2 = S_1 + a_2$ $\Rightarrow$ $a_2 = S_2 - S_1$

$S_3 = a_1 + a_2 + a_3 = S_2 + a_3$ $\Rightarrow$ $a_3 = S_3 - S_2$

$S_4 = a_1 + a_2 + a_3 + a_4 = S_3 + a_4$ $\Rightarrow$ $a_4 = S_4 - S_3$

$\vdots$

$S_n = a_1 + a_2 + \cdots + a_n = S_{n-1} + a_n$ $\Rightarrow$ $a_n = S_n - S_{n-1}$ (단, $n \geq 2$)

> • $S_n = an^2 + bn + c$
> (a, b, c는 상수) 일 때,
> ① $c = 0$이면 수열 $\{a_n\}$은 첫째항부터 등차수열을 이룬다.
> ② $c \neq 0$이면 수열 $\{a_n\}$은 제2항부터 등차수열을 이룬다.

05 등비수열

(1) **등비수열**: 첫째항부터 차례로 일정한 수를 곱하여 얻은 수열을 등비수열이라 하고, 그 일정한 수를 공비라 한다.

(2) **등비수열의 일반항**

첫째항이 a, 공비가 r인 등비수열의 일반항 a_n은

$a_1 = a$

$a_2 = a_1 \times r = ar$

$a_3 = a_2 \times r = ar \times r = ar^2$

$\vdots$

$a_n = ar^{n-1}$ ($n = 1, 2, 3, \cdots$)

(3) **등비중항**: 세 수 a, b, c가 이 순서대로 등비수열을 이룰 때, b를 a와 c의 등비중항이라 한다.

이때, $\dfrac{b}{a} = \dfrac{c}{b}$이므로 $b^2 = ac$이다.

> • 공비는 일반적으로 r로 나타내며, $r < 0$인 경우도 있다.

06 등비수열의 합

첫째항이 a, 공비가 r인 등비수열의 첫째항부터 제n항까지의 합을 S_n이라 하면

(1) $r \neq 1$일 때,

$$S_n = a + ar + ar^2 + \cdots + ar^{n-1}$$
$$-)\quad rS_n = \quad ar + ar^2 + \cdots + ar^{n-1} + ar^n$$
$$(1-r)S_n = a - ar^n = a(1-r^n)$$

$$S_n = \dfrac{a(1-r^n)}{1-r} = \dfrac{a(r^n-1)}{r-1}$$

(2) $r = 1$일 때, $S_n = na$

> • 수열 $\{a_n\}$의 첫째항부터 제n항까지의 합 S_n이
> $S_n = pr^n + q$ ($r \neq 1$, p, q는 상수)
> 일 때,
> ① $p + q = 0$이면 수열 $\{a_n\}$은 첫째항부터 등비수열을 이룬다.
> ② $p + q \neq 0$이면 수열 $\{a_n\}$은 제2항부터 등비수열을 이룬다.

유형 1 ★ 등차수열의 일반항

등차수열 $\{a_n\}$에 대하여 $(a_1+a_2):a_3=2:3$일 때, $\dfrac{a_7}{a_4+a_6}$의 값은?

① $\dfrac{21}{34}$ ② $\dfrac{11}{17}$ ③ $\dfrac{23}{34}$ ④ $\dfrac{12}{17}$ ⑤ $\dfrac{25}{34}$

풀이

$a_n=a_1+(n-1)d$

$a_2=a_1+d,\ a_3=a_1+2d$

$(a_1+a_2):a_3=2:3$

$2a_3=3a_1+3a_2$

$2(a_1+2d)=3a_1+3(a_1+d)$

$2a_1+4d=3a_1+3a_1+3d=6a_1+3d$

$d=4a_1$

$\therefore\ \dfrac{a_7}{a_4+a_6}=\dfrac{a_1+6d}{a_1+3d+a_1+5d}=\dfrac{25a_1}{34a_1}=\dfrac{25}{34}$

답 ⑤

Tip

등차수열의 일반항이

$\quad a_n=a_1+(n-1)d$

이므로 비례식을 이용하여 공차와 a_1의 관계를 구한다.

경찰 2016학년도 21번

유형 2 ★ 등차수열의 합

등차수열 $\{a_n\}$에 대하여 $a_1+a_3+a_{13}+a_{15}=72$일 때, $\sum_{n=1}^{15} a_n$의 값을 구하시오. [3점]

풀이 공차를 d라고 하면 $a_n=a_1+d(n-1)$

$a_1+a_3+a_{13}+a_{15}=4a_1+28d=72$, $a_1+7d=18$

$\therefore \sum_{n=1}^{15} a_n=\frac{15(a_1+a_{15})}{2}=\frac{15(2a_1+14d)}{2}=\frac{15(2\times 18)}{2}=270$

답 270

TIP
$a_n=a_1+(n-1)d$임을 이용하여 수열의 합에 대입할 식을 찾는다.

유형 3 ★ **등차수열의 활용**

정수 d는 다음 조건을 만족시키는 등차수열 $\{a_n\}$의 공차이다.

> (가) $a_1 = -2016$
>
> (나) $\displaystyle\sum_{k=n}^{2n} a_k = 0$인 자연수 n이 존재한다.

모든 d의 합을 k라 할 때, k를 1000으로 나눈 나머지를 구하시오.   [5점]

풀이 $\displaystyle\sum_{k=n}^{2n} a_k$는 초항이 a_n이고 공차가 d인 등차수열의 a_n부터 a_{2n}까지의 합이다.

$a_n = -2016 + (n-1)d$

$a_{2n} = -2016 + (2n-1)d$

항의 수는 총 $n+1$개다.

$\therefore \displaystyle\sum_{k=n}^{2n} a_k = \frac{n+1}{2}\{-2016 + (n-1)d - 2016 + (2n-1)d\} = \frac{n+1}{2}\{-4032 + (3n-2)d\}$

$\displaystyle\sum_{k=n}^{2n} a_k = 0$이므로

$-4032 + (3n-2)d = 0 \left(\because \dfrac{n+1}{2} \neq 0\right)$

$\therefore 4032 = (3n-2)d$

$4032 = 2^6 \times 3^2 \times 7$이고 $(3n-2)$는 3^2의 배수가 될 수 없다.

따라서 d가 9의 배수이다.

조건을 만족하는 d의 집합은

$\{9,\ 36,\ 63,\ 144,\ 252,\ 576,\ 1008,\ 4032\}$이므로

$k = 9 + 36 + 63 + 144 + 252 + 576 + 1008 + 4032 = 6120$

따라서 k를 1000으로 나눈 나머지는 120이다.   **답** 120

TIP

주어진 조건을 이용하여 d가 포함된 등식을 만들고, 가능한 d의 값을 찾는다.

유형 4 ★ **등비수열의 합**

실수 $r(|r|<1)$에 대하여 $f(r)=\dfrac{1}{1-r}$일 때,

$$\left| f(-0.1)-1-\sum_{k=1}^{n}(-0.1)^k \right| < 10^{-7}$$

을 만족시키는 가장 작은 자연수 n의 값은?

① 3 ② 4 ③ 5 ④ 6 ⑤ 7

풀이 $f(-0.1)=\dfrac{10}{11}$

$\sum\limits_{k=1}^{n}(-0.1)^k=\dfrac{-0.1\{1-(-0.1)^n\}}{1-(-0.1)}=\dfrac{-1+(-0.1)^n}{11}$

$\left| f(-0.1)-1-\sum\limits_{k=1}^{n}(-0.1)^k \right|=\left| \dfrac{10}{11}-1-\dfrac{-1+(-0.1)^n}{11} \right|=\left| -\dfrac{(-0.1)^n}{11} \right|<10^{-7}$

$\therefore n=6$

답 ④

TIP
등비수열의 합의 공식을 이용하여 $\sum\limits_{k=1}^{n}(-0.1)^k$의 값을 n에 대한 식으로 정리한다.

유형 5 ★ 등비수열의 활용

그림과 같이 한 변의 길이가 1인 흰색 정사각형 R_0을 사등분하여 오른쪽 위의 한 정사각형을 검은색으로 칠한 전체 도형을 R_1이라 하고, R_1의 검은 부분의 넓이를 S_1이라 하자.

R_1의 각 정사각형을 사등분하여 얻은 도형이 ⊞이면 ◧으로, ◼이면 ◪으로 모두 바꾼 후 얻은 전체 도형을 R_2라 하고, R_2의 검은 부분의 넓이를 S_2라 하자.

이와 같은 과정을 계속하여 n번째 얻은 전체 도형 R_n의 검은 부분의 넓이를 S_n이라 할 때, S_{10}의 값은?

[4점]

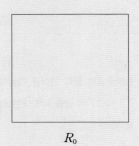

R_0

R_1

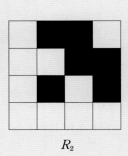

R_2

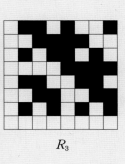

R_3

···

① $\dfrac{257}{512}$　② $\dfrac{511}{1024}$　③ $\dfrac{513}{1024}$　④ $\dfrac{1023}{2048}$　⑤ $\dfrac{1025}{2048}$

풀이 R_n에서 흰색 정사각형의 개수를 a_n, 검은색 정사각형의 개수를 b_n이라 하면

$a_n + b_n = 4^n$ ······ ㉠

이때, 흰색 정사각형은 사등분하여 하나의 정사각형만 검은색으로 칠하고, 검은색 정사각형은 사등분하여 하나의 정사각형만 흰색으로 칠하므로

$a_{n+1} = 3a_n + b_n$ ······ ㉡

$b_{n+1} = a_n + 3b_n$ ······ ㉢

㉠을 ㉢에 대입하여 정리하면

$b_{n+1} = 2b_n + 4^n$, $\dfrac{b_{n+1}}{2^{n+1}} = \dfrac{b_n}{2^n} + \dfrac{2^n}{2}$

이때 $c_n = \dfrac{b_n}{2^n}$이라 하면, $c_1 = \dfrac{1}{2}$이며,

$c_{n+1} - c_n = \dfrac{2^n}{2}$이므로 $c_{10} = \dfrac{1}{2} + \dfrac{2^9 - 1}{2 - 1} = 2^9 - \dfrac{1}{2}$

$\therefore b_{10} = 2^{19} - 2^9$

한편 R_n에서 정사각형 한 개의 넓이를 d_n이라고 하면 $d_n = \dfrac{1}{4^n}$

이때 R_{10}에서 정사각형 1개의 넓이는 $\dfrac{1}{4^{10}}$이므로

$S_{10} = \dfrac{2^{19} - 2^9}{4^{10}} = \dfrac{2^{19} - 2^9}{2^{20}} = \dfrac{2^{10} - 1}{2^{11}} = \dfrac{1023}{2048}$

답 ④

TIP
R_n에서 흰색 정사각형의 개수와 검은색 정사각형의 개수를 각각 a_n, b_n으로 놓으면 가장 작은 정사각형 1개의 넓이는 $\dfrac{1}{4^n}$이므로 $\dfrac{b_{10}}{4^{10}}$을 구한다.

01 유형 2

● 경찰 2011학년도 18번

공차가 양수인 등차수열 $\{a_n\}$과 공차가 음수인 등차수열 $\{b_n\}$의 첫째 항부터 n째 항까지의 합을 각각 S_n과 T_n이라 하자. 다음이 성립할 때, a_{20}과 b_{20}의 곱 $a_{20}b_{20}$의 값은?

$$\begin{cases} a_1 = b_1 + 1 \\ S_n^2 - T_n^2 = n^2(n+1) \ (n=1,\ 2,\ 3,\ \cdots) \end{cases}$$

① -108 ② -105 ③ -102 ④ -99 ⑤ -96

02 유형 4

● 경찰 2018학년도 19번

첫째항이 1이고 공비가 $r\,(r>0)$인 등비수열 $\{a_n\}$에 대하여 함수 $f(x) = \sum_{n=1}^{17} |x - a_n|$은 $x = 16$에서 최솟값을 갖는다. 그 최솟값을 m이라 할 때, rm의 값은?

[5점]

① $15(30 + 31\sqrt{2})$ ② $15(31 + 30\sqrt{2})$ ③ $15(31 - 15\sqrt{2})$

④ $30(31 - 15\sqrt{2})$ ⑤ $30(31 + 15\sqrt{2})$

03 유형 5

경찰 2017학년도 17번

$a_1 = \dfrac{9}{8}$ 이고 자연수 n에 대하여

$$a_{n+1} = \frac{9}{8}\left(\frac{9}{8}+9\right)\left(\frac{9}{8}+9+9^2\right)\cdots\left(\frac{9}{8}+9+9^2+\cdots+9^n\right)$$

이라 하자. $\displaystyle\sum_{k=1}^{10}\frac{\log a_k}{k} = \log A$ 일 때, A의 값은? [5점]

① $\dfrac{3^{65}}{2^{30}}$ ② $\dfrac{3^{60}}{2^{25}}$ ③ $\dfrac{2^{65}}{3^{30}}$ ④ $\dfrac{2^{60}}{3^{25}}$ ⑤ $\dfrac{3^{60}}{2^{30}}$

유형 연습 더하기

01 유형 1

사관 2018학년도 나형 23번

등차수열 $\{a_n\}$에 대하여 $a_2=14$, $a_4+a_5=23$일 때, $a_7+a_8+a_9$의 값을 구하시오. [3점]

02 유형 1

사관 2015학년도 B형 22번

등차수열 $\{a_n\}$에서 $a_2+a_4=16$, $a_8+a_{12}=58$일 때, a_{17}의 값을 구하시오. [3점]

03 유형 2

◎ 사관 2012학년도 문과 25번

등차수열 $\{a_n\}$의 첫째항부터 제 n항까지의 합을 S_n이라 하자. $a_{10}-a_1=27$, $S_{10}=a_{10}$일 때, S_{10}의 값을 구하시오. (단, $n=1, 2, 3, \cdots$)

[2점]

04 유형 3

◎ 교육청 2013년 3월 고3 A형 30번

첫째항이 60인 등차수열 $\{a_n\}$에 대하여 수열 $\{T_n\}$을

$$T_n=|a_1+a_2+a_3+\cdots+a_n|$$

이라 하자. 수열 $\{T_n\}$이 다음 조건을 만족시킨다.

> (가) $T_{19}<T_{20}$　　　　　　　(나) $T_{20}=T_{21}$

$T_n>T_{n+1}$을 만족시키는 n의 최솟값과 최댓값의 합을 구하시오. [4점]

05 유형 4

사관 2017학년도 나형 15번

공비가 양수인 등비수열 $\{a_n\}$의 첫째항부터 제n항까지의 합을 S_n이라 하자.

$$S_6 - S_3 = 6, \quad S_{12} - S_6 = 72$$

일 때, $a_{10} + a_{11} + a_{12}$의 값은? [4점]

① 48   ② 51   ③ 54   ④ 57   ⑤ 60

06 유형 5

사관 2010학년도 문과 10번

2009년 8월 초 판매 가격이 200만원인 노트북컴퓨터의 판매 가격은 매월 초 직전 달보다 1%씩 계속 인하된다고 하자. 어느 은행에 2009년 8월 초부터 2010년 7월 초까지 매월 초마다 일정한 금액을 적립하여, 12개월 후인 2010년 8월 초에 원금과 이자를 모두 찾아 바로 노트북컴퓨터를 구입하기로 하였다. 이 은행은 월이율이 1%이고 매월마다 복리로 계산한다고 할 때, 매월 초에 적립해야 할 최소금액은? (단, $0.99^{12} = 0.89$, $1.01^{12} = 1.13$으로 계산하고 천원 단위에서 반올림하며, 세금은 고려하지 않는다.) [3점]

① 11만원   ② 12만원   ③ 13만원   ④ 14만원   ⑤ 15만원

02 수열의 합

01 합의 기호 Σ의 뜻과 성질

(1) **합의 기호 Σ**: 수열 $\{a_n\}$의 첫째항부터 제n항까지의 합 $a_1+a_2+\cdots+a_n$을 합의 기호 Σ를 사용하여 다음과 같이 나타낸다.

$$a_1+a_2+\cdots+a_n=\sum_{k=1}^{n}a_k$$

제n항까지 → 일반항 → 첫째항부터

- k 대신 다른 문자를 사용하여 $\sum_{i=1}^{n}a_i$, $\sum_{j=1}^{n}a_j$ 등과 같이 나타낼 수 있다.

(2) **Σ의 성질**

① $\displaystyle\sum_{k=1}^{n}(a_k+b_k)=\sum_{k=1}^{n}a_k+\sum_{k=1}^{n}b_k$

② $\displaystyle\sum_{k=1}^{n}(a_k-b_k)=\sum_{k=1}^{n}a_k-\sum_{k=1}^{n}b_k$

③ $\displaystyle\sum_{k=1}^{n}ca_k=c\sum_{k=1}^{n}a_k$ (단, c는 상수)

④ $\displaystyle\sum_{k=1}^{n}c=cn$ (단, c는 상수)

02 자연수의 거듭제곱의 합

(1) $\displaystyle\sum_{k=1}^{n}k=1+2+3+\cdots+n=\frac{n(n+1)}{2}$

(2) $\displaystyle\sum_{k=1}^{n}k^2=1^2+2^2+3^2+\cdots+n^2=\frac{n(n+1)(2n+1)}{6}$

(3) $\displaystyle\sum_{k=1}^{n}k^3=1^3+2^3+3^3+\cdots+n^3=\left\{\frac{n(n+1)}{2}\right\}^2$

03 분수 꼴로 주어진 수열의 합

(1) $\displaystyle\sum_{k=1}^{n}\frac{1}{k(k+1)}=\sum_{k=1}^{n}\left(\frac{1}{k}-\frac{1}{k+1}\right)$

$\qquad\qquad\qquad =\left(1-\frac{1}{2}\right)+\left(\frac{1}{2}-\frac{1}{3}\right)+\cdots+\left(\frac{1}{n}-\frac{1}{n+1}\right)$

$\qquad\qquad\qquad =1-\frac{1}{n+1}$

- $\dfrac{1}{AB}=\dfrac{1}{B-A}\left(\dfrac{1}{A}-\dfrac{1}{B}\right)$ (단, $A\neq B$)

(2) $\displaystyle\sum_{k=1}^{n}\frac{1}{\sqrt{k}+\sqrt{k+1}}=\sum_{k=1}^{n}\frac{\sqrt{k+1}-\sqrt{k}}{(\sqrt{k+1}+\sqrt{k})(\sqrt{k+1}-\sqrt{k})}$

$\qquad\qquad\qquad\qquad =\sum_{k=1}^{n}(\sqrt{k+1}-\sqrt{k})$

$\qquad\qquad\qquad\qquad =(\sqrt{2}-1)+(\sqrt{3}-\sqrt{2})+\cdots+(\sqrt{n+1}-\sqrt{n})$

$\qquad\qquad\qquad\qquad =\sqrt{n+1}-1$

(3) $\displaystyle\sum_{k=1}^{n}\frac{1}{(k+a)(k+b)}=\frac{1}{b-a}\sum_{k=1}^{n}\left(\frac{1}{k+a}-\frac{1}{k+b}\right)$

(4) $\displaystyle\sum_{k=1}^{n}\frac{1}{\sqrt{k+a}+\sqrt{k+b}}=\sum_{k=1}^{n}\frac{\sqrt{k+b}-\sqrt{k+a}}{b-a}$

● 경찰 2016학년도 13번

유형 1 ★ 일반항과 수열의 합

자연수 n에 대하여 두 조건 $\left[\dfrac{x}{n}\right]=2$, $\left[\dfrac{x}{n+1}\right]=1$을 만족시키는 실수 x 중에서 가장 큰 자연수를 a_n이라 할 때, $\displaystyle\sum_{n=1}^{30} a_n$의 값은? (단, $[t]$는 t보다 크지 않은 최대 정수이다.) [4점]

① 955 ② 956 ③ 957 ④ 958 ⑤ 959

풀이 $2\le\dfrac{x}{n}<3$, $1\le\dfrac{x}{n+1}<2$이므로

$2n\le x<3n$, $n+1\le x<2n+2$이다.

따라서 $n\ge2$일 때, x의 공통 범위는 $2n\le x<2n+2$,

따라서 $a_n=2n+1$, $a_1=2$

$\therefore \displaystyle\sum_{n=1}^{30} a_n=2+\sum_{n=2}^{30}(2n+1)=2+2\times\dfrac{29\times32}{2}+29=959$

답 ⑤

TIP
조건을 이용하여 a_n의 일반항을 구한다. 이때, n의 범위에 따라 a_n의 값이 달라지는지 확인한다.

유형 2 ★ 분수꼴의 수열의 합

$\dfrac{1}{2\sqrt{1}+\sqrt{2}}+\dfrac{1}{3\sqrt{2}+2\sqrt{3}}+\cdots+\dfrac{1}{121\sqrt{120}+120\sqrt{121}}$ 의 값은? [3점]

① $\dfrac{9}{10}$ ② $\dfrac{10}{11}$ ③ $\dfrac{11}{10}$ ④ $\dfrac{12}{11}$ ⑤ $\dfrac{6}{5}$

풀이 자연수 n에 대하여

$$\dfrac{1}{(n+1)\sqrt{n}+n\sqrt{n+1}}=\dfrac{(n+1)\sqrt{n}-n\sqrt{n+1}}{\{(n+1)\sqrt{n}+n\sqrt{n+1}\}\{(n+1)\sqrt{n}-n\sqrt{n+1}\}}$$

$$=\dfrac{(n+1)\sqrt{n}-n\sqrt{n+1}}{(n+1)^2 n-n^2(n+1)}=\dfrac{(n+1)\sqrt{n}-n\sqrt{n+1}}{n(n+1)}$$

$$=\dfrac{1}{\sqrt{n}}-\dfrac{1}{\sqrt{n+1}}$$

이므로

$$\dfrac{1}{2\sqrt{1}+\sqrt{2}}+\dfrac{1}{3\sqrt{2}+2\sqrt{3}}+\cdots+\dfrac{1}{121\sqrt{120}+120\sqrt{121}}$$

$$=\left(\dfrac{1}{\sqrt{1}}-\dfrac{1}{\sqrt{2}}\right)+\left(\dfrac{1}{\sqrt{2}}-\dfrac{1}{\sqrt{3}}\right)+\cdots+\left(\dfrac{1}{\sqrt{120}}-\dfrac{1}{\sqrt{121}}\right)$$

$$=1-\dfrac{1}{11}=\dfrac{10}{11}$$

답 ②

TIP
주어진 식은

$$\dfrac{1}{(n+1)\sqrt{n}+n\sqrt{n+1}}$$

꼴로 나타낼 수 있으므로, 부분분수의 꼴로 정리한다.

● 경찰 2016학년도 16번

유형 3 ★ 규칙성 추론

다음과 같이 흰 바둑돌 1개와 검은 바둑돌 2개를 왼쪽부터 교대로 반복하여 나열하였다.

○●●○●●○●●○●●○●● ……

이 바둑돌을 왼쪽부터 차례로 1개, 2개, 3개, … 를 꺼내어 각각 제
1행, 제2행, 제3행, … 에 순서대로 놓으면 오른쪽 그림과 같다.
제n행에 놓인 검은 바둑돌의 개수를 a_n이라 할 때, $\sum\limits_{n=1}^{50} a_n$의 값은?

[4점]

제1행	○
제2행	●●
제3행	○●●
제4행	○●●○
제5행	●●○●●
⋮	⋮

① 830   ② 840   ③ 850

④ 860   ⑤ 880

풀이 50행까지의 흰돌과 바둑돌의 총 개수는 $\dfrac{50 \times 51}{2} = 1275$

1275 = 3 × 425이므로 (○ ● ●) 세트가 425개 있다.

따라서 총 검은돌의 수는

2 × 425 = 850

답 ③

TIP
50행까지의 바둑돌의 수를 구한 후,
바둑돌을 나열하는 규칙을 이용하
여 검은 돌의 개수를 구한다.

01 유형 2

◎ 경찰 2017학년도 20번

두 수 a, b가

$$a=\sum_{k=1}^{100}\frac{1}{2k(2k-1)}$$

$$b=\sum_{k=1}^{100}\frac{1}{(100+k)(201-k)}$$

일 때, $\left[\dfrac{a}{b}\right]$의 값은? (단, $[x]$는 x보다 크지 않은 최대의 정수이다.) [5점]

① 150　　　② 152　　　③ 154　　　④ 156　　　⑤ 158

02 유형 2

◎ 경찰 2010학년도 6번

자연수 n에 대하여 직선 $y=ax$가 원 $(x-4)^2+y^2=\dfrac{4}{n^2}$ 에 접하도록 하는 실수 a를 $f(n)$으로 나타낼 때,

$\sum_{n=1}^{10}\{f(n)\}^2$의 값은?

① $\dfrac{8}{21}$　　　② $\dfrac{10}{21}$　　　③ $\dfrac{4}{7}$　　　④ $\dfrac{2}{3}$　　　⑤ $\dfrac{16}{21}$

03 유형 3

경찰 2016학년도 20번

무한히 확장된 바둑판 모양 격자에서 실행되는 게임을 생각한다. 이전 세대에서 다음 세대로 넘어갈 때 어떤 정사각형이 살아있을 것인가를 결정하는 규칙은 다음과 같다.

> • 살아있는 정사각형은 자신을 감싸는 여덟 개의 정사각형 중에서 정확히 두 개 또는 세 개가 살아있다면 다음 세대에서 살아남고, 그렇지 않으면 죽는다.
> • 죽어있는 정사각형은 자신을 감싸는 여덟 개의 정사각형 중에서 정확히 세 개가 살아있다면 다음 세대에서 살아나고, 그렇지 않으면 죽은 채로 있다.

그림과 같은 초기 세대의 상태에 대하여, <보기>에서 미래 세대의 상태를 설명한 것 중 옳은 것만을 있는 대로 고르면? (단, 검게 칠해진 정사각형이 살아있는 정사각형이다.) [5점]

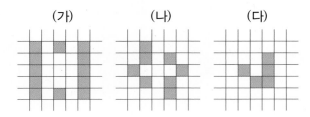

| (가) | (나) | (다) |

┌─ 보 기 ┐

ㄱ. (가)의 초기 세대(0세대)에서 다음 세대(1세대)로 넘어간 후 살아남은 정사각형의 개수는 18개 이다.

ㄴ. (나)는 몇 세대 후 모든 정사각형이 죽는다.

ㄷ. (다)는 살아남은 정사각형의 위치와 형태가 몇 세대 이후부터는 변하지 않고 고정된다.

※ 수열의 합을 이용하지 않지만 규칙성 추론 문제이므로 수열의 합 단원의 유형 3으로 분류했습니다.

① ㄱ   ② ㄷ   ③ ㄱ, ㄴ   ④ ㄴ, ㄷ   ⑤ ㄱ, ㄴ, ㄷ

04 유형 3

경찰 2013학년도 16번

$\displaystyle\sum_{k=1}^{20}(2k+1)\left(\dfrac{1}{k}+\dfrac{1}{k+1}+\dfrac{1}{k+2}+\cdots+\dfrac{1}{20}\right)$의 값은?

① 250   ② 254   ③ 258   ④ 262   ⑤ 266

01 유형 1

사관 2017학년도 나형 29번

자연수 n에 대하여 원 $x^2+y^2=n^2$과 곡선 $y=\dfrac{k}{x}(k>0)$이 서로 다른 네 점에서 만날 때, 이 네 점을 꼭짓점으로 하는 직사각형을 만든다. 이 직사각형에서 긴 변의 길이가 짧은 변의 길이의 2배가 되도록 하는 k의 값을 $f(n)$이라 하자. $\sum\limits_{n=1}^{12} f(n)$의 값을 구하시오.

[4점]

02 유형 1

사관 2016학년도 A형 12번

자연수 n에 대하여 두 함수 $f(x)$, $g(x)$를 $f(x)=x^2-6x+7$, $g(x)=x+n$이라 하자. 곡선 $y=f(x)$와 직선 $y=g(x)$가 만나는 두 점 사이의 거리를 a_n이라 할 때, $\sum\limits_{n=1}^{10} a_n^2$의 값은?

[3점]

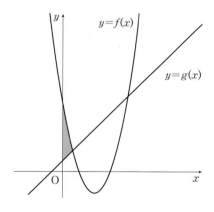

① 780　　　② 800　　　③ 820　　　④ 840　　　⑤ 860

03 유형 ③

◎ 사관 2011학년도 문과 29번

그림과 같이 정삼각형을 붙여서 만든 도형 위에 흰색과 검은색의 바둑돌을 정삼각형의 각 꼭짓점 위에 나열하는데, 제n행에는 $(n+1)$개의 돌을 다음과 같은 규칙으로 나열한다. ($n=1, 2, 3, \cdots$)

> (가) 제1행에는 모두 흰색의 바둑돌을 나열한다.
>
> (나) 제$(3n-1)$행에는 맨 왼쪽부터 흰색, 검은색, 흰색의 바둑돌 3개를 n회 반복하여 나열한다.
>
> (다) 제$3n$행에는 맨 왼쪽에 검은색의 바둑돌을 1개 놓은 다음 그 오른쪽으로 흰색, 흰색, 검은색의 바둑돌 3개를 n회 반복하여 나열한다.
>
> (라) 제$(3n+1)$행에는 맨 왼쪽에 흰색의 바둑돌을 2개 나열한 다음 그 오른쪽으로 검은색, 흰색, 흰색의 바둑돌 3개를 n회 반복하여 나열한다.

위의 규칙대로 바둑돌을 나열한 다음 제n행에 놓인 흰색의 바둑돌에는 n을 적고, 각 행에 놓인 검은색의 바둑돌에는 그 돌과 가장 가까운 4개 또는 6개의 흰색의 바둑돌에 적힌 숫자의 합을 적는다. 이때, 198이 적힌 바둑돌의 개수를 구하시오.

[4점]

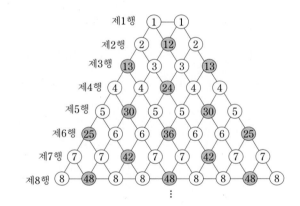

04 유형 3

평가원 2006학년도 6월 나형 14번

한 변의 길이가 1인 정사각형 모양의 검은 타일과 흰 타일이 있다.

(가) [그림1]과 같이 검은 타일 3개와 흰 타일 1개를 붙여 한 변의 길이가 2인 정사각형이 되도록 한다.

(나) [그림2]와 같이 [그림1]의 정사각형의 바깥쪽에 타일을 붙여 한 변의 길이가 4인 정사각형이 되도록 한다. 이때 [그림1]에 있는 흰 타일의 둘레에는 검은 타일을, 검은 타일의 둘레에는 흰 타일을 붙인다.

(다) [그림3]과 같이 [그림2]의 정사각형의 바깥쪽에 타일을 붙여 한 변의 길이가 6인 정사각형이 되도록 한다. 이때 [그림2]에 있는 흰 타일의 둘레에는 검은 타일을, 검은 타일의 둘레에는 흰 타일을 붙인다.

이와 같은 과정을 계속하여 전체 타일의 개수가 400개가 되었을 때, 검은 타일의 개수와 흰 타일의 개수 사이의 관계를 옳게 나타낸 것은?   [4점]

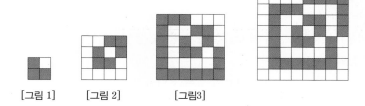

[그림 1]   [그림 2]   [그림3]

① 검은 타일과 흰 타일의 개수가 같다.

② 검은 타일의 개수가 흰 타일의 개수보다 18개 많다.

③ 검은 타일의 개수가 흰 타일의 개수보다 20개 많다.

④ 흰 타일의 개수가 검은 타일의 개수보다 18개 많다.

⑤ 흰 타일의 개수가 검은 타일의 개수보다 20개 많다.

03 수학적 귀납법

01 수열의 귀납적 정의

일반적으로 수열 $\{a_n\}$을
① 첫째항 a_1의 값
② 두 항 a_n, $a_{n+1}(n=1, 2, 3, \cdots)$ 사이의 관계식과 같이 첫째항과 이웃하는 항들 사이의 관계식으로 정의하는 것을 그 수열의 귀납적 정의라 한다.

02 등차수열과 등비수열의 귀납적 정의

수열 $\{a_n\}$에서 $n=1, 2, 3, \cdots$일 때

(1) **등차수열의 귀납적 정의**
① 첫째항이 a, 공차가 d인 등차수열의 귀납적 정의는 다음과 같다.
$$a_1=a,\ a_{n+1}=a_n+d$$
② $a_{n+1}-a_n=d$(일정)가 성립하면 수열 $\{a_n\}$은 공차가 d인 등차수열이다.

• $2a_{n+1}=a_n+a_{n+2}$

(2) **등비수열의 귀납적 정의**
① 첫째항이 a, 공비가 r인 등비수열의 귀납적 정의는 다음과 같다.
$$a_1=a,\ a_{n+1}=ra_n$$
② $\dfrac{a_{n+1}}{a_n}=r$(일정) 가 성립하면 수열 $\{a_n\}$은 공비가 r인 등비수열이다.

• $a_{n+1}^2=a_n a_{n+2}$

03 귀납적으로 정의된 여러 가지 수열

(1) $a_{n+1}=a_n+f(n)$: n에 $1, 2, 3, \cdots, n-1$을 차례로 대입하여 변끼리 더한다.
$$a_n=a_1+f(1)+f(2)+\cdots+f(n-1)=a_1+\sum_{k=1}^{n-1}f(k)$$

(2) $a_{n+1}=a_n f(n)$: n에 $1, 2, 3, \cdots, n-1$을 차례로 대입하여 변끼리 곱한다.
$$a_n=a_1 f(1)f(2)\cdots f(n-1)$$

(3) $a_{n+1}=pa_n+q$ $(p\neq1,\ pq\neq0)$: $a_{n+1}-\alpha=p(a_n-\alpha)$로 변형하여 수열 $\{a_n-\alpha\}$는 첫째항이 $a_1-\alpha$, 공비가 p인 등비수열임을 이용한다.

•
$$a_2=a_1+f(1)$$
$$a_3=a_2+f(2)$$
$$a_4=a_3+f(3)$$
$$\vdots$$
$$+)\ a_n=a_{n-1}+f(n-1)$$
$$a_n=a_1+f(1)+f(2)$$
$$+\cdots+f(n-1)$$
$$\therefore a_n=a_1+\sum_{k=1}^{n-1}f(k)$$

04 수학적 귀납법

자연수 n에 대한 명제 $p(n)$이 모든 자연수 n에 대하여 성립함을 증명하려면 다음 두 가지를 증명하면 된다.

(i) $n=1$일 때, 명제 $p(1)$이 성립한다.

(ii) $n=k$일 때, 명제 $p(n)$이 성립하면 $n=k+1$일 때에도 명제 $p(n)$이 성립한다.

이와 같은 방법으로 자연수 n에 대한 어떤 명제가 참임을 증명하는 것을 수학적 귀납법이라 한다.

▶ 경찰 2018학년도 22번

유형 1 ★ 수열의 귀납적 정의

수열 $\{a_n\}$이

$$a_1=1, \quad a_{n+1}=\frac{a_n}{a_n+1} \quad (n \geq 1)$$

을 만족시킬 때, $A=\sum_{k=1}^{9} a_k a_{k+1}$, $B=\sum_{k=1}^{9}\frac{1}{a_k a_{k+1}}$이라 하자. AB의 값을 구하시오. [4점]

풀이 $a_{n+1}=\dfrac{a_n}{a_n+1} \ (n \geq 1)$에서 $\dfrac{1}{a_{n+1}}=1+\dfrac{1}{a_n}$

$b_n=\dfrac{1}{a_n}$이라 하면 $b_{n+1}=1+b_n$이므로 $\{b_n\}$은 첫째항이 1이고 공차가 1인 등차수열이다.

즉 $b_n=n$에서 $a_n=\dfrac{1}{n}$

따라서

$$A=\sum_{k=1}^{9} a_k a_{k+1}=\sum_{k=1}^{9}\left(\frac{1}{k}-\frac{1}{k+1}\right)$$
$$=\left(1-\frac{1}{2}\right)+\cdots+\left(\frac{1}{9}-\frac{1}{10}\right)$$
$$=\frac{9}{10}$$

$$B=\sum_{k=1}^{9}\frac{1}{a_k a_{k+1}}=\sum_{k=1}^{9}(k^2+k)$$
$$=\frac{9\times10\times19}{6}+\frac{9\times10}{2}$$
$$=330$$

$$\therefore AB=\frac{9}{10}\times330=297$$

답 297

TIP

$\dfrac{1}{a_{n+1}}=1+\dfrac{1}{a_n}$임을 이용하여 a_n의 일반항을 구한다.

01 유형1

⊙ 경찰 2012학년도 14번

수열 $\{a_n\}$을

$$a_{n+1} = n(-1)^n - 3a_n \ (n=1, 2, 3, \cdots)$$

으로 정의한다. $a_1 = a_{2012} + 2$일 때, $\displaystyle\sum_{n=1}^{2011} a_n$의 값은?

① 501   ② 351   ③ 251   ④ -251 ⑤ -501

01 유형 1

▶ 사관 2011학년도 문과 7번

수열 $\{a_n\}$이 다음 조건을 만족시킨다.

$$a_{n+1} = a_n + 2(n-1) \ (n=1, 2, 3, \cdots)$$

$a_{10} = 100$일 때, a_1의 값은? [3점]

① 26   ② 28   ③ 30   ④ 32   ⑤ 34

02 유형 1

▶ 평가원 2011학년도 9월 나형 23번

수열 $\{a_n\}$은 $a_1 = 2$이고,

$$a_{n+1} = a_n + (-1)^n \frac{2n+1}{n(n+1)} \ (n \geq 1)$$

을 만족시킨다. $a_{20} = \dfrac{q}{p}$일 때, $p+q$의 값을 구하시오. (단, p와 q는 서로소인 자연수이다.) [4점]

01 지수

01 거듭제곱근

(1) 거듭제곱근

① 실수 a에 대하여 n이 2 이상의 정수일 때, n제곱하여 a가 되는 수, 즉 $x^n = a$를 만족하는 x를 a의 n제곱근이라 한다.

② a의 제곱근, 세제곱근, 네제곱근, ⋯을 통틀어 a의 거듭제곱근이라 한다.

(2) 함수 $y = x^2$의 그래프

실수 a의 n제곱근 중 실수인 것은 함수 $y = x^n$의 그래프와 직선 $y = a$의 교점의 x좌표와 같다.

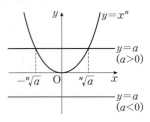

[n이 짝수일 때]

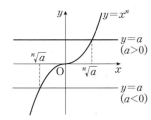

[n이 홀수일 때]

• 실수 a의 실수인 n제곱근

	n이 짝수	n이 홀수
$a > 0$	$\sqrt[n]{a}$, $-\sqrt[n]{a}$	$\sqrt[n]{a}$
$a = 0$	0	0
$a < 0$	없다.	$\sqrt[n]{a}$

02 거듭제곱근의 성질

$a > 0$, $b > 0$이고 m, n이 2 이상의 정수일 때,

(1) $(\sqrt[n]{a})^n = a$

(2) $\sqrt[n]{a}\sqrt[n]{b} = \sqrt[n]{ab}$

(3) $\dfrac{\sqrt[n]{a}}{\sqrt[n]{b}} = \sqrt[n]{\dfrac{a}{b}}$

(4) $(\sqrt[n]{a})^m = \sqrt[n]{a^m}$

(5) $\sqrt[m]{\sqrt[n]{a}} = \sqrt[mn]{a} = \sqrt[n]{\sqrt[m]{a}}$

(6) $\sqrt[np]{a^{mp}} = \sqrt[n]{a^m}$ (단, p는 자연수)

03 지수의 확장과 지수법칙

(1) 0 또는 음의 정수인 지수의 정의

$a \neq 0$이고 n이 양의 정수일 때, $a^0 = 1$, $a^{-n} = \dfrac{1}{a^n}$

(2) 유리수인 지수의 정의

$a > 0$이고, m은 정수, n은 2 이상의 정수일 때, $a^{\frac{m}{n}} = \sqrt[n]{a^m}$, $a^{\frac{1}{n}} = \sqrt[n]{a}$

(3) 지수가 실수일 때의 지수법칙

$a > 0$, $b > 0$이고 x, y가 실수일 때,

① $a^x a^y = a^{x+y}$

② $a^x \div a^y = a^{x-y}$

③ $(a^x)^y = a^{xy}$

④ $(ab)^x = a^x b^x$

• 0^0은 정의되지 않는다.

▶ 경찰 2012학년도 16번

유형 1 ★ 지수의 활용

두 수 2^n과 5^n의 최고 자릿수가 a로 같아지도록 하는 자연수 n과 a에 대하여 옳은 것만을 <보기>에서 있는 대로 고른 것은?

┌─ 보 기 ─┐

ㄱ. $a \cdot 10^p < 2^n < (a+1) \cdot 10^p$인 자연수 p가 있다.

ㄴ. $a^2 < 10^r < (a+1)^2$인 자연수 r가 있다.

ㄷ. a의 값이 7이 되도록 하는 n이 있다.

① ㄱ   ② ㄱ, ㄴ   ③ ㄴ, ㄷ   ④ ㄱ, ㄷ   ⑤ ㄱ, ㄴ, ㄷ

풀이 $n=5$일 때 $2^5=32$, $5^5=3025$로 처음으로 최고 자릿수가 같아진다. ($a=3$)

ㄱ. 위의 경우에 $p=1$이면 부등식을 만족한다. (참)

ㄴ. $a^2=9$, $(a+1)^2=16$이므로 $r=1$ (참)

ㄷ. $a=7$이라면

$7 \times 10^p \leq 2^n < 8 \times 10^p$, $7 \times 10^q \leq 5^n < 8 \times 10^q$

에서

$4.9 \times 10^{p+q+1} \leq 2^n \times 5^n = 10^n < 6.4 \times 10^{p+q+1}$

위 식을 만족하는 n의 값은 없다. (거짓)

답 ②

TIP

ㄱ. 자연수 n을 1부터 차례로 대입하여 최고 자릿수가 같아지는 n의 값과 그 때의 a의 값을 찾는다.

ㄴ. ㄱ의 조건을 만족하는 a값을 넣는다.

ㄷ. $7 \times 10^p \leq 2^n < 8 \times 10^p$, $7 \times 10^q \leq 5^n < 8 \times 10^q$로 놓고 p, q의 값이 존재하는지 확인한다.

01 유형 1

▶ 경찰 2017학년도 21번

$60^a = 5$, $60^b = 6$일 때, $12^{\frac{2a+b}{1-a}}$의 값을 구하시오. [3점]

02 유형 1

▶ 경찰 2013학년도 3번

어떤 살아있는 쥐에 있는 세균 S의 개체 수는 4이고, 세균 T의 개체 수는 256이다. 그 쥐가 살아 있는 동안에는 두 세균의 개체 수에 변함이 없고, 죽는 순간부터 세균 S의 개체 수는 4시간마다 두 배로 증가하며, 세균 T의 개체 수는 6시간마다 두 배로 증가한다. 쥐가 죽은 후 두 세균 S와 T의 개체 수가 같아졌을 때, 세균 S의 개체 수는?

① 2^{20} ② 2^{21} ③ 2^{22} ④ 2^{23} ⑤ 2^{24}

01 유형 1

사관 2018학년도 나형 28번

2 이상의 자연수 n에 대하여 $n^{\frac{4}{k}}$의 값이 자연수가 되도록 하는 자연수 k의 개수를 $f(n)$이라 하자. 예를 들어 $f(6)=3$ 이다. $f(n)=8$을 만족시키는 n의 최솟값을 구하시오. [4점]

02 유형 1

사관 2010학년도 문과 9번

다음은 어느 보석 상점에서 판매하는 다이아몬드 가격표의 일부이다.

무게(캐럿)	가격(만원)
0.3	70
0.6	210

이 상점에서 판매하는 다이아몬드의 무게가 x캐럿일 때, 그 가격 $f(x)$만원은

$$f(x)=a(b^x-1) \text{ (단, } a>0,\ b>1 \text{인 상수)}$$

로 주어진다고 한다. 이때, 이 상점에서 판매하는 무게가 1.5캐럿인 다이아몬드의 가격은? [3점]

① 1875만원 ② 1965만원 ③ 1980만원 ④ 2170만원 ⑤ 2250만원

03 유형1

◎ 교육청 2009년 3월 고3 나형 16번

원기둥 모양의 수도관에서 단면인 원의 넓이를 S, 원의 둘레의 길이를 L이라 하고, 수도관의 기울기를 I라 하자.
이 수도관에서 물이 가득 찬 상태로 흐를 때 물의 속력을 v라 하면

$$v = c\left(\frac{S}{L}\right)^{\frac{2}{3}} \cdot I^{\frac{1}{2}} \text{ (단, } c\text{는 상수이다.)}$$

이 성립한다고 한다.

단면인 원의 반지름의 길이가 각각 a, b인 원기둥 모양의 두 수도관 A, B에서 물이 가득 찬 상태로 흐르고 있다.
두 수도관 A, B의 기울기가 각각 0.01, 0.04이고, 흐르는 물의 속력을 각각 v_A, v_B라고 하자. $\frac{v_A}{v_B} = 2$일 때, $\frac{a}{b}$의 값은? (단, 두 수도관 A, B에 대한 상수 c의 값은 서로 같다.) [4점]

① 4 ② $4\sqrt{2}$ ③ 8 ④ $8\sqrt{2}$ ⑤ 16

04 유형1

◎ 교육청 2015년 6월 고2 가형 26번

상수 a에 대하여 $3^{-2a} \times \sqrt{7} = 2^{a-\frac{1}{2}}$일 때, 324^a의 값을 구하시오. [4점]

05 유형1

◎ 교육청 2005년 3월 고3 나형 22번

$f(n) = a^{\frac{1}{n}}$ (단, $a > 0$, $a \neq 1$) 일 때

$$f(2 \cdot 3) \times f(3 \cdot 4) \times \cdots \times f(9 \cdot 10) = f(k)$$

를 만족하는 상수 k에 대하여 $10k$의 값을 구하시오. [4점]

06 유형1

◎ 교육청 2014년 6월 고2 A형 12번

단원자 이상기체의 단열 과정에서 단열 팽창 전 온도와 부피를 각각 T_i, V_i 라 하고 단열 팽창 후 온도와 부피를 각각 T_f, V_f 라 하자. 단열 팽창 전과 단열 팽창 후의 온도와 부피 사이에는 다음과 같은 관계식이 성립한다고 한다.

$$T_i V_i^{\gamma-1} = T_f V_f^{\gamma-1}$$

(단, 기체몰 열용량의 비 $\gamma = \dfrac{5}{3}$이고, 온도의 단위는 K, 부피의 단위는 m^3이다.)

단열 팽창 전 온도가 $480(\text{K})$이고 부피가 $5(\text{m}^3)$인 단원자 이상기체가 있다. 이 기체가 단열 팽창하여 기체의 온도가 $270(\text{K})$가 되었을 때, 기체의 부피(m^3)는? [3점]

① $\dfrac{308}{27}$　　② $\dfrac{311}{27}$　　③ $\dfrac{314}{27}$　　④ $\dfrac{317}{27}$　　⑤ $\dfrac{320}{27}$

02 로그

01 로그의 정의

$a>0$, $a\neq1$일 때, 양수 N에 대하여 $a^x=N$을 만족하는 실수 x는 오직 하나 존재한다. 이때, x를 $\log_a N$으로 나타내고, a를 밑으로 하는 N의 로그라 한다. 또, N을 $\log_a N$의 진수라 한다.

02 로그의 성질

$a>0$, $a\neq1$이고 $M>0$, $N>0$일 때

(1) $\log_a 1=0$, $\log_a a=1$

(2) $\log_a MN=\log_a M+\log_a N$

(3) $\log_a \dfrac{M}{N}=\log_a M-\log_a N$

(4) $\log_a M^k=k\log_a M$ (단, k는 실수)

03 로그의 밑의 변환 공식

$a>0$, $a\neq1$, $b>0$일 때,

(1) $\log_a b=\dfrac{\log_c b}{\log_c a}$ (단, $c>0$, $c\neq1$)

(2) $\log_a b=\dfrac{1}{\log_b a}$ (단, $b\neq1$)

04 상용로그와 상용로그표

(1) **상용로그**

① 10을 밑으로 하는 로그를 상용로그라 한다.

② 상용로그 $\log_{10} N(N>0)$은 보통 밑을 생략하여 $\log N$으로 나타낸다.

(2) **상용로그표**: 0.01 간격으로 1.00부터 9.99까지의 수에 대한 상용로그의 값을 반올림하여 소수점 아래 넷째 자리까지 나타낸 표를 상용로그표라 한다.

05 상용로그의 성질과 그 활용

(1) **상용로그의 표현**

일반적으로 임의의 양수 N을 $N=a\times10^n$ ($1\leq a<10$, n은 정수)의 꼴로 나타낼 수 있으므로

$$\log N=\log(a\times10^n)=\log a+\log 10^n=n+\log a$$

가 성립한다.

(2) **상용로그의 정수 부분**

① 정수 부분이 n자리인 수의 상용로그의 정수 부분은 $n-1$이다.

② 소수점 아래 n째 자리에서 처음으로 0이 아닌 숫자가 나타나는 수의 상용로그의 정수 부분은 $-n$이다.

(3) **상용로그의 소수 부분**: 숫자의 배열이 같고 소수점의 위치만 다른 양수의 상용로그의 소수 부분은 모두 같다.

- $\log_a N$의 밑의 조건은 $a>0$, $a\neq1$이다.

- $\log_a N$의 진수의 조건은 $N>0$이다.

- $\log_a b=x$라 하면
$b=a^x$이므로 $c>0$, $c\neq1$일 때
$\log_c b=\log_c a^x=x\log_c a$
이때 $\log_c a\neq0$이므로
$x=\log_a b=\dfrac{\log_c b}{\log_c a}$

	0	1	...	5	6
1.0	.0000	.0043	...	.0212	.253
1.1	.0414	.0453	...	.0607	.0645
⋮	⋮	⋮	...	↓	⋮
2.7	.4314	.4330	→	.4393	.4409
2.8	.4472	.4487	...	.4548	.4564

◉ 경찰 2011학년도 1번

유형 1 ★ 로그의 계산

$a=\log_9(7-4\sqrt{3})$일 때, 3^a+3^{-a}의 값은?

① 4
② $\dfrac{10}{3}$
③ $\dfrac{5}{2}$
④ 2
⑤ $\dfrac{3}{2}$

풀이 $a=\log_9(7-4\sqrt{3})$

$3^a+3^{-a}=3^{\log_9(7-4\sqrt{3})}+3^{-\log_9(7-4\sqrt{3})}$

$=3^{\log_3\sqrt{7-4\sqrt{3}}}+3^{-\log_3\sqrt{7-4\sqrt{3}}}$

$=\sqrt{7-4\sqrt{3}}\,^{\log_3 3}+\sqrt{7-4\sqrt{3}}\,^{-\log_3 3}$

$=\sqrt{7-4\sqrt{3}}+\sqrt{\dfrac{1}{7-4\sqrt{3}}}$

$=\sqrt{7-4\sqrt{3}}+\sqrt{7+4\sqrt{3}}$

$=\sqrt{7-2\sqrt{12}}+\sqrt{7+2\sqrt{12}}$

$=\sqrt{4}-\sqrt{3}+\sqrt{4}+\sqrt{3}=4$

답 ①

TiP

$a=\log_3\sqrt{7-4\sqrt{3}}$ 임을 이용한다.

유형 2 ★ 로그의 정수 부분과 소수 부분

$\log_2 77$의 소수 부분을 a, $\log_5 77$의 소수 부분을 b라 하자. 다음을 만족시키는 두 자연수 p와 q에 대하여 $p+q$의 최솟값은?

$$2^{p+a}5^{q+b}\text{은 250의 배수이다.}$$

① 11　　　　② 12　　　　③ 13　　　　④ 14　　　　⑤ 15

풀이 64<77<128이므로 6<$\log_2 77$<7

$\therefore$ $a=\log_2 77-6$

25<77<125이므로 2<$\log_5 77$<3

$\therefore$ $b=\log_5 77-2$

$2^{p+a}5^{q+b}=2^{p-6+\log_2 77}5^{q-2+\log_5 77}=77^2 2^{p-6}5^{q-2}$

이 식이 250의 배수가 되려면 적어도 $p-6\geq 1$, $q-2\geq 3$이어야 한다.

$p\geq 7$, $q\geq 5$이므로 $p+q$의 최솟값은 12이다.

답 ②

TIP

$\log_2 77$, $\log_5 77$의 정수 부분을 찾고, 소수 부분을 주어진 수에 대입한 후 2 또는 5의 지수의 조건을 찾는다.

유형3 ★ **로그의 다양한 활용**

집합 $G=\{(x,\,y)\,|\,y=6^x,\,x는\ 실수\}$에 대하여 <보기>에서 참인 명제만을 있는 대로 고른 것은?

┌─ 보 기 ─┐

ㄱ. $(a,\,2^b)\in G$이면 $b=a\log_2 6$이다.

ㄴ. $(a,\,b)\in G$이면 $\left(-a,\,\dfrac{1}{b}\right)\in G$이다.

ㄷ. $(a,\,b)\in G$이고 $(c,\,d)\in G$이면 $(a+c,\,b+d)\in G$이다.

① ㄱ   ② ㄱ, ㄴ   ③ ㄴ, ㄷ   ④ ㄱ, ㄷ   ⑤ ㄱ, ㄴ, ㄷ

풀이 ㄱ. 조건에 의해 $2^b=6^a$이다. 따라서 $b=\log_2 6^a=a\log_2 6$ (참)

ㄴ. 조건에 의해 $b=6^a$이다. 따라서 $b^{-1}=\dfrac{1}{b}=6^{-a}$이다. (참)

ㄷ. 반례: $(a,\,b)=(1,\,6)$, $(c,\,d)=(1,\,6)$이라고 하면, $6=6^1$이 되어 각각은 G에 속하지만 $(a+c,\,b+d)$인 $(2,\,12)$는 $12\neq 6^2$이므로 G에 속하지 않는다. (거짓)

참고로 $d=6^c$이므로 $(a,\,b)\in G$, $(c,\,d)\in G$이면 $6=6^a$, $6^{a+c}=6^a6^c=6d$에서 $(a+c,\,bd)\in G$

답 ②

TIP

각 명제에서 주어진 순서쌍을 조건에 제시된 식에 대입한 후 지수와 로그의 성질을 이용하여 참, 거짓을 판단한다.

유형 4 ★ 상용로그의 다양한 활용

720의 모든 양의 약수를 a_1, a_2, a_3, $\cdots$, a_{30}이라고 할 때, $\sum\limits_{k=1}^{30}\log_2 a_k$의 값은? (단, $\log_{10}2=0.30$, $\log_{10}3=0.48$로 계산한다.) [4점]

① 140   ② 143   ③ 146   ④ 149   ⑤ 152

풀이 $720=2^4\times3^2\times5$에서 720의 약수의 개수는 30개이므로 약수의 성질에 의하여

$a_k a_{31-k}=720$ $(k=1, 2, \cdots, 30)$

즉 $\sum\limits_{k=1}^{30}\log_2 a_k=\log_2\{(a_1 a_{30})(a_2 a_{29})\cdots(a_{15}a_{16})\}$

$=\log_2 720^{15}=15(4\log_2 2+2\log_2 3+\log_2 5)$

$=15\left(4+2\times\dfrac{\log_{10}3}{\log_{10}2}+\dfrac{1}{\log_{10}2}-1\right)$

$=15\left(4+2\times\dfrac{0.48}{0.30}+\dfrac{1}{0.30}-1\right)$

$=143$

답 ②

TIP
약수의 성질에 따라 주어진 수열에서 $a_k a_{31-k}$의 값이 일정함을 이용한다.

유형 5 ★ **실생활과 상용로그의 활용**

물질의 부패지수(Del)는 일평균상대습도가 $H\%$이고 일평균기온이 $T℃$일 때, 다음과 같이 계산한다.

$$부패지수 (Del) = \left(\frac{H-65}{14}\right) \times 1.05^T$$

일평균상대습도가 72%이고 일평균기온이 $30℃$일 때의 부패지수와 일평균상대습도가 $h\%$이고 일평균기온이 $5℃$일 때의 부패지수가 서로 같다. 이때 h의 값의 범위는? (단, $\log 1.05 = 0.021$, $\log 3.35 = 0.525$로 계산한다.)

① $84 < h < 85$ ② $86 < h < 87$ ③ $88 < h < 89$

④ $90 < h < 91$ ⑤ $92 < h < 93$

풀이 일평균상대습도가 72%이고 일평균기온이 $30℃$일 때 부패지수는

$\left(\frac{72-65}{14}\right) \times 1.05^{30} = \frac{1}{2} \times 1.05^{30}$

일평균상대습도가 $h\%$이고 일평균기온이 $5℃$일 때 부패지수는

$\left(\frac{h-65}{14}\right) \times 1.05^5$

두 값은 서로 같으므로

$\frac{1}{2} \times 1.05^{30} = \left(\frac{h-65}{14}\right) \times 1.05^5$, $\left(\frac{h-65}{7}\right) = 1.05^{25}$

양변에 상용로그를 취하면,

$\log\left(\frac{h-65}{7}\right) = 25 \log 1.05 = 25 \times 0.021 = 0.525$

따라서 $\frac{h-65}{7} = 3.35$, $h = 88.45$

$\therefore 88 < h < 89$

답 ③

TIP
각 주어진 미지수를 대입하여 식을 정리한 후, 상용로그의 성질을 이용하여 h의 값을 구한다.

01 유형 1

◎ 경찰 2010학년도 2번

세 실수 a, b, c가 $abc \neq 0$, $ab+bc+ca=abc$를 만족시킨다. $\log_2 x=a$, $\log_3 x=b$, $\log_5 x=c$일 때, 양수 x의 값은?

① 10   ② 20   ③ 30   ④ 40   ⑤ 50

02 유형 1

◎ 경찰 2017학년도 1번

다음을 만족시키는 정수 a, b의 순서쌍 (a, b)의 개수는?   [3점]

$$\log a = 3 - \log(a+b)$$

① 4   ② 8   ③ 12   ④ 16   ⑤ 32

03 유형 1

◎ 경찰 2018학년도 21번

$\log_m 2 = \dfrac{n}{100}$을 만족시키는 자연수의 순서쌍 (m, n)의 개수를 구하시오.

[3점]

01 유형 2

◎ 사관 2010학년도 문과 11번

임의의 실수 x에 대하여

$$x = n + \alpha \ (n은 \ 정수, \ 0 \leq \alpha < 1)$$

일 때, n을 x의 정수 부분, α를 x의 소수 부분이라 하자. $10 < a < b < 50$인 두 자연수 a, b에 대하여 $\log_2 a$의 소수 부분과 $\log_2 b$의 소수 부분이 같을 때 순서쌍 (a, b)의 개수는?

[3점]

① 15　　　　　② 16　　　　　③ 17　　　　　④ 18　　　　　⑤ 19

02 유형 3

◎ 사관 2016학년도 A형 10번

연립방정식

$$\begin{cases} \log_x y = \log_3 8 \\ 4(\log_2 x)(\log_3 y) = 3 \end{cases}$$

의 해를 $x = \alpha$, $y = \beta$라 할 때, $\alpha\beta$의 값은? (단, $\alpha > 1$이다.)

[3점]

① 4　　　　　② $2\sqrt{5}$　　　　　③ $2\sqrt{6}$　　　　　④ $2\sqrt{7}$　　　　　⑤ $4\sqrt{2}$

03 유형 4

● 수능 2011학년도 나형 30번

수열 $\{a_n\}$이 모든 자연수 n에 대하여

$$\sum_{k=1}^{n} a_k = \log \frac{(n+1)(n+2)}{2}$$

를 만족시킨다. $\sum_{k=1}^{20} a_{2k} = p$라 할 때, 10^p의 값을 구하시오. [4점]

04 유형 5

● 사관 2013학년도 문과 8번

어느 지역에 서식하는 어떤 동물의 개체 수에 대한 변화를 조사한 결과, 지금으로부터 t년 후에 이 동물의 개체 수를 N이라 하면 등식

$$\log N = k + t \log \frac{4}{5} \ \text{(단, } k\text{는 상수)}$$

가 성립한다고 한다. 이 동물의 현재 개체 수가 5000일 때, 개체 수가 처음으로 1000보다 적어지는 때는 지금으로부터 n년 후이다. 자연수 n의 값은? (단, $\log 2 = 0.3010$으로 계산한다.) [3점]

① 4   ② 6   ③ 8   ④ 10   ⑤ 12

미적분 Ⅰ

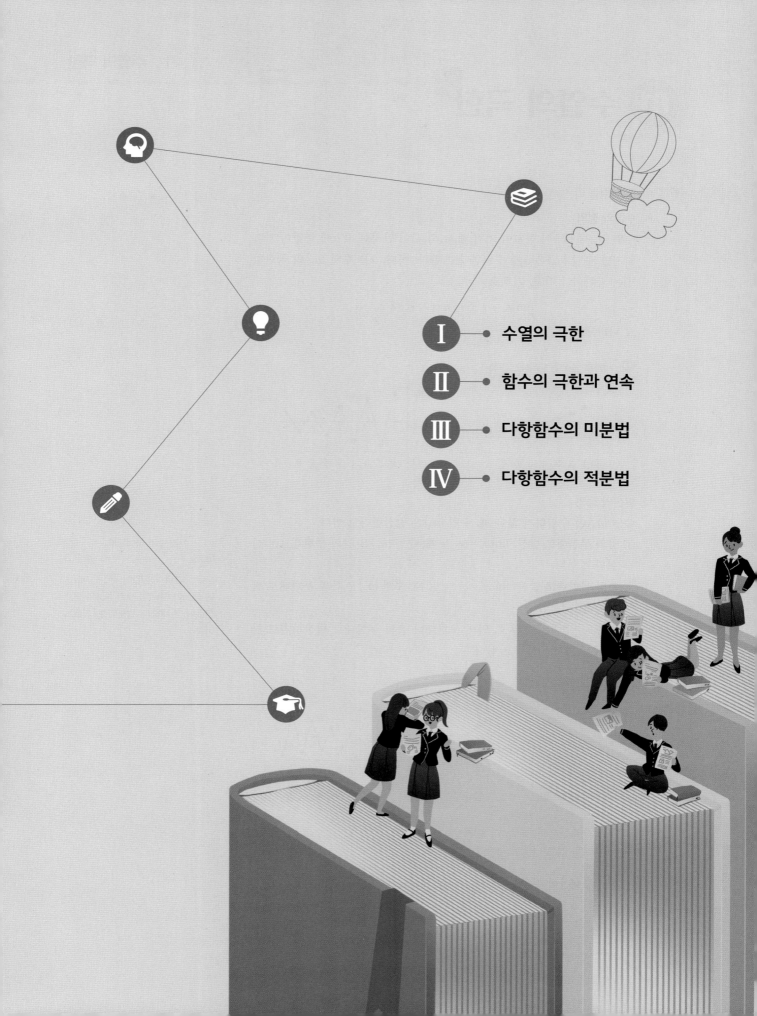

Ⅰ ● 수열의 극한

Ⅱ ● 함수의 극한과 연속

Ⅲ ● 다항함수의 미분법

Ⅳ ● 다항함수의 적분법

01 수열의 극한

01 수열의 수렴과 발산

(1) 수렴의 정의

수열 $\{a_n\}$에서 n이 한없이 커질 때, a_n의 값이 일정한 값 α에 한없이 가까워지면 수열 $\{a_n\}$은 α에 수렴한다고 한다. 이때, α를 수열 $\{a_n\}$의 극한값 또는 극한이라 하고, 기호로

$$\lim_{n\to\infty} a_n = \alpha \text{ 또는 } n\to\infty \text{일 때 } a_n \to \alpha$$

로 나타낸다.

예 수렴하는 수열을 나타내는 그래프

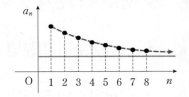 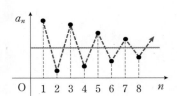

(2) 발산의 정의

수열 $\{a_n\}$이 수렴하지 않을 때, 수열 $\{a_n\}$은 발산한다고 한다.

① 양의 무한대로 발산 : $\lim_{n\to\infty} a_n = \infty$일 때, 수열 $\{a_n\}$은 양의 무한대로 발산한다고 한다.

② 음의 무한대로 발산 : $\lim_{n\to\infty} a_n = -\infty$일 때, 수열 $\{a_n\}$은 음의 무한대로 발산한다고 한다.

③ 진동 : 수렴하지도 않고, 양의 무한대나 음의 무한대로 발산하지도 않는 수열은 진동한다고 한다.

예 발산하는 수열을 나타내는 그래프

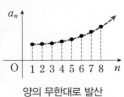 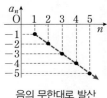 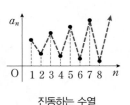

양의 무한대로 발산　　음의 무한대로 발산　　진동하는 수열

• ∞, $-\infty$는 수가 아니므로 $\lim_{n\to\infty} a_n = \infty$, $\lim_{n\to\infty} a_n = -\infty$ 등은 수열 $\{a_n\}$의 극한값이 ∞, $-\infty$라는 등식이 아니라, 수열 $\{a_n\}$의 극한값이 존재하지 않는다는 기호이다.

02 수열의 극한에 대한 기본 성질

두 수열 $\{a_n\}$, $\{b_n\}$이 수렴하고, $\lim_{n\to\infty} a_n = \alpha$, $\lim_{n\to\infty} b_n = \beta$ (α, β는 실수)일 때

(1) $\lim_{n\to\infty} c a_n = c \lim_{n\to\infty} a_n = c\alpha$ (단, c는 상수)

(2) $\lim\limits_{n \to \infty}(a_n+b_n)=\lim\limits_{n \to \infty}a_n+\lim\limits_{n \to \infty}b_n=\alpha+\beta$

(3) $\lim\limits_{n \to \infty}(a_n-b_n)=\lim\limits_{n \to \infty}a_n-\lim\limits_{n \to \infty}b_n=\alpha-\beta$

(4) $\lim\limits_{n \to \infty}a_nb_n=\lim\limits_{n \to \infty}a_n\lim\limits_{n \to \infty}b_n=\alpha\beta$

(5) $\lim\limits_{n \to \infty}\dfrac{a_n}{b_n}=\dfrac{\lim\limits_{n \to \infty}a_n}{\lim\limits_{n \to \infty}b_n}=\dfrac{\alpha}{\beta}$ (단, $b_n\neq0$, $\beta\neq0$)

03 수열의 극한값의 계산

(1) $\dfrac{\infty}{\infty}$ 꼴의 극한: 분모의 최고차항으로 분모, 분자를 각각 나눈다.

  ① (분자의 차수) = (분모의 차수): 극한값은 최고차항의 계수의 비이다.

  ② (분자의 차수) < (분모의 차수): 극한값은 0이다.

  ③ (분자의 차수) > (분모의 차수): 극한값은 없다.

(2) $\infty-\infty$ 꼴의 극한

  ① $\sqrt{}$ 가 포함된 경우: $\sqrt{}$ 를 포함하는 분모 또는 분자를 유리화한다.

  ② $\sqrt{}$ 가 없는 경우: 최고차항으로 묶는다.

- ∞는 수가 아니므로 $\dfrac{\infty}{\infty}\neq1$, $\infty-\infty\neq0$임에 주의한다.

- $\dfrac{\infty}{\text{상수}}$ 꼴에서

  $\dfrac{\infty}{(0\text{보다 큰 상수})}=\infty$

  $\dfrac{\infty}{(0\text{보다 작은 상수})}=-\infty$

04 수열의 극한값의 대소 관계

두 수열 $\{a_n\}$, $\{b_n\}$이 수렴하고, $\lim\limits_{n \to \infty}a_n=\alpha$, $\lim\limits_{n \to \infty}b_n=\beta$ (α, β는 실수)일 때

(1) 모든 자연수 n에 대하여 $a_n\leq b_n$이면 $\alpha\leq\beta$이다.

(2) 모든 자연수 n에 대하여 $a_n\leq b_n$일 때 $\lim\limits_{n \to \infty}a_n=\infty$이면 $\lim\limits_{n \to \infty}b_n=\infty$이다.

(3) 수열 $\{c_n\}$이 모든 자연수 n에 대하여 $a_n\leq c_n\leq b_n$이고 $\alpha=\beta$이면 $\lim\limits_{n \to \infty}c_n=\alpha$ 이다.

- 모든 자연수 n에 대하여 $a_n<b_n$이 지만 $\alpha=\beta$인 경우도 있다.

- 모든 자연수 n에 대하여 $a_n<c_n<b_n$이지만 $\lim\limits_{n \to \infty}a_n=\lim\limits_{n \to \infty}c_n=\lim\limits_{n \to \infty}b_n$인 경우도 있다.

05 등비수열의 수렴과 발산

(1) 등비수열 $\{r^n\}$에서

  ① $r>1$일 때,　　　$\lim\limits_{n \to \infty}r^n=\infty$ (발산)

  ② $r=1$일 때,　　　$\lim\limits_{n \to \infty}r^n=1$ (수렴)

  ③ $-1<r<1$일 때,　$\lim\limits_{n \to \infty}r^n=0$ (수렴)

  ④ $r\leq-1$일 때, 수열 $\{r^n\}$은 진동한다.(발산)

(2) 등비수열 $\{r^n\}$이 수렴하기 위한 조건은 $-1<r\leq1$이다.

(3) 등비수열 $\{ar^n\}$이 수렴하기 위한 조건은 $a=0$ 또는 $-1<r\leq1$이다.

● 경찰 2017학년도 10번

유형 1 ★ 도형과 좌표평면에서 수열의 극한의 활용

좌표평면에서 직선 $y=nx$(n은 자연수)와 원 $x^2+y^2=1$이 만나는 점을 A_n, B_n이라 하자. 원점 O와 A_n의 중점을 P_n이라 하고, $\overline{A_nP_n}=\overline{B_nQ_n}$을 만족시키는 직선 $y=nx$ 위의 점을 Q_n이라 하자.(단, Q_n은 원 외부에 있다.) 점 Q_n의 좌표를 $(a_n,\ b_n)$이라 할 때, $\lim\limits_{n\to\infty}|na_n+b_n|$의 값은? [4점]

① 1   ② 2   ③ 3   ④ 4   ⑤ 5

풀이 주어진 원과 직선의 교점은 각각 제1사분면과 제3사분면에 있다. 제1사분면에서 만나는 점을 A_n, 제3사분면에서 만나는 점을 B_n이라 하자.

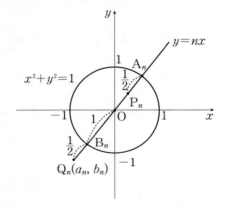

TIP
좌표평면 위에 주어진 도형들을 그려 점 Q_n의 위치를 파악한 후, 좌표를 구한다.

P_n은 $\overline{OA_n}$의 중점이므로, $\overline{OP_n}=\overline{A_nP_n}=\dfrac{1}{2}$

따라서 점 Q_n은 $\overline{OB_n}$을 3 : 1로 외분하는 점임을 알 수 있다.

원의 식 $x^2+y^2=1$과 직선의 식 $y=nx$를 연립하여 B_n의 좌표를 구하면,

$B_n\left(-\dfrac{1}{\sqrt{n^2+1}},\ -\dfrac{n}{\sqrt{n^2+1}}\right)$이다.

($\because B_n$는 제3사분면 위의 점)

따라서 Q_n의 좌표는

$\left(\dfrac{3\times\left(-\dfrac{1}{\sqrt{n^2+1}}\right)-1\times0}{3-1},\ \dfrac{3\times\left(-\dfrac{n}{\sqrt{n^2+1}}\right)-1\times0}{3-1}\right)$

이므로 정리하면

$Q_n\left(-\dfrac{3}{2\sqrt{n^2+1}},\ -\dfrac{3n}{2\sqrt{n^2+1}}\right)$이다.

$a_n=-\dfrac{3}{2\sqrt{n^2+1}}$, $b_n=-\dfrac{3n}{2\sqrt{n^2+1}}$ 이므로

$\therefore \lim\limits_{n\to\infty}|na_n+b_n|=\lim\limits_{n\to\infty}\left|\dfrac{-3n}{\sqrt{n^2+1}}\right|=3$

답 ③

유형 2 ★ 등비수열의 극한과 활용

10 이하인 세 자연수 a, b, c에 대하여

$$\lim_{n \to \infty} \frac{c^n + b^n}{a^{2n} + b^{2n}} = 1$$

을 만족시키는 순서쌍 (a, b, c)의 개수는?   [4점]

① 5   ② 7   ③ 9   ④ 12   ⑤ 15

풀이 조건에서 반드시 $b \leq b^2$이므로 밑이 가장 큰 수를 고를 때, 세 개의 수 a^2, b^2, c 중 하나를 고르면 된다.

(i) c가 가장 큰 수일 때,

$$\lim_{n \to \infty} \frac{1 + \left(\frac{b}{c}\right)^n}{\left(\frac{a^2}{c}\right)^n + \left(\frac{b^2}{c}\right)^n} = 1$$

이때, $\frac{a^2}{c}$이나 $\frac{b^2}{c}$ 둘 중 하나는 1이어야 위 식이 성립한다.

① $\frac{a^2}{c}$만 1일 경우 $a^2 = c > b^2$이므로

$(2, 1, 4)$, $(3, 1, 9)$, $(3, 2, 9)$의 3가지

② $\frac{b^2}{c}$만 1일 경우 $b^2 = c > a^2$이므로

$(1, 2, 4)$, $(1, 3, 9)$, $(2, 3, 9)$의 3가지

③ $\frac{a^2}{c} = \frac{b^2}{c} = 1$일 경우 $\frac{b}{c} = 1$, 즉 $b = c = a^2 = b^2$

이어야 하므로,

$(1, 1, 1)$의 1가지

(ii) c가 가장 큰 수가 아닐 때,

① a^2이 가장 큰 수일 때, (단, $a^2 \neq c$)

$$\lim_{n \to \infty} \frac{\left(\frac{c}{a^2}\right)^n + \left(\frac{b}{a^2}\right)^n}{1 + \left(\frac{b^2}{a^2}\right)^n} = 0$$이므로 조건을 만족하는

순서쌍은 없다.

② b^2이 가장 큰 수일 때, (단, $b^2 \neq c$)

$$\lim_{n \to \infty} \frac{\left(\frac{c}{b^2}\right)^n + \left(\frac{1}{b}\right)^n}{\left(\frac{a^2}{b^2}\right)^n + 1} = 0$$

이므로 조건을 만족하는 순서쌍은 없다.

(i), (ii)에서 조건을 만족하는 순서쌍의 개수는 7이다.

답 ②

TIP

a^2, b^2, c 중 c가 가장 큰 수인 경우와 그렇지 않은 경우로 나누어 조건을 만족하는 순서쌍의 개수를 각각 구한다.

01 유형 1

◉ 경찰 2012학년도 25번

자연수 n에 대하여 수직선 위의 점 $A_n(x_n)$이 다음 조건을 만족시킬 때, 모든 a의 값의 합은?

> (가) $x_1=1$, $x_2=a$ (단, a는 자연수)
>
> (나) A_{n+2}는 선분 A_nA_{n+1}을 $1-t:t$로 내분하는 점이다. (단, $0<t<1$)
>
> (다) $\displaystyle\lim_{n\to\infty}x_n$의 값이 정수가 되게 하는 실수 t의 개수는 11이다.

① 45   ② 47   ③ 49   ④ 51   ⑤ 53

02 유형 1

◉ 경찰 2011학년도 16번

직각삼각형 AP_1P_2는 $\angle AP_1P_2$가 직각이고 $\overline{AP_1}=\overline{P_1P_2}=1$이라 하자. 2 이상의 자연수 n에 대하여 직각삼각형 AP_nP_{n+1}을 $\angle AP_nP_{n+1}$이 직각이고 $\overline{P_nP_{n+1}}=2\overline{P_{n-1}P_n}$이 되도록 그린다. 이때, $\displaystyle\lim_{n\to\infty}\left(\dfrac{\overline{P_nP_{n+1}}}{\overline{AP_n}}\right)^2$의 값은?

① $\dfrac{3}{2}$ ② 2   ③ 3   ④ $\dfrac{7}{2}$ ⑤ 5

03 유형1

◎ 경찰 2011학년도 23번

실수 x_1에 대하여 함수 $f(x)=2x(1-x)$의 그래프에 있는 점 $P_n(x_n, y_n)$을 다음과 같이 귀납적으로 정의한다.

$$P_1=P_1(x_1, y_1)=P_1(x_1, f(x_1)),$$

$$P_{n+1}=P_{n+1}(x_{n+1}, y_{n+1})=P_{n+1}(y_n, f(y_n)) \ (n=1, 2, 3, \cdots)$$

이때 <보기>에서 참인 명제만을 있는 대로 고른 것은?

┌ 보 기 ┐

ㄱ. $x_1 \neq \dfrac{1}{2}$일 때, $a_n = \log|1-2x_n|$이라 하면, $a_n = 2^{n-1}\log|1-2x_1|$이다.

ㄴ. $0<x_1<1$이고 $x_1 \neq \dfrac{1}{2}$일 때, n의 값이 커짐에 따라 점 P_n은 점 $\left(\dfrac{1}{2}, \dfrac{1}{2}\right)$에 한없이 가까워진다.

ㄷ. $x_1<0$일 때 n의 값이 커짐에 따라 점 P_n은 점 $(0, 0)$에 한없이 가까워진다.

① ㄴ   ② ㄱ, ㄴ   ③ ㄱ, ㄷ   ④ ㄴ, ㄷ   ⑤ ㄱ, ㄴ, ㄷ

04 유형2

◎ 경찰 2015학년도 2번

자연수 n에 대하여 다항식 $(x-1)^{2n}+(x+1)^n$을 $x-3$으로 나눈 나머지를 a_n, $x-1$로 나눈 나머지를 b_n이라 할 때,

$\displaystyle\lim_{n\to\infty}\dfrac{\log_2 a_n + \log_2 b_n}{n}$ 의 값은?

[3점]

① 1   ② 2   ③ 3   ④ 4   ⑤ 5

05 유형 2

◎ 경찰 2010학년도 13번

수열 $\{a_n\}$이 $a_1=4$, $a_{n+1}=\sqrt{3a_n+3}-1$ $(n=1,\ 2,\ 3,\ \cdots)$일 때, <보기>에서 옳은 것을 있는 대로 고른 것은?

┌─ 보 기 ─┐

ㄱ. 모든 자연수 n에 대하여 $a_n>a_{n+1}$이다.

ㄴ. 모든 자연수 n에 대하여 $2<a_n<5$이다.

ㄷ. $\displaystyle\lim_{n\to\infty}a_n=\lim_{n\to\infty}\left(3^{\sum\limits_{k=1}^{n}\frac{1}{2^k}}\cdot5^{\frac{1}{2^n}}\right)$

① ㄱ   ② ㄱ, ㄴ   ③ ㄱ, ㄷ   ④ ㄴ, ㄷ   ⑤ ㄱ, ㄴ, ㄷ

06 유형 2

◎ 경찰 2011학년도 20번

첫째 항과 공비가 모두 0이 아닌 등비수열 $\{a_n\}$의 첫째 항부터 n째 항까지의 합 S_n에 대하여 $\displaystyle\lim_{n\to\infty}\frac{S_n-a_n^2}{a_n}$이 수렴할 때, a_{10}의 값은?

① $-\dfrac{1}{2}$ ② $-\dfrac{1}{4}$ ③ $\dfrac{1}{4}$ ④ $\dfrac{1}{2}$ ⑤ $\dfrac{3}{4}$

01 유형1

◎ 사관 2015학년도 A형 15번

자연수 n에 대하여 좌표평면에 점 A_n, B_n을 다음과 같은 규칙으로 정한다.

(가) 점 A_1의 좌표는 $(1, 2)$이다.

(나) 점 B_n은 점 A_n을 직선 $y=x$에 대하여 대칭이동시킨 다음 x축의 방향으로 1만큼 평행이동시킨 점이다.

(다) 점 A_{n+1}은 점 B_n을 직선 $y=x$에 대하여 대칭이동시킨 다음 x축과 y축의 방향으로 각각 1만큼 평행이동시킨 점이다.

$\lim\limits_{n\to\infty}\dfrac{\overline{A_nB_n}}{n}$의 값은?

[4점]

① 1   ② $\sqrt{2}$ ③ 2   ④ $2\sqrt{2}$ ⑤ 4

02 유형 1

자연수 n에 대하여 좌표평면 위의 세 점 $A_n(x_n,\ 0)$, $B_n(0,\ x_n)$, $C_n(x_n,\ x_n)$을 꼭짓점으로 하는 직각이등변삼각형 T_n을 다음 조건에 따라 그린다.

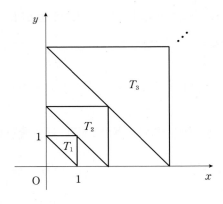

(가) $x_1=1$이다.

(나) 변 $A_{n+1}B_{n+1}$의 중점이 C_n이다. ($n=1,\ 2,\ 3,\ $)

삼각형 T_n의 넓이를 a_n, 삼각형 T_n의 세 변 위에 있는 점 중에서 x좌표와 y좌표가 모두 정수인 점의 개수를 b_n이라 할 때, $\lim\limits_{n\to\infty}\dfrac{2^n b_n}{a_n+2^n}$의 값을 구하시오. [4점]

03 유형 2

● 사관 2013학년도 문과 29번

다음과 같이 두 수 0과 1만을 사용하여 제 n행에 n자리의 자연수를 크기순으로 모두 나열해 나간다. ($n=1,\ 2,\ 3,\ \cdots$)

제1행	1
제2행	10, 11
제3행	100, 101, 110, 111
제4행	1000, 1001, 1010, 1011, 1100, 1101, 1110, 1111
...	...

제 n행에 나열한 모든 수의 합을 a_n이라 하자. 예를 들어, $a_2=21$, $a_3=422$이다. $\displaystyle\lim_{n\to\infty}\frac{a_n}{20^n}=\frac{q}{p}$일 때, $p+q$의 값을 구하시오. (단, p, q는 서로소인 자연수이다.) [4점]

04 유형 2

● 교육청 2014년 3월 고3 A형 20번

두 수열 $\{a_n\}$, $\{b_n\}$이 모든 자연수 n에 대하여 다음 조건을 만족시킨다.

> (가) $4^n<a_n<4^n+1$
> (나) $2+2^2+2^3+\cdots+2^n<b_n<2^{n+1}$

$\displaystyle\lim_{n\to\infty}\frac{4a_n+b_n}{2a_n+2^nb_n}$의 값은? [4점]

① $\dfrac{1}{4}$　　　　② $\dfrac{1}{2}$　　　　③ 1　　　　④ 2　　　　⑤ 4

02 급수

01 급수의 수렴과 발산

(1) **급수**: 수열 $\{a_n\}$의 각 항을 차례대로 덧셈 기호 $+$를 사용하여 연결한 식을 급수라 하고, 기호로 $\sum\limits_{n=1}^{\infty} a_n$과 같이 나타낸다. 즉,

$$a_1 + a_2 + a_3 + \cdots + a_n + \cdots = \sum_{n=1}^{\infty} a_k$$

(2) **부분합**: 급수 $\sum\limits_{n=1}^{\infty} a_n$에서 첫째항부터 제$n$항까지의 합 S_n을 이 급수의 제n항까지의 부분합이라 한다. 즉,

$$S_n = a_1 + a_2 + a_3 + \cdots + a_n = \sum_{k=1}^{n} a_k$$

(3) **급수의 합**

① 급수 $\sum\limits_{n=1}^{\infty} a_n$의 부분합으로 이루어진 수열 $\{S_n\}$이 일정한 값 S에 수렴할 때, 즉 $\lim\limits_{n \to \infty} S_n = S$이면 급수 $\sum\limits_{n=1}^{\infty} a_n$은 S에 수렴한다고 한다.

② 급수 $\sum\limits_{n=1}^{\infty} a_n$의 부분합으로 이루어진 수열 $\{S_n\}$이 발산할 때, 급수 $\sum\limits_{n=1}^{\infty} a_n$은 발산한다고 한다.

• S를 급수 $\sum\limits_{n=1}^{\infty} a_n$의 합이라 하고, $\sum\limits_{n=1}^{\infty} a_n = S$로 나타낸다.

02 급수와 수열의 극한 사이의 관계

수열 $\{a_n\}$에서

(1) 급수 $\sum\limits_{n=1}^{\infty} a_n$이 수렴하면 $\lim\limits_{n \to \infty} a_n = 0$이다.

(2) $\lim\limits_{n \to \infty} a_n \neq 0$이면 급수 $\sum\limits_{n=1}^{\infty} a_n$은 발산한다.

이때, $\lim\limits_{n \to \infty} a_n = 0$은 급수 $\sum\limits_{n=1}^{\infty} a_n$이 수렴하기 위한 필요조건이지만 충분조건은 아니다. 즉, $\lim\limits_{n \to \infty} a_n = 0$일 때, 급수 $\sum\limits_{n=1}^{\infty} a_n$은 수렴할 수도 있고 발산할 수도 있다.

03 등비급수의 수렴과 발산

(1) **등비급수**: 첫째항이 a, 공비가 r인 등비수열 $\{ar^{n-1}\}$의 각 항의 합으로 이루어진 급수

$$\sum_{n=1}^{\infty} ar^{n-1} = a + ar + ar^2 + \cdots + ar^{n-1} + \cdots$$

을 첫째항이 a, 공비가 r인 등비급수라 한다.

(2) **등비급수의 수렴과 발산**

등비급수

$$\sum_{n=1}^{\infty} ar^{n-1} = a + ar + ar^2 + \cdots + ar^{n-1} + \cdots \ (a \neq 0)$$

은

① $|r| < 1$일 때 수렴하고, 그 합은 $\dfrac{a}{1-r}$이다.

② $|r| \geq 1$일 때 발산한다.

• $a = 0$일 때, 등비급수 $\displaystyle\sum_{n=1}^{\infty} ar^{n-1}$의 부분합 S_n은 0이므로 $\displaystyle\sum_{n=1}^{\infty} ar^{n-1} = 0$ 이다.

04 급수의 성질

두 급수 $\displaystyle\sum_{n=1}^{\infty} a_n$, $\displaystyle\sum_{n=1}^{\infty} b_n$이 수렴하고 $\displaystyle\sum_{n=1}^{\infty} a_n = \alpha$, $\displaystyle\sum_{n=1}^{\infty} b_n = \beta$ (α, β는 실수)일 때

(1) $\displaystyle\sum_{n=1}^{\infty} c a_n = c \sum_{n=1}^{\infty} a_n = c\alpha$ (단, c는 상수)

(2) $\displaystyle\sum_{n=1}^{\infty} (a_n + b_n) = \sum_{n=1}^{\infty} a_n + \sum_{n=1}^{\infty} b_n = \alpha + \beta$

(3) $\displaystyle\sum_{n=1}^{\infty} (a_n - b_n) = \sum_{n=1}^{\infty} a_n - \sum_{n=1}^{\infty} b_n = \alpha - \beta$

(4) $\displaystyle\sum_{n=1}^{\infty} a_n b_n \neq \sum_{n=1}^{\infty} a_n \sum_{n=1}^{\infty} b_n$

(5) $\displaystyle\sum_{n=1}^{\infty} \frac{a_n}{b_n} \neq \frac{\displaystyle\sum_{n=1}^{\infty} a_n}{\displaystyle\sum_{n=1}^{\infty} b_n}$

(6) $\displaystyle\sum_{n=1}^{\infty} a_n{}^2 \neq \left(\sum_{n=1}^{\infty} a_n \right)^2$

• 수열의 극한의 성질에서는

(ⅰ) $\displaystyle\lim_{n \to \infty} a_n b_n = \lim_{n \to \infty} a_n \lim_{n \to \infty} b_n$

(ⅱ) $\displaystyle\lim_{n \to \infty} \frac{a_n}{b_n} = \frac{\displaystyle\lim_{n \to \infty} a_n}{\displaystyle\lim_{n \to \infty} b_n}$

  (단, $b_n \neq 0$, $\displaystyle\lim_{n \to \infty} b_n \neq 0$)

이 성립하지만 급수의 성질에서는 성립하지 않는다.

05 등비급수의 활용

(1) **등비급수와 순환소수**: 등비급수를 이용하면 순환소수를 분수로 나타낼 수 있다.

① $0.\dot{\alpha}_1 \alpha_2 \cdots \dot{\alpha}_n = \dfrac{\alpha_1 \alpha_2 \cdots \alpha_n}{\underbrace{99 \cdots 9}_{n개}}$

② $0.\beta_1 \beta_2 \cdots \beta_m \dot{\alpha}_1 \dot{\alpha}_2 \cdots \dot{\alpha}_n = \dfrac{\beta_1 \beta_2 \cdots \beta_m \alpha_1 \alpha_2 \cdots \alpha_n - \beta_1 \beta_2 \cdots \beta_m}{\underbrace{99 \cdots 9}_{n개} \underbrace{00 \cdots 0}_{m개}}$

(2) **등비급수와 도형**: 닮은꼴이 한없이 반복되는 도형에서 점의 위치, 선분의 길이, 도형의 넓이의 합에 대한 문제는 등비급수를 이용하여 해결한다.

◎ 경찰 2010학년도 5번

유형 1 ★ 급수의 수렴 조건

수열 $\{a_n\}$에 대하여 무한급수 $\sum\limits_{n=1}^{\infty}\left(\dfrac{a_n}{4^n}-3\right)$이 수렴할 때, $\lim\limits_{n\to\infty}\dfrac{a_n-4\cdot2^n}{a_n-2\cdot4^n}$의 값은?

① 0   ② 1   ③ 2   ④ 3   ⑤ 4

풀이 $\sum\limits_{n=1}^{\infty}\left(\dfrac{a_n}{4^n}-3\right)$이 수렴하므로

$\lim\limits_{n\to\infty}\left(\dfrac{a_n}{4^n}-3\right)=0$

$\lim\limits_{n\to\infty}\dfrac{a_n}{4^n}=3$

$\therefore \lim\limits_{n\to\infty}\dfrac{a_n-4\cdot2^n}{a_n-2\cdot4^n}=\lim\limits_{n\to\infty}\dfrac{\dfrac{a_n}{4^n}-4\cdot\left(\dfrac{1}{2}\right)^n}{\dfrac{a_n}{4^n}-2}=\dfrac{3-0}{3-2}=3$

답 ④

TIP

$\sum\limits_{n=1}^{\infty}a_n$이 수렴하면 $\lim\limits_{n\to\infty}a_n=0$

유형 2 ★ **부분분수를 이용한 급수의 합**

방정식 $x^3+1=0$의 한 허근을 α라 할 때, $\displaystyle\sum_{k=1}^{\infty}\frac{1}{(k-\alpha)(k-\alpha^2)}$의 값은? [4점]

① α ② $\alpha-1$ ③ $1-\alpha$ ④ 1 ⑤ -1

풀이 $x^3+1=0$이므로

$(x+1)(x^2-x+1)=0$

$\therefore \alpha^3=-1,\ \alpha^2=\alpha-1$

$\therefore \displaystyle\sum_{k=1}^{\infty}\frac{1}{(k-\alpha)(k-\alpha^2)}=\sum_{k=1}^{\infty}\frac{1}{(k-\alpha)(k-\alpha+1)}$

$\displaystyle=\sum_{k=1}^{\infty}\left(\frac{1}{k-\alpha}-\frac{1}{k-\alpha+1}\right)$

$\displaystyle=\lim_{n\to\infty}\left(\frac{1}{1-\alpha}-\frac{1}{1-\alpha+1}+\frac{1}{2-\alpha}-\frac{1}{2-\alpha+1}+\cdots\right)$

$\displaystyle=\frac{1}{1-\alpha}=-\frac{1}{\alpha^2}=-\frac{\alpha}{\alpha^3}=-\frac{\alpha}{(-1)}=\alpha$ **답** ①

TIP

α의 성질을 이용하여 주어진 식을 부분분수의 형태로 변형한다.

유형 3 ★ 등비급수의 계산

두 수열 $\{a_n\}$, $\{b_n\}$의 일반항이 각각 $a_n = \left(\dfrac{1}{2}\right)^{n-1}$과 $b_n = 2\left(\dfrac{1}{3}\right)^{n-1}$일 때, $\displaystyle\sum_{n=1}^{\infty}\left(\sum_{k=1}^{n} a_k b_{n-k+1}\right)$의 값은? [5점]

① 6　　　　② 8　　　　③ 9　　　　④ 10　　　　⑤ 12

풀이　$a_k b_{n-k+1} = \left(\dfrac{1}{2}\right)^{k-1} \times 2\left(\dfrac{1}{3}\right)^{n-k} = \dfrac{4}{3^n}\left(\dfrac{3}{2}\right)^k$

$\therefore \displaystyle\sum_{k=1}^{n} a_k b_{n-k+1} = \sum_{k=1}^{n} \dfrac{4}{3^n}\left(\dfrac{3}{2}\right)^k = \dfrac{4}{3^n} \times \dfrac{\dfrac{3}{2}\left\{\left(\dfrac{3}{2}\right)^n - 1\right\}}{\dfrac{3}{2} - 1}$

$\qquad = \dfrac{4}{3^{n-1}} \times \left\{\left(\dfrac{3}{2}\right)^n - 1\right\} = \dfrac{6}{2^{n-1}} - \dfrac{4}{3^{n-1}}$

$\therefore \displaystyle\sum_{n=1}^{\infty}\left(\dfrac{6}{2^{n-1}} - \dfrac{4}{3^{n-1}}\right) = 6 \times \dfrac{1}{1 - \dfrac{1}{2}} - 4 \times \dfrac{1}{1 - \dfrac{1}{3}} = 12 - 6 = 6$

답 ①

TiP

$\displaystyle\sum_{n=1}^{n} a_k b_{n-k+1}$에서 합의 기호 내의 식은 k에 대한 식이므로 $a_k b_{n-k+1}$을 n과 k에 대한 식으로 나타낸 후, 급수의 결과를 차례로 구한다.

유형 4 ★ **등비급수의 수렴 조건**

등식 $\displaystyle\sum_{n=2}^{\infty}(1+c)^{-n}=2$를 만족시키는 상수 c에 대하여 $2c+1$의 값은? [3점]

① $-\sqrt{3}$ ② $-\sqrt{2}$ ③ $\sqrt{2}$ ④ $\sqrt{3}$ ⑤ 2

풀이 이 급수가 수렴할 조건은 $-1<\dfrac{1}{1+c}<1$

$$\sum_{n=2}^{\infty}(1+c)^{-n}=\sum_{n=2}^{\infty}\left(\frac{1}{1+c}\right)^n=\frac{\left(\frac{1}{1+c}\right)^2}{1-\frac{1}{1+c}}=\frac{1}{c(1+c)}=2$$

정리하면

$2c^2+2c-1=0,\ c=\dfrac{-1\pm\sqrt{3}}{2}$

이때, $c=\dfrac{-1-\sqrt{3}}{2}$ 이면 $\dfrac{1}{1+c}=-1-\sqrt{3}<-1$이므로 무한급수가 수렴하지 않는다.

$\therefore c=\dfrac{-1+\sqrt{3}}{2}$

$\therefore 2c+1=-1+\sqrt{3}+1=\sqrt{3}$

답 ④

TIP

무한등비급수 $\displaystyle\sum_{n=1}^{\infty}r^n$이 수렴할 조건은 $-1<r<1$

유형 5 ★ 등비급수의 활용

두 수열 $\{a_n\}$, $\{b_n\}$이

$$a_{n+1}=\frac{1}{2}|a_n|-1,\ a_1=1,\ b_n=a_{n+1}+\frac{2}{3}\ (n=1,\ 2,\ 3,\ \cdots)$$

을 만족시킬 때, <보기>에서 옳은 것만을 있는 대로 고르면? [4점]

─── 보 기 ───

ㄱ. $n\geq 2$이면 $a_n<0$이다.

ㄴ. $\displaystyle\lim_{n\to\infty}a_n=-2$

ㄷ. $\displaystyle\sum_{n=1}^{\infty}b_n=\frac{1}{9}$

① ㄱ   ② ㄴ   ③ ㄱ, ㄴ   ④ ㄱ, ㄷ   ⑤ ㄱ, ㄴ, ㄷ

풀이 ㄱ. $-1<a_n<0\,(n\geq 2)$임을 살펴보자.

(ⅰ) $n=2$일 때, $a_2=\frac{1}{2}|a_1|-1=\frac{1}{2}-1=-\frac{1}{2}$ 이므로 성립한다.

(ⅱ) a_k일 때 성립한다고 가정하면 $-1<a_k<0$일 때,

$$0<|a_k|<1,\ -1<\frac{1}{2}|a_k|-1<-\frac{1}{2}$$

$$-1<a_{k+1}=\frac{1}{2}|a_k|-1<0$$

따라서 성립한다. (참)

ㄴ. ㄱ에 의해 $a_{n+1}=-\frac{1}{2}a_n-1$

$\displaystyle\lim_{n\to\infty}a_n=x$라고 하면 $x=-\frac{1}{2}x-1$이므로 $x=-\frac{2}{3}$ (거짓)

ㄷ. $b_n=a_{n+1}+\frac{2}{3}=-\frac{1}{2}a_n-\frac{1}{3}=-\frac{1}{2}\left(a_n+\frac{2}{3}\right)$

$$=\left(-\frac{1}{2}\right)^2\left(a_{n-1}+\frac{2}{3}\right)=\cdots\cdots=\left(-\frac{1}{2}\right)^{n-1}\left(a_2+\frac{2}{3}\right)$$

$$=\left(-\frac{1}{2}\right)^{n-1}\times\frac{1}{6}$$

$\therefore \displaystyle\sum_{n=1}^{\infty}b_n=\sum_{n=1}^{\infty}\left(-\frac{1}{2}\right)^{n-1}\times\frac{1}{6}=\frac{1}{6}\times\frac{1}{1+\frac{1}{2}}=\frac{1}{9}$ (참)

답 ④

TIP

ㄱ. 수학적 귀납법을 이용하여 $n\geq 2$인 모든 자연수 n에 대하여 $a_n<0$이 성립함을 증명한다.

ㄴ. $\displaystyle\lim_{n\to\infty}a_n=\lim_{n\to\infty}a_{n+1}$임을 이용한다.

ㄷ. $\{b_n\}$을 등비수열의 꼴로 표현한다.

01 유형 2

◎ 경찰 2014학년도 16번

첫째항이 3인 등차수열 $\{a_n\}$에 대하여 $a_{10}-a_2=4$일 때, $\displaystyle\sum_{n=1}^{\infty}\frac{1}{a_n a_{n+1} a_{n+2}}$의 값은? [4점]

① $\dfrac{1}{21}$　　　② $\dfrac{2}{21}$　　　③ $\dfrac{1}{7}$　　　④ $\dfrac{4}{21}$　　　⑤ $\dfrac{5}{21}$

02 유형 2

◎ 경찰 2013학년도 18번

1부터 k까지 모든 자연수의 집합을 A_k라고 하자. 그리고 $A \cup B = A_{k+2}$와 $n(A)=2$를 만족시키는 두 집합 A와 B의 순서쌍 (A, B)의 개수를 a_k라 할 때, $\displaystyle\sum_{k=1}^{\infty}\frac{1}{a_k}$의 값은?

① $\dfrac{1}{6}$　　　② $\dfrac{1}{5}$　　　③ $\dfrac{1}{4}$　　　④ $\dfrac{1}{3}$　　　⑤ $\dfrac{1}{2}$

좌표평면에서 함수 $y=f(x)$의 그래프에 있는 각 점과 그 점에서 x축에 내린 수선의 발을 연결하는 선분으로 이루어지는 영역을 $R(f)$라 하자. 예를 들어 $f(x)=[x]+1$ $(0<x<2)$인 경우에 $R(f)$는 다음 그림의 어두운 부분이다.

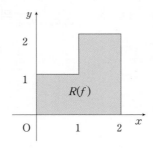

함수 $g(x)$가 $g(x)=\dfrac{1}{\left[\dfrac{1}{x}\right]+2}$ $(0<x<1)$일 때, 영역 $R(g)$의 넓이는? (단, $[x]$는 x보다 크지 않은 가장 큰 정수이다.)

① $\dfrac{7}{36}$　　　　② $\dfrac{2}{9}$　　　　③ $\dfrac{1}{4}$　　　　④ $\dfrac{5}{18}$　　　　⑤ $\dfrac{11}{36}$

수열 $\{a_n\}$이 다음 세 조건을 만족시킨다.

┌ 보 기 ┐

(가) $a_1=\dfrac{1}{10}$

(나) 모든 자연수 n에 대하여 $a_n>0$, $a_n\neq 1$

(다) 어떤 양수 x에 대하여 $\log_{a_n} x+\log_{a_{n+1}} x=\log x$ (단, $x\neq 1$)

자연수 n에 대하여 $b_n=a_1 a_2 a_3 a_4 \cdots a_{2n-1} a_{2n}$으로 정의할 때, 무한급수 $\displaystyle\sum_{n=1}^{\infty} b_n$의 값은?

① $\dfrac{1}{9}$　　　　② $\dfrac{\sqrt{10}-1}{9}$　　　　③ $\dfrac{\sqrt{10}}{9}$　　　　④ $\dfrac{4}{9}$　　　　⑤ $\dfrac{\sqrt{10}+1}{9}$

01 유형1

교육청 2013년 10월 고3 A형 24번

수열 $\{a_n\}$에 대하여 $\sum_{n=1}^{\infty} \frac{3-a_n}{2} = 1$일 때, $\lim_{n\to\infty} \frac{4na_n+5}{n-3}$의 값을 구하시오. [3점]

02 유형2

사관 2015학년도 A형 12번

수열 $\{a_n\}$의 첫째항부터 제n항까지의 합을 S_n이라 하면

$$S_{2n-1} = \frac{2}{n+2}, \ S_{2n} = \frac{2}{n+1} \ (n \geq 1)$$

이 성립한다. $\sum_{n=1}^{\infty} a_{2n-1}$의 값은? [3점]

① -2 ② -1 ③ 0 ④ 1 ⑤ 2

03 유형 3

◉ 수능 2010학년도 나형 23번

등비수열 $\{a_n\}$이 $a_2=\dfrac{1}{2}$, $a_5=\dfrac{1}{6}$을 만족시킨다. $\displaystyle\sum_{n=1}^{\infty}a_na_{n+1}a_n+2=\dfrac{q}{p}$일 때, $p+q$의 값을 구하시오. (단, p, q는 서로 소인 자연수이다.) [4점]

04 유형 4

◉ 교육청 2010년 4월 고3 나형 19번

무한수열 $\{(x+2)(x^2-4x+3)^{n-1}\}$이 수렴하도록 하는 모든 정수 x의 합을 구하시오. [3점]

05 유형 5

⊙ 사관 2014학년도 A형 21번

자연수 n에 대하여 $S(n)=\{1,\ 2,\ 3,\ \cdots,\ n\}$이라 하자. 두 조건

$$A \cup B \cup C = S(n),\ A \cap B = \varnothing$$

을 만족시키도록 세 집합 A, B, C를 정하는 방법의 수를 a_n이라 하자. $\displaystyle\sum_{n=1}^{\infty} \frac{1}{a_n}$ 의 값은? [4점]

① $\dfrac{1}{5}$ ② $\dfrac{1}{4}$ ③ $\dfrac{2}{5}$ ④ $\dfrac{3}{5}$ ⑤ $\dfrac{2}{3}$

06 유형 5

⊙ 사관 2013학년도 문과 27번

집합 $A=\{1,\ 2,\ 3\}$에 대하여 수열 $\{a_n\}$은 집합 A의 원소로 이루어진 수열이다. 이 수열이 등식 $\displaystyle\sum_{n=1}^{\infty} \frac{a_n}{10^n} = \frac{104}{333}$ 를 만족시킬 때, $\displaystyle\sum_{n=1}^{\infty} \frac{a_n}{5^n} = \frac{q}{p}$ 이다. $p+q$의 값을 구하시오. (단, p, q는 서로소인 자연수이다.) [4점]

01 함수의 극한과 연속

01 함수의 극한

함수 $f(x)$에서 x의 값이 a가 아니면서 a에 한없이 가까워질 때,

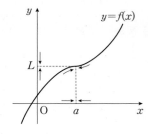

(1) $f(x)$의 값이 일정한 값 L에 한없이 가까워지면 함수 $f(x)$는 L에 수렴한다고 한다. 이때 L을 함수 $f(x)$의 $x=a$에서의 극한값 또는 극한이라 하고, 기호로

$$\lim_{x \to a} f(x) = L \text{ 또는 } x \to a일 \text{ 때 } f(x) \to L$$

로 나타낸다.

(2) $f(x)$의 값이 한없이 커지면 함수 $f(x)$는 양의 무한대로 발산한다고 하고, 기호로

$$\lim_{x \to a} f(x) = \infty \text{ 또는 } x \to a일 \text{ 때 } f(x) \to \infty$$

로 나타낸다.

(3) $f(x)$의 값이 음수이면서 그 절댓값이 한없이 커지면 함수 $f(x)$는 양의 무한대로 발산한다고 하고, 기호로

$$\lim_{x \to a} f(x) = -\infty \text{ 또는 } x \to a일 \text{ 때 } f(x) \to -\infty$$

로 나타낸다.

02 우극한과 좌극한

(1) 함수 $f(x)$에서

① x의 값이 a보다 작으면서 a에 한없이 가까워질 때, $f(x)$의 값이 일정한 값 L에 한없이 가까워지면 L을 $x=a$에서의 함수 $f(x)$의 좌극한이라 하고, 기호로

$$\lim_{x \to a-} f(x) = L$$

로 나타낸다.

② x의 값이 a보다 크면서 a에 한없이 가까워질 때, $f(x)$의 값이 일정한 값 M에 한없이 가까워지면 M을 $x=a$에서의 함수 $f(x)$의 우극한이라 하고, 기호로

$$\lim_{x \to a+} f(x) = M$$

으로 나타낸다.

(2) 함수 $f(x)$에서 $x=a$에서의 우극한과 좌극한이 모두 존재하고 그 값이 L로 같으면 $\lim_{x \to a} f(x) = L$이다. 또 그 역도 성립한다. 즉,

$$\lim_{x \to a-} f(x) = \lim_{x \to a+} f(x) = L \Leftrightarrow \lim_{x \to a} f(x) = L$$

• 극한값 $\lim_{n \to a} f(x)$와 함숫값 $f(a)$는 다른 의미를 갖는다. 따라서 함숫값이 정의되지 않는 점에서 극한값이 정의될 수도 있고, 극한값이 정의되지 않아도 함숫값은 정의될 수 있다.

• 좌극한과 우극한이 모두 존재하더라도 그 값이 서로 같지 않으면 극한값은 존재하지 않는다.

03 함수의 극한에 대한 성질

$\lim\limits_{x \to a} f(x) = L$, $\lim\limits_{x \to a} g(x) = M$이고, L, M은 실수일 때,

(1) $\lim\limits_{x \to a} cf(x) = c\lim\limits_{x \to a} f(x) = cL$ (단, c는 상수)

(2) $\lim\limits_{x \to a} \{f(x) + g(x)\} = \lim\limits_{x \to a} f(x) + \lim\limits_{x \to a} g(x) = L + M$

(3) $\lim\limits_{x \to a} \{f(x) - g(x)\} = \lim\limits_{x \to a} f(x) - \lim\limits_{x \to a} g(x) = L - M$

(4) $\lim\limits_{x \to a} f(x)g(x) = \lim\limits_{x \to a} f(x) \cdot \lim\limits_{x \to a} g(x) = LM$

(5) $\lim\limits_{x \to a} \dfrac{f(x)}{g(x)} = \dfrac{\lim\limits_{x \to a} f(x)}{\lim\limits_{x \to a} g(x)} = \dfrac{L}{M}$ (단, $g(x) \neq 0$, $M \neq 0$)

04 함수의 극한값의 계산

(1) $\dfrac{0}{0}$**의 꼴**

① 분모, 분자가 모두 다항식인 경우에는 분모, 분자를 각각 인수분해하여 약분한다.

② 분모, 분자 중 무리식이 있는 경우에는 근호가 있는 쪽을 유리화한다.

> $\dfrac{0}{0}$ 꼴에서 0은 숫자 0이 아니라 0에 한없이 가까워지는 것을 의미한다.

(2) $\dfrac{\infty}{\infty}$**의 꼴**: 분모의 최고차항으로 분모, 분자를 각각 나눈다.

(3) $\infty - \infty$**의 꼴**

① 다항식인 경우에는 최고차항으로 묶어서 계산한다.

② 무리식이 있는 경우에는 근호가 있는 쪽을 유리화한다.

(4) $\infty \times 0$**의 꼴**: $\infty \times c$, $\dfrac{c}{\infty}$, $\dfrac{0}{0}$ (c는 상수) 꼴로 변형하여 계산한다.

05 함수의 극한의 대소 관계

$\lim\limits_{x \to a} f(x) = L$, $\lim\limits_{x \to a} g(x) = M$($L$, M은 실수)일 때, L에 가까운 모든 x에 대하여

(1) $f(x) \leq g(x)$이면 $L \leq M$

(2) $f(x) \leq h(x) \leq g(x)$이고 $L = M$이면 $\lim\limits_{x \to a} h(x) = L$

> $x \to a-$, $x \to a+$, $x \to \infty$, $x \to -\infty$ 일 때에도 모두 성립한다.

06 극한과 미정계수의 결정

두 함수 $f(x)$, $g(x)$에서

(1) $\lim\limits_{x \to a} \dfrac{f(x)}{g(x)} = L$($L$은 상수)일 때, $\lim\limits_{x \to a} g(x) = 0$이면 $\lim\limits_{x \to a} f(x) = 0$

(2) $\lim\limits_{x \to a} \dfrac{f(x)}{g(x)} = L$($L \neq 0$인 상수)일 때, $\lim\limits_{x \to a} f(x) = 0$이면 $\lim\limits_{x \to a} g(x) = 0$

07 구간

두 실수 $a, b(a<b)$에 대하여

(1) 집합

$$\{x|a\leq x\leq b\}, \{x|a<x<b\}, \{x|a\leq x<b\}, \{x|a<x\leq b\}$$

를 구간이라 하고, 기호로 각각 $[a, b], (a, b), [a, b), (a, b]$로 나타낸다.

(2) $[a, b]$를 닫힌 구간, (a, b)를 열린 구간, $[a, b), (a, b]$를 반닫힌 구간 또는 반열린 구간이라 한다.

(3) 구간을 수직선으로 나타내면 다음 그림과 같다.

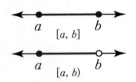
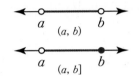

(4) 집합 $\{x|x\leq a\}, \{x|x<a\}, \{x|x\geq a\}, \{x|x>a\}$도 구간이라 하고, 기호로 각각 $(-\infty, a], (-\infty, a), [a, \infty), (a, \infty)$로 나타낸다.

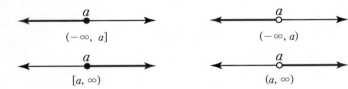

• 실수 전체의 집합도 하나의 구간으로 보고 기호로 $(-\infty, \infty)$로 나타낸다.

08 함수의 연속과 불연속

(1) **함수의 연속**: 함수 $f(x)$가 실수 a에 대하여 다음 세 가지 조건을 만족할 때, 함수 $f(x)$는 $x=a$에서 연속이라 한다.

(ⅰ) 함수 $f(x)$가 $x=a$에서 정의되어 있다.

(ⅱ) 극한값 $\lim_{x\to a}f(x)$가 존재한다.

(ⅲ) $\lim_{x\to a}f(x)=f(a)$

(2) **함수의 불연속**: 함수 $f(x)$가 (1)의 세 가지 조건 중 어느 하나라도 만족하지 않을 때, 함수 $f(x)$는 $x=a$에서 불연속이라 한다.

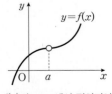
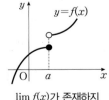
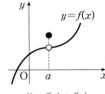

$f(x)$가 $x=a$에서 정의되어 있지 않을 때 $\lim_{x\to a}f(x)$가 존재하지 않을 때 $\lim_{x\to a}f(x)\neq f(a)$

(3) **연속함수**: 함수 $f(x)$가 어떤 구간에 속하는 모든 점에서 연속일 때, $f(x)$는 그 구간에서 연속이라 한다. 또, 어떤 구간에서 연속인 함수를 연속함수라 한다.

• 닫힌 구간 $[a, b]$에서 정의된 함수 $f(x)$가
① 열린 구간 (a, b)에서 연속이고
② $\lim\limits_{x \to a+} f(x) = f(a)$, $\lim\limits_{x \to b-} f(x) = f(b)$
이면
함수 $f(x)$는 닫힌 구간 $[a, b]$에서 연속이다.

09 연속함수의 성질

두 함수 $f(x)$, $g(x)$가 $x=a$에서 연속이면 다음 함수도 $x=a$에서 연속이다.

(1) $cf(x)$ (단, c는 상수)

(2) $f(x) + g(x)$

(3) $f(x) - g(x)$

(4) $f(x)g(x)$

(5) $\dfrac{f(x)}{g(x)}$ (단, $g(a) \neq 0$)

• 함수 $f(x)$가 $x=a$에서 연속이고, 함수 $g(x)$가 $x=f(a)$에서 연속이면 합성함수 $(g \circ f)(x)$는 $x=a$에서 연속이다.

10 최대·최소의 정리

함수 $f(x)$가 닫힌 구간 $[a, b]$에서 연속이면 함수 $f(x)$는 이 구간에서 반드시 최댓값과 최솟값을 가진다.

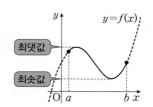

• 닫힌 구간이 아닌 구간에서 정의된 연속함수는 최댓값 또는 최솟값을 가지지 않을 수도 있다.

• 함수 $f(x)$가 연속이 아니면 닫힌 구간에서도 최댓값 또는 최솟값을 가지지 않을 수도 있다.

11 사이값 정리

(1) 함수 $f(x)$가 닫힌 구간 $[a, b]$에서 연속이고 $f(a) \neq f(b)$이면 $f(a)$와 $f(b)$ 사이의 임의의 값 k에서
$$f(c) = k$$
인 c가 열린 구간 (a, b)에 적어도 하나 존재한다.

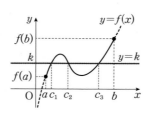

(2) 함수 $f(x)$가 닫힌 구간 $[a, b]$에서 연속이고 $f(a)$와 $f(b)$의 부호가 서로 다르면
$$f(c) = 0$$
인 c가 열린 구간 (a, b)에 적어도 하나 존재한다.
즉, 방정식 $f(x) = 0$은 열린 구간 (a, b)에서 적어도 하나의 실근을 가진다.

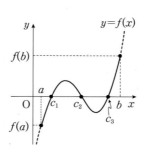

● 경찰 2013학년도 8번

유형 1 ★ 극한값의 계산

$\lim\limits_{x \to \infty}\{(\sqrt{x^4+2x^3+1}-x^2)(\sqrt{x^2+6}-x)\}$의 값은?

① 1   ② 2   ③ 3   ④ 4   ⑤ 5

풀이 준 식을 유리화하면

$$\lim_{x \to \infty}\frac{12x^3+6}{(\sqrt{x^4+2x^3+1}+x^2)(\sqrt{x^2+6}+x)}$$

분자와 분모를 x^3으로 나누어 계산하면

$$\lim_{x \to \infty}\frac{12+\dfrac{6}{x^3}}{\left(\sqrt{1+\dfrac{2}{x}+\dfrac{1}{x^4}}+1\right)\left(\sqrt{1+\dfrac{6}{x^2}}+1\right)}=\frac{12}{(1+1)(1+1)}=3$$

답 ③

TIP

주어진 식을 유리화한 후, 가장 높은 차수로 분모와 분자를 나누어 극한값을 찾는다.

유형 2 ★ **좌표평면과 함수의 극한의 활용**

직선 $y=\dfrac{1}{2}(x+1)$ 위에 두 점 A$(-1,\,0)$과 P$\left(t,\ \dfrac{t+1}{2}\right)$이 있다. 점 P를 지나고 직선 $y=\dfrac{1}{2}(x+1)$에 수직인

직선이 y축과 만나는 점을 Q라 할 때, $\displaystyle\lim_{t\to\infty}\dfrac{\overline{AQ}}{\overline{AP}}$의 값은? [3점]

① $\sqrt{3}$ ② 2 ③ $\sqrt{5}$ ④ $\sqrt{6}$ ⑤ $\sqrt{7}$

풀이 오른쪽 그림에서 직선 PQ는 기울기가 -2이고 점 P를
지나는 직선이므로 그 직선의 방정식을 $y=-2x+a$라
하면

$$\dfrac{t+1}{2}=-2t+a,\ a=\dfrac{5t+1}{2}$$

따라서 점 Q의 좌표는 Q$=\left(0,\ \dfrac{5t+1}{2}\right)$이다.

$\overline{AP}$와 $\overline{AQ}$의 길이를 나타내면

$$\overline{AP}=\sqrt{(t+1)^2+\left(\dfrac{t+1}{2}\right)^2}=\sqrt{\dfrac{5}{4}t^2+\dfrac{5}{2}t+\dfrac{5}{4}}$$

$$\overline{AQ}=\sqrt{\left(\dfrac{5t+1}{2}\right)^2+1}=\sqrt{\dfrac{25}{4}t^2+\dfrac{5}{2}t+\dfrac{5}{4}}$$

이므로

$$\lim_{t\to\infty}\dfrac{\overline{AQ}}{\overline{AP}}=\lim_{t\to\infty}\dfrac{\sqrt{\dfrac{25}{4}t^2+\dfrac{5}{2}t+\dfrac{5}{4}}}{\sqrt{\dfrac{5}{4}t^2+\dfrac{5}{2}t+\dfrac{5}{4}}}$$

$$=\lim_{t\to\infty}\dfrac{\sqrt{\dfrac{25}{4}+\dfrac{5}{2t}+\dfrac{5}{4t^2}}}{\sqrt{\dfrac{5}{4}+\dfrac{5}{2t}+\dfrac{5}{4t^2}}}=\sqrt{5}$$

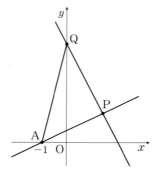

답 ③

TIP
조건을 이용하여 점 Q의 좌표를
t에 대한 식으로 나타내고, $\overline{AP}$,
$\overline{AQ}$의 길이를 t에 대한 식으로 나
타낸다.

유형 3 ★ 함수가 연속일 조건

함수

$$f(x)=\begin{cases} \dfrac{x^2-a}{\sqrt{x^2+b}-\sqrt{c^2+b}} & (x\neq c) \\ 4c & (x=c) \end{cases}$$

가 $x=c$에서 연속이 되도록 하는 실수 a, b, c에 대하여, $a+b+c$의 최솟값은? [4점]

① 0　　　　② $-\dfrac{1}{8}$　　　　③ $-\dfrac{1}{4}$　　　　④ $-\dfrac{1}{2}$　　　　⑤ -1

풀이 $x=c$에서 연속이므로

$$\lim_{x\to c}\frac{x^2-a}{\sqrt{x^2+b}-\sqrt{c^2+b}}=4c$$

$x\to c$이면 (분모)$\to 0$이므로 분자에 c를 대입했을 때

$c^2-a=0$, $a=c^2$

따라서

$$\begin{aligned}\lim_{x\to c}\frac{x^2-a}{\sqrt{x^2+b}-\sqrt{c^2+b}}&=\lim_{x\to c}\frac{x^2-c^2}{\sqrt{x^2+b}-\sqrt{c^2+b}}\\&=\lim_{x\to c}\frac{(x^2-c^2)(\sqrt{x^2+b}+\sqrt{c^2+b})}{(\sqrt{x^2+b}-\sqrt{c^2+b})(\sqrt{x^2+b}+\sqrt{c^2+b})}\\&=\lim_{x\to c}\frac{(x^2-c^2)(\sqrt{x^2+b}+\sqrt{c^2+b})}{(x^2-c^2)}\\&=2\sqrt{c^2+b}\end{aligned}$$

$2\sqrt{c^2+b}=4c$이므로 정리하면 $b=3c^2$

이때, $\sqrt{c^2+b}\geq 0$이므로 $c\geq 0$

따라서 $a+b+c=c^2+3c^2+c=4c^2+c=4\left(c+\dfrac{1}{8}\right)^2-\dfrac{1}{16}$

$c=-\dfrac{1}{8}$ 을 축으로 하고 아래로 볼록한 이차함수이고

$c\geq 0$ 이므로 $c=0$일 때, 최솟값을 가진다.

최솟값을 구해보면

$$4\left(0+\frac{1}{8}\right)^2-\frac{1}{16}=0$$

답 ①

TIP

$f(x)$가 $x=c$에서 연속일 조건은 $\lim\limits_{x\to c}f(x)=f(c)$이다. 이때, $\lim\limits_{x\to c}f(x)$의 극한값이 존재하고 (분모)$\to 0$이므로 (분자)$\to 0$이다.

유형4 ★ 사이값 정리

계수가 모두 정수이고 삼차항의 계수는 1인 삼차방정식 $f(x)=0$의 정수근이 존재하고 $f(7)=-3$이며 $f(11)=73$일 때, $f(x)=0$의 정수근은?

① 3　　　　② 8　　　　③ 9　　　　④ 10　　　　⑤ 15

풀이　$f(x)=x^3+ax^2+bx+c$

$f(7)=-3$, $f(11)=73$

$f(7)\times f(11)<0$이므로 사이값 정리에 의해 $f(x)$는 7과 11 사이에 근을 하나 가지게 된다. 정수근을 n이라고 하면

$f(x)=(x-n)(x^2+mx+l)=0$ $(n, m, l$은 정수)

$f(7)=(7-n)(49+7m+l)=-3$이고,

$f(11)=(11-n)(121+11m+l)=73$에서,

$49+7m+l$과 $121+11m+l$이 모두 정수이므로 $7-n$과 $11-n$은 각각 3과 73의 약수여야 한다. 따라서 이를 만족하려면

$n=10$　　　　　　　　　　　　　　　　　　　　**답** ④

TIP

다항식으로 이루어진 방정식 $f(x)=0$에서 $f(a)f(b)<0$이면 방정식 $f(x)=0$은 a와 b 사이에서 적어도 하나의 실근을 가진다.

01 유형 2

경찰 2017학년도 16번

좌표평면에서 원 $x^2+y^2=1$과 직선 $y=-\dfrac{1}{2}$이 만나는 점을 A, B라 하자. 점 $\mathrm{P}(0,\ t)\left(t\neq-\dfrac{1}{2}\right)$에 대하여 다음 조건을 만족시키는 점 C의 개수를 $f(t)$라 하자.

> (가) C는 A나 B가 아닌 원 위의 점이다.
> (나) A, B, C를 꼭짓점으로 하는 삼각형의 넓이는 A, B, P를 꼭짓점으로 하는 삼각형의 넓이와 같다.

$f(a)+\displaystyle\lim_{t\to a-}f(t)=5$이고 $\displaystyle\lim_{t\to 0-}f(t)=b$일 때, $a+b$의 값은? [4점]

① 1   ② 2   ③ 3   ④ 4   ⑤ 5

01 유형 1

◎ 사관 2012학년도 문과 2번

함수 $f(x) = x \lim_{n \to \infty} \dfrac{2 - x^{2n}}{2 + x^{2n}}$ 에 대하여 $\lim_{x \to -1-} f(x) = \alpha$, $\lim_{x \to 1-} f(x) = \beta$ 라 할 때, $\alpha\beta$의 값은?

[2점]

① -4 ② -1 ③ 0 ④ 1 ⑤ 4

02 유형 2

◎ 사관 2010학년도 이과 2번

$\lim_{x \to 2} \dfrac{\sqrt{6-x} - 2}{\sqrt{3-x} - 1}$ 의 값은?

[2점]

① $\dfrac{1}{3}$ ② $\dfrac{1}{2}$ ③ $\dfrac{2}{3}$ ④ $\dfrac{3}{2}$ ⑤ 2

03 유형 2

▶ 교육청 2011년 10월 고3 나형 16번

그림과 같이 중심이 A(0, 3)이고 반지름의 길이가 1인 원에 외접하고 x축에 접하는 원의 중심을 P(x, y)라 하자. 점 P에서 y축에 내린 수선의 발을 H라 할 때, $\displaystyle\lim_{x \to \infty} \frac{\overline{PH}^2}{\overline{PA}}$의 값은? [4점]

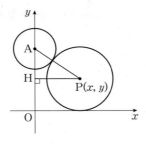

① 2   ② 4   ③ 6   ④ 8   ⑤ 10

04 유형 3

▶ 사관 2018학년도 나형 10번

함수

$$f(x) = \begin{cases} \dfrac{\sqrt{x+7}-a}{x-2} & (x \neq 2) \\ b & (x = 2) \end{cases}$$

가 $x = 2$에서 연속일 때, ab의 값은? (단, a, b는 상수이다.) [3점]

① $\dfrac{1}{2}$ ② $\dfrac{3}{4}$ ③ 1   ④ $\dfrac{5}{4}$ ⑤ $\dfrac{3}{2}$

05 유형 3

교육청 2011년 7월 나형 22번

함수 $f(x)=\begin{cases} \dfrac{\sqrt{ax}-b}{x-1} & (x\neq 1) \\ 2 & (x=1) \end{cases}$ 가 $x=1$에서 연속이 되도록 하는 상수 a, b에 대하여 $a+b$의 값을 구하시오. [3점]

06 유형 4

교육청 2008년 4월 고3 가형 23번

두 함수 $f(x)=x^5+x^3-3x^2+k$, $g(x)=x^3-5x^2+3$에 대하여 구간 $(1, 2)$에서 방정식 $f(x)=g(x)$가 적어도 하나의 실근을 갖도록 하는 정수 k의 개수를 구하시오.

[3점]

01 미분계수와 도함수

01 평균변화율과 미분계수

(1) **증분**: 함수 $y=f(x)$에서 x의 값이 a에서 b까지 변할 때, 함숫값은 $f(a)$에서 $f(b)$까지 변한다. 이때, x의 값의 변화량 $b-a$를 x의 증분, y의 값의 변화량 $f(b)-f(a)$를 y의 증분이라 하고, 기호로 각각 Δx, Δy로 나타낸다.

(2) **평균변화율**: 함수 $y=f(x)$에서 x의 값이 a에서 b까지 변할 때의 평균변화율은

$$\frac{\Delta y}{\Delta x}=\frac{f(b)-f(a)}{b-a}=\frac{f(a+\Delta x)-f(a)}{\Delta x}$$

(3) **미분계수**: 함수 $y=f(x)$의 $x=a$에서의 순간변화율 또는 $x=a$에서의 미분계수는

$$f'(a)=\lim_{\Delta x\to 0}\frac{\Delta y}{\Delta x}$$
$$=\lim_{\Delta x\to 0}\frac{f(a+\Delta x)-f(a)}{\Delta x}=\lim_{x\to a}\frac{f(x)-f(a)}{x-a}$$

> • $a+\Delta x=x$로 놓으면 $\Delta x\to 0$일 때 $x\to a$이다.

(4) **평균변화율과 미분계수의 기하학적 의미**

① 함수 $y=f(x)$에서 x의 값이 a에서 b까지 변할 때의 평균변화율 $\dfrac{\Delta y}{\Delta x}$는 그래프 위의 두 점 $(a, f(a))$, $(b, f(b))$를 지나는 직선의 기울기와 같다.

② 함수 $y=f(x)$의 $x=a$에서의 미분계수 $f'(a)$는 그래프 위의 점 $(a, f(a))$에서의 접선의 기울기와 같다.

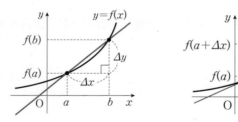 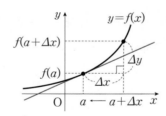

02 미분가능성과 연속성

(1) **미분가능과 미분불가능**

① 함수 $f(x)$에서 $x=a$에서의 미분계수 $f'(a)$가 존재할 때, 함수 $f(x)$는 $x=a$에서 미분가능하다고 한다.

② 함수 $f(x)$에서 $x=a$에서의 미분계수 $f'(a)$가 존재하지 않을 때, 함수 $f(x)$는 $x=a$에서 미분가능하지 않다고 한다. 즉, 다음의 경우 함수 $f(x)$는 $x=a$에서 미분가능하지 않다.

(ⅰ) 함수 $f(x)$가 $x=a$에서 불연속인 경우

(ⅱ) $x=a$에서 $y=f(x)$의 그래프가 꺾인 경우

> • 함수 $f(x)$에서 모든 실수 x에서의 미분계수가 존재하면 $f(x)$는 실수 전체의 집합에서 미분가능하다.

(2) **연속과 미분가능의 관계**

　　① 함수 $f(x)$가 $x=a$에서 미분가능하면 함수 $f(x)$는 $x=a$에서 연속이다.

　　② $x=a$에서 연속인 함수 $f(x)$가 반드시 $x=a$에서 미분가능한 것은 아니다.

03 도함수

(1) 도함수

미분가능한 함수 $y=f(x)$의 정의역의 각 원소 x에 미분계수 $f'(x)$가 대응
하여 만들어진 새로운 함수를 함수 $y=f(x)$의 도함수라 하고, 기호로

$$f'(x), \ y', \ \frac{dy}{dx}, \ \frac{d}{dx}f(x)$$

로 나타낸다. 즉,

$$f'(x)=\lim_{\Delta x \to 0}\frac{f(x+\Delta x)-f(x)}{\Delta x}=\lim_{h \to 0}\frac{f(x+h)-f(x)}{h}$$

(2) 미분법: 함수 $y=f(x)$에서 도함수 $y=f'(x)$를 구한 것을 함수 $f(x)$를 x에 대하여 미분한다고 하며, 그 계산법을 미분법이라 한다.

(3) 도함수의 기하학적 의미

도함수 $f'(x)$는 함수 $y=f(x)$의 그래프 위의 임의의 점 $(x, f(x))$에서의 접
선의 기울기와 같다.

04 미분법의 공식

두 함수 $f(x)$, $g(x)$가 미분가능할 때,

(1) $y=x^n$(n은 양의 정수)이면 $y'=nx^{n-1}$

(2) $y=c$(c는 상수)이면 $y'=0$

(3) $y=cf(x)$(c는 상수)이면 $y'=cf'(x)$

(4) $y=f(x)+g(x)$이면 $y'=f'(x)+g'(x)$

(5) $y=f(x)-g(x)$이면 $y'=f'(x)-g'(x)$

05 곱의 미분법

세 함수 $f(x)$, $g(x)$, $h(x)$가 미분가능할 때,

(1) $y=f(x)g(x)$이면

　　$y'=f'(x)g(x)+f(x)g'(x)$

(2) $y=f(x)g(x)h(x)$이면

　　$y'=f'(x)g(x)h(x)+f(x)g'(x)h(x)+f(x)g(x)h'(x)$

(3) $y=\{f(x)\}^n$(n은 양의 정수)이면

　　$y'=n\{f(x)\}^{n-1} \cdot f'(x)$

• 연속과 미분가능의 관계

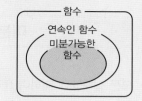

• 함수 $f(x)$의 $x=a$에서의 미분계수 $f'(a)$는 함수 $f(x)$의 도함수 $f'(x)$에 $x=a$를 대입한 값이다.

• 세 개 이상의 함수에 대해서도 (4), (5)가 성립한다.

유형 1 ★ 미분계수의 다양한 형태

모든 실수 x에 대하여 $f(-x)=-f(x)$인 다항함수 $f(x)$가 $f(-1)=2$, $\lim_{x \to -1} \dfrac{f(1)-f(-x)}{x^2-1}=3$을 만족시킬 때

$\lim_{x \to -1} \dfrac{\{f(x)\}^2-4}{x+1}$의 값은? [4점]

① -24 ② -12 ③ 0 ④ 12 ⑤ 24

풀이 $f(-x)=-f(x)$이므로 $f(-1)=-f(1)$

$\lim_{x \to -1} \dfrac{f(1)-f(-x)}{(x-1)(x+1)} = \lim_{x \to -1} \dfrac{f(1)-f(-x)}{(x+1)} \cdot \dfrac{1}{(x-1)}$

$\qquad\qquad\qquad\qquad = \lim_{x \to -1} \dfrac{f(x)-f(-1)}{x-(-1)} \cdot \dfrac{1}{(x-1)}$

$\qquad\qquad\qquad\qquad = -\dfrac{1}{2}f'(-1)=3$

$\therefore f'(-1)=-6$

$\lim_{x \to -1} \dfrac{\{f(x)\}^2-4}{x+1} = \lim_{x \to -1} \dfrac{\{f(x)\}^2-\{f(-1)\}^2}{x+1}$

$\qquad\qquad\qquad\qquad = \lim_{x \to -1} \dfrac{f(x)-f(-1)}{x-(-1)} \times \{f(x)+f(-1)\}$

$\qquad\qquad\qquad\qquad = 2f(-1)f'(-1)$

따라서 구하는 값은 $2 \times 2 \times (-6)=-24$

답 ①

TiP

$f(-x)=-f(x)$, $f(-1)=-f(1)$
로 치환하여 미분계수 $f'(-1)$을 먼저 구한다.

유형2 ★ 곱의 미분법

삼차함수 $f(x)$에 대하여 $\lim\limits_{x \to 1} \dfrac{f(x)}{(x-1)^2} = 5$, $\lim\limits_{x \to 2} \dfrac{f(x)-k}{x-2} = 13$ 일 때, 상수 k의 값은?　[3점]

① 6　　　② 7　　　③ 8　　　④ 9　　　⑤ 10

풀이

$\lim\limits_{x \to 1} \dfrac{f(x)}{(x-1)^2}$ 가 수렴하려면 $f(x) = (x-1)^2(ax+b)$의 꼴이어야 한다. …… ㉠

또한 $a+b=5$가 성립해야 한다. …… ㉡

$\therefore f'(x) = 2(x-1)(ax+b) + a(x-1)^2$ …… ㉢

$\lim\limits_{x \to 2} \dfrac{f(x)-k}{x-2}$ 가 수렴하려면 $\lim\limits_{x \to 2}\{f(x)-k\} = f(2)-k = 0$이어야 한다. …… ㉣

이때 $f'(2) = 13$

㉠, ㉣에서 $f(2) = 2a+b = k$,

㉢에서 $f'(2) = 5a+2b = 13$

이를 ㉡과 연립하여 풀면

$a=1$, $b=4$, $k=6$

답 ①

TIP

함수 $f(x)$, $g(x)$가 미분가능할 때,

$\{f(x)g(x)\}' = f'(x)g(x) + f(x)g'(x)$

01 유형 1

경찰 2015학년도 6번

함수 $f(n)$이 $f(n) = \lim\limits_{x \to 1} \dfrac{x^n + 3x - 4}{x - 1}$일 때, $\sum\limits_{n=1}^{10} f(n)$의 값은? [4점]

① 65   ② 70   ③ 75   ④ 80   ⑤ 85

02 유형 1

경찰 2012학년도 5번

미분가능한 함수 $f(x)$에 대하여

$$\lim_{x \to 0} \frac{f(3x - x^2) - f(0)}{x} = \frac{1}{3}$$

일 때, $f'(0)$의 값은?

① $\dfrac{1}{9}$ ② $\dfrac{1}{6}$ ③ $\dfrac{1}{3}$ ④ $\dfrac{1}{2}$ ⑤ 1

01 유형 1

▶ 사관 2018학년도 나형 3번

다항함수 $f(x)$에 대하여 $\lim\limits_{h \to 0} \dfrac{f(1+3h)-f(1)}{2h}=6$일 때, $f'(1)$의 값은? [2점]

① 2   ② 4   ③ 6   ④ 8   ⑤ 10

02 유형 2

▶ 교육청 2015년 9월 고2 가형 15번

다항함수 $f(x)$에 대하여 $f(1)=1$, $f'(1)=2$이고, 함수 $g(x)=x^2+3x$일 때, $\lim\limits_{x \to 1} \dfrac{f(x)g(x)-f(1)g(1)}{x-1}$의 값은? [4점]

① 11   ② 12   ③ 13   ④ 14   ⑤ 15

02 도함수의 활용

01 접선의 방정식

(1) **접선의 기울기**: 곡선 $y=f(x)$ 위의
점 $P(a, f(a))$에서의 접선의 기울기는
$x=a$에서의 미분계수 $f'(a)$와 같다.

(2) **접선의 방정식**: 곡선 $y=f(x)$ 위의
점 $P(a, f(a))$에서의 접선의 방정식은

$$y-f(a)=f'(a)(x-a)$$

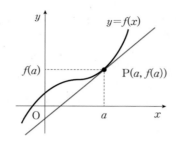

• 기울기가 m이고 점 (a, b)를 지나
는 직선의 방정식은
$y-b=m(x-a)$이다.

02 평균값 정리

(1) **롤의 정리**: 함수 $f(x)$가 닫힌 구간
$[a, b]$에서 연속이고 열린 구간
(a, b)에서 미분가능할 때,
$f(a)=f(b)$이면

$$f'(c)=0$$

인 c가 열린 구간 (a, b)에 적어도
하나 존재한다.

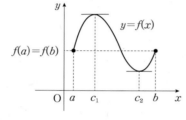

• 일반적으로 롤의 정리의 역은 성립
하지 않는다. 즉, 열린 구간 (a, b)
에 속하는 c에 대하여 $f'(c)=0$이
지만 $f(a) \neq f(b)$인 경우가 존재
한다.

(2) **평균값 정리**: 함수 $f(x)$가 닫힌 구간
$[a, b]$에서 연속이고 열린 구간
(a, b)에서 미분가능하면

$$\frac{f(b)-f(a)}{b-a}=f'(c)$$

인 c가 열린 구간 (a, b)에 적어도
하나 존재한다.

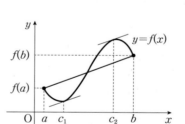

03 함수의 증가와 감소

(1) 함수 $f(x)$가 어떤 구간에 속하는 임의의 두 실수 a, b에 대하여
① $a<b$일 때 $f(a)<f(b)$이면, 함수 $f(x)$는 그 구간에서 증가한다고 한다.
② $a<b$일 때 $f(a)>f(b)$이면, 함수 $f(x)$는 그 구간에서 감소한다고 한다.

(2) 함수 $f(x)$가 어떤 열린 구간에서 미분가능하고, 그 구간의 모든 x에 대
하여
① $f'(x)>0$이면 $f(x)$는 그 구간에서 증가한다.
② $f'(x)<0$이면 $f(x)$는 그 구간에서 감소한다.

04 함수의 극대와 극소

(1) 함수 $f(x)$에서 $x=a$를 포함하는 어떤 열린 구간에 속하는 모든 x에 대하여
  ① $f(x) \leq f(a)$일 때, 함수 $f(x)$는 $x=a$에서 극대라 하고, $f(a)$를 극댓값이라 한다.
  ② $f(x) \geq f(a)$일 때, 함수 $f(x)$는 $x=a$에서 극소라 하고, $f(a)$를 극솟값이라 한다.
  ③ 극댓값과 극솟값을 통틀어 극값이라 한다.
(2) 미분가능한 함수 $f(x)$에서 $f'(a)=0$이고, $x=a$의 좌우에서 $f'(x)$의 부호가
  ① 양에서 음으로 바뀌면 $f(x)$는 $x=a$에서 극대이고, 극댓값은 $f(a)$이다.
  ② 음에서 양으로 바뀌면 $f(x)$는 $x=a$에서 극소이고, 극솟값은 $f(a)$이다.

05 함수의 최대와 최소

함수 $f(x)$가 닫힌 구간 $[a, b]$에서 연속일 때, 함수 $f(x)$의 최댓값과 최솟값은 다음과 같은 순서로 구한다.
(1) 주어진 구간에서의 함수 $f(x)$의 극댓값, 극솟값과 구간의 양 끝값에서의 함숫값 $f(a)$, $f(b)$를 구한다.
(2) 극댓값, 극솟값, $f(a)$, $f(b)$ 중에서 가장 큰 값이 최댓값, 가장 작은 값이 최솟값이다.

06 방정식의 실근의 개수

(1) 방정식 $f(x)=0$의 서로 다른 실근의 개수는 함수 $y=f(x)$의 그래프와 x축과의 교점의 개수와 같다.
(2) 방정식 $f(x)=g(x)$의 서로 다른 실근의 개수는 두 함수 $y=f(x)$와 $y=g(x)$의 그래프의 교점의 개수와 같다.

07 부등식에의 활용

(1) 어떤 구간에서 부등식 $f(x) \geq 0$이 성립함을 증명하려면 그 구간에서 함수 $f(x)$의 최솟값을 구한 다음, 그 최솟값이 0보다 큼을 보이면 된다.
(2) 어떤 구간에서 부등식 $f(x)-g(x) \geq 0$이 성립함을 증명하려면 $h(x)=f(x)-g(x)$로 놓고 그 구간에서 $h(x) \geq 0$임을 보이면 된다.

08 속도와 가속도

수직선 위를 움직이는 점 P의 시각 t에서의 위치 x가 $x=f(t)$일 때, 시각 t에서의 점 P의 속도 v와 가속도 a는
(1) $v = \dfrac{dx}{dt} = f'(t)$
(2) $a = \dfrac{dv}{dt}$

• 함수의 극대와 극소

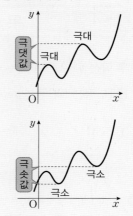

• 최대 · 최소의 정리
함수 $f(x)$가 닫힌 구간 $[a, b]$에서 연속이면 이 구간에서 함수 $f(x)$는 반드시 최댓값과 최솟값을 가진다.

• 어떤 구간에서 $f(x)$의 최솟값이 a이면 그 구간에서 $f(x) \geq a$이다.

• 수직선 위를 움직이는 점 P의 운동 방향은 $v>0$일 때 양의 방향이고, $v<0$일 때 음의 방향이다.

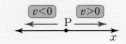

● 경찰 2017학년도 14번

유형 1 ★ 두 곡선과 접하는 접선의 방정식

두 곡선 $y=2x^2+6$, $y=-x^2$에 모두 접하고 기울기가 양수인 직선 l이 있다. 직선 l과 곡선 $y=2x^2+6$의 접점을 P, 직선 l과 곡선 $y=-x^2$의 접점을 Q라 할 때, 선분 PQ의 길이는? [4점]

① $2\sqrt{31}$　　② $8\sqrt{2}$　　③ 12　　④ $5\sqrt{6}$　　⑤ $3\sqrt{17}$

풀이 직선 l의 방정식을 $y=ax+b$라고 하자.

직선 l은 두 곡선 $y=2x^2+6$과 $y=-x^2$에 모두 접하므로

두 방정식 $ax+b=2x^2+6$, $ax+b=-x^2$의 판별식이 모두 0이다.

두 식을 정리하면

$2x^2-ax+6-b=0$ ······ ㉠

$x^2+ax+b=0$ ······ ㉡

㉠의 판별식은 $a^2-48+8b=0$,

㉡의 판별식은 $a^2-4b=0$이고 이를 풀면 $a=4$, $b=4$ $(\because a>0)$

따라서 직선 l의 방정식은 $y=4x+4$이고 접선의 기울기는 4이다.

곡선 $y=2x^2+6$의 도함수는 $y'=4x$

따라서 접선의 기울기가 4가 되는 점 P의 x좌표는 1이므로

점 P의 좌표는 $P(1, 8)$ ······ ㉢

곡선 $y=-x^2$의 도함수는 $y'=-2x$

따라서 접선의 기울기가 4가 되는 점 Q의 x좌표는 -2이므로

점 Q의 좌표는 $Q(-2, -4)$ ······ ㉣

㉢, ㉣에 의하여 선분 PQ의 길이를 구하면

$\overline{PQ}=\sqrt{(-2-1)^2+(-4-8)^2}=3\sqrt{17}$

답 ⑤

TIP
판별식을 이용하여 두 곡선과 각각 접할 때의 직선 l의 조건을 구하여 그 방정식을 구한 후, 이를 이용하여 두 점 P, Q의 좌표를 구한다.

유형 2 ★ 여러 가지 조건과 접선의 방정식

곡선 $f(x)=x^4-3x^2+6x+1$ 위의 서로 다른 두 점에서 접하는 직선의 방정식은?

① $y=6x-\dfrac{5}{4}$ ② $y=3x-\dfrac{5}{2}$ ③ $y=6x+\dfrac{5}{4}$

④ $y=3x+\dfrac{5}{4}$ ⑤ $y=3x+\dfrac{5}{2}$

풀이 접선을 $y=ax+b$로 두면 $x^4-3x^2+6x+1=ax+b$

따라서 $g(x)=x^4-3x^2+(6-a)x+1-b=0$ 이 x축과 두 점에서 접해야 한다.

즉, 두 점 α, β에 대해서

$g(\alpha)=g(\beta)=g'(\alpha)=g'(\beta)=0$

$g(x)$는 α, β에서 중근을 가지므로

$g(x)=(x-\alpha)^2(x-\beta)^2$

$g(x)=x^4-2(\alpha+\beta)x^3+(\alpha^2+\beta^2+4\alpha\beta)x^2-2\alpha\beta(\alpha+\beta)x+\alpha^2\beta^2$

$\quad\ =x^4-3x^2+(6-a)x+1-b$

양변의 계수를 비교해 보면

$\alpha+\beta=0$, $\alpha^2+\beta^2+4\alpha\beta=-3$, $2\alpha\beta(\alpha+\beta)=a-6$, $\alpha^2\beta^2=1-b$

이때

$\alpha^2+\beta^2+4\alpha\beta=(\alpha+\beta)^2+2\alpha\beta=2\alpha\beta=-3$,

$\alpha^2\beta^2=\dfrac{9}{4}=1-b$

$2\alpha\beta(\alpha+\beta)=0=a-6$

$\alpha\beta=-\dfrac{3}{2}$, $a=6$, $b=-\dfrac{5}{4}$

따라서 구하는 직선의 방정식은

$y=6x-\dfrac{5}{4}$

답 ①

TIP

접선의 방정식을 $h(x)=ax+b$라고 하면 $g(x)=f(x)-h(x)$에 대하여 $g(\alpha)=g'(\alpha)=0$이 성립하는 α가 접점의 x좌표가 된다.

유형 3 ★ 접선의 방정식의 활용

x축 위의 점 $A_n(x_n, 0)$에 대하여 함수 $f(x) = 4x^2$의 그래프 위의 점 $B_n(x_n, f(x_n))$에서 접선이 x축과 만나는 점을 $A_{n+1}(x_{n+1}, 0)$이라 하자. 삼각형 $A_n B_n A_{n+1}$의 넓이를 S_n이라 할 때, $\displaystyle\sum_{n=1}^{\infty} S_n$의 값은? (단, $x_1 = 1$) [4점]

① $\dfrac{4}{3}$　　② $\dfrac{5}{4}$　　③ $\dfrac{6}{5}$　　④ $\dfrac{7}{6}$　　⑤ $\dfrac{8}{7}$

풀이 $(x_n, f(x_n))$에서의 접선을 구하면

$f'(x) = 8x$이므로 $y = 8x_n(x - x_n) + 4x_n^2 = 8x_n x - 4x_n^2$

$x = x_{n+1}$, $y = 0$을 대입하면 $x_{n+1} = \dfrac{1}{2} x_n$

$\therefore x_n = \left(\dfrac{1}{2}\right)^{n-1}$

따라서 $A_n B_n A_{n+1}$의 넓이 S_n을 구하면

$S_n = \dfrac{1}{2} |x_{n+1} - x_n| f(x_n) = \dfrac{1}{2} \cdot \dfrac{1}{2} x_n \cdot 4x_n^2 = x_n^3 = \left(\dfrac{1}{2}\right)^{3n-3}$

$\therefore \displaystyle\sum_{n=1}^{\infty} S_n = \sum_{n=1}^{\infty} \left(\dfrac{1}{2}\right)^{3n-3} = \dfrac{1}{1 - \dfrac{1}{8}} = \dfrac{8}{7}$

답 ⑤

TIP
접선의 방정식을 이용하여 수열 $\{x_n\}$의 일반항을 구하고, 이를 이용하여 삼각형 $A_n B_n A_{n+1}$의 넓이를 구한다.

유형 4 ★ **함수의 극대와 극소**

함수 $f(x)=x+(x-1)(x-2)(x-3)(x-4)$에 대하여 $\{f(x)\}^2-x^2f(x)$를 $f(x)-x$로 나눈 나머지를 $r(x)$라 하자. 함수 $y=r(x)$의 극댓값과 극솟값의 합은?

[4점]

① $\dfrac{3}{8}$ ② $\dfrac{4}{9}$ ③ $\dfrac{5}{12}$ ④ $\dfrac{3}{16}$ ⑤ $\dfrac{4}{27}$

풀이 $g(x)=f(x)-x$, $\{f(x)\}^2-xf(x)$를 $g(x)$로 나눌 때의 몫을 $Q(x)$라고 하면

$\{f(x)\}^2-x^2f(x)=g(x)Q(x)+r(x)$ (단, $r(x)$의 최고차항은 3차 이하이다.)

$\{f(x)\}^2-x^2f(x)=\{g(x)+x\}^2-x^2\{g(x)+x\}$

$\qquad\qquad\qquad\quad =g(x)\{g(x)+2x-x^2\}+x^2-x^3$이므로

$r(x)=-x^3+x^2$

$r'(x)=-x(3x-2)$이므로 $x=0$에서 극솟값 0을 가지고 $x=\dfrac{2}{3}$에서 극댓값 $\dfrac{4}{27}$를 가진다.

따라서 극댓값과 극솟값의 합은 $\dfrac{4}{27}$이다.

답 ⑤

TiP

$g(x)=f(x)-x$로 놓고 정리하면 $f(x)=g(x)+x$이다. 이때 이 식을 $\{f(x)\}^2-x^2f(x)$에 대입하여 $g(x)$에 대하여 정리한 후 남는 x에 대한 식이 나머지 $r(x)$이다.

유형 5 ★ **최대, 최소와 미분**

두 점 $O(0, 0)$, $A(3, 0)$에 대하여 점 P가 곡선 $y=2x^2$ 위를 움직일 때, $\overline{OP}^2+\overline{AP}^2$의 최솟값은? [4점]

① 7   ② $\dfrac{15}{2}$ ③ 8   ④ $\dfrac{17}{2}$ ⑤ 9

풀이 점 P의 좌표를 $(t, 2t^2)$이라 하면

$$\overline{OP}^2+\overline{AP}^2=t^2+(2t^2)^2+(3-t)^2+(2t^2)^2$$
$$=8t^4+2t^2-6t+9$$

$f(t)=8t^4+2t^2-6t+9$라 하면

$$f'(t)=32t^3+4t-6$$
$$=2(16t^3+2t-3)=2(2t-1)(8t^2+4t+3)$$

이때 $f(t)$는 사차함수이므로 $t=\dfrac{1}{2}$에서 극솟값을 가지고, 최솟값을 가진다.

따라서 구하는 최솟값은

$$8\times\left(\dfrac{1}{2}\right)^4+2\times\left(\dfrac{1}{2}\right)^2-6\times\dfrac{1}{2}+9=7$$

답 ①

TIP

점 P의 좌표를 $(t, 2t^2)$으로 놓고, $\overline{OP}^2+\overline{AP}^2$의 값을 t에 대한 식으로 나타낸다.

유형6 ★ 방정식, 부등식과 도함수의 활용

다음을 만족시키는 한 자리 자연수 a의 개수는?

방정식 $x^3-x^2-ax-3=0$이 서로 다른 세 실근을 가진다.

① 1   ② 2   ③ 3   ④ 4   ⑤ 5

풀이 준 식을 변형하면 $x^3-x^2-3=ax$

따라서 $f(x)=x^3-x^2-3$이라고 하고, $g(x)=ax$라고 하면, 이 두 함수가 만나는 점이 방정식의 근이다. 우선 $g(x)$를 $f(x)$의 접선이라고 하고 그 기울기를 찾으면 된다.

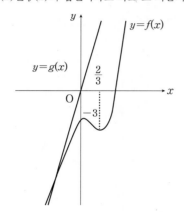

접점을 $(t, \ t^3-t^2-3)$이라고 하자.

원점 $(0, 0)$과 접점 $(t, \ t^3-t^2-3)$을 연결하는 직선의 기울기를 구하면

$$\frac{t^3-t^2-3}{t}$$

$f'(t)=3t^2-2t$이므로

$$\frac{t^3-t^2-3}{t}=3t^2-2t$$

$t^3-t^2-3=3t^3-2t^2$, $(t+1)(2t^2-3t+3)=0$

따라서 $t=-1$이고, 이때 접선의 기울기는

$f'(-1)=5$

$f(x)$와 $g(x)$가 세 점에서 만나려면 a가 5보다 커야 한다.

a는 한 자리의 자연수이므로 $5<a<10$이 되어 조건을 만족하는 a의 개수는 4개이다.

답 ④

TIP

함수 $y=x^3-x^2-3$의 그래프와 $y=ax$의 그래프를 그린 후, 세 점에서 만나는 a의 값의 범위를 찾는다.

유형 7 ★ 속도와 가속도

수직선 위를 움직이는 점 P의 시각 $t(t \geq 0)$에서의 위치 함수 $f(t)$가 $f(t) = t^3 + 3t^2 - 2t$이다. 점 P의 $0 \leq t \leq 10$
에서의 평균속도와 $t = c$에서의 순간속도가 서로 같을 때, $3c^2 + 6c$의 값을 구하시오.   [4점]

풀이 $0 \leq t \leq 10$에서의 평균속도를 구하면

$$\frac{f(10)}{10} = \frac{1280}{10} = 128$$

t에 따른 순간속도는 $v(t) = f'(t) = 3t^2 + 6t - 2$

$t = c$를 대입하면

$3c^2 + 6c - 2 = 128$

$3c^2 + 6c = 130$

답 130

Tip
$0 \leq t \leq 10$에서의 평균속도는 $\dfrac{f(10)}{10}$
이고, $t = c$에서의 순간속도는 $f'(c)$
이다.

01 유형 4

◉ 경찰 2018학년도 20번

미분가능한 함수 $f(x)$, $g(x)$가

$$f(x+y)=f(x)g(y)+f(y)g(x), \quad f(1)=1$$

$$g(x+y)=g(x)g(y)+f(x)f(y), \quad \lim_{x \to 0}\frac{g(x)-1}{x}=0$$

을 만족시킬 때, 옳은 것만을 <보기>에서 있는 대로 고른 것은? [5점]

┌─ 보 기 ┐

ㄱ. $f'(x)=f'(0)g(x)$

ㄴ. $g(x)$는 $x=0$에서 극솟값 1을 갖는다.

ㄷ. $\{g(x)\}^2-\{f(x)\}^2=1$

① ㄴ   ② ㄷ   ③ ㄱ, ㄴ   ④ ㄱ, ㄷ   ⑤ ㄱ, ㄴ, ㄷ

02 유형 4

◉ 경찰 2018학년도 24번

$1 \le k < l < m \le 10$인 세 자연수 k, l, m에 대하여 함수 $f(x)$의 도함수 $f'(x)$가

$$f'(x)=(x+1)^k x^l (x-1)^m$$

일 때, $x=0$에서 $f(x)$가 극댓값을 갖도록 하는 순서쌍 (k, l, m)의 개수를 구하시오. [4점]

03 유형 4

● 경찰 2015학년도 19번

한 변의 길이가 1인 정사각형 ABCD가 있다. 점 P는 B를 출발하여 매초 1의 속력으로 정사각형 ABCD의 변을 따라 B→C→D→A의 방향으로 움직이고, 점 Q는 C를 출발하여 매초 $\frac{2}{3}$의 속력으로 정사각형 ABCD의 변을 따라 C→D→A→B의 방향으로 움직인다. 두 점 P, Q가 각각 B, C에서 동시에 출발한 후 시각 t초일 때 삼각형 APQ의 넓이를 $f(t)$라 하자. <보기>에서 옳은 것만을 있는 대로 고른 것은? $\left($단, $0 \le t \le \frac{3}{2}\right)$ [5점]

┌─── 보 기 ───┐

ㄱ. $f(t)$는 구간 $\left(0, \frac{3}{2}\right)$에서 미분가능하다.

ㄴ. $f(t)$는 $t = \frac{3}{4}$에서 극솟값을 갖는다.

ㄷ. $f(t)$는 $t = 1$에서 극댓값을 갖는다.

① ㄱ   ② ㄴ   ③ ㄱ, ㄷ   ④ ㄴ, ㄷ   ⑤ ㄱ, ㄴ, ㄷ

04 유형 5

● 경찰 2018학년도 11번

두 점 A$(0, -4)$, B$(3, 0)$과 연립부등식 $\begin{cases} y \le 1 - x^2 \\ y \ge x^2 - 1 \end{cases}$의 영역에 속하는 점 P$(x, y)$에 대하여 삼각형 ABP의 넓이의 최댓값을 M, 최솟값을 m이라 하자. $M - m$의 값은? [4점]

① 3   ② $\frac{11}{3}$ ③ $\frac{13}{3}$ ④ 5   ⑤ $\frac{17}{3}$

05 _{유형} 5

◎ 경찰 2016학년도 12번

삼차함수 $f(x)=(a-4)x^3+3(b-2)x^2-3ax+2$가 극값을 갖지 않을 때, 좌표평면에서 점 (a, b)가 존재하는 영역을 A라 하고, $B=\{(x, y)|mx-y+m=0\}$이라 하자. $A\cap B\neq\varnothing$이기 위한 m의 최댓값과 최솟값의 합은? (단, a, b, m은 실수이다.)

[4점]

① $\dfrac{9}{5}$ ② $\dfrac{11}{5}$ ③ $\dfrac{12}{5}$ ④ $\dfrac{13}{5}$ ⑤ $\dfrac{14}{5}$

06 _{유형} 5

◎ 경찰 2016학년도 24번

다항함수 $f(x)=x^3(x^3+1)(x^3+2)(x^3+3)$에 대하여 $f'(-1)=a$이고 $f(x)$의 최솟값이 b일 때, a^2+b^2의 값을 구하시오.

[4점]

07 유형 5

경찰 2015학년도 16번

두 집합

$$A=\{(x,\ y)|x^2+y^2\leq 2\},\ B=\{(x,\ y)|y\geq x^2\}$$

에 대하여 (x, y)가 $A\cap B$의 원소일 때, $x+2y$의 최댓값과 최솟값이 각각 M, m이다. M^2-m의 값은? [4점]

① $\dfrac{81}{8}$ ② $\dfrac{41}{4}$ ③ $\dfrac{83}{8}$ ④ $\dfrac{21}{2}$ ⑤ $\dfrac{85}{8}$

08 유형 5

경찰 2012학년도 10번

곡선 $f(x)=-x^3-x^2+x+1$과 x축으로 둘러싸인 영역

$$A=\{(x,y)|-1\leq x\leq 1,\ 0\leq y\leq f(x)\}$$

에서 $3x+4y$의 최댓값은?

① 3 ② 4 ③ 5 ④ 6 ⑤ 8

09 유형 6

◎ 경찰 2017학년도 15번

방정식 $|x^2-2x-6|=|x-k|+2$가 서로 다른 세 실근을 갖도록 하는 모든 실수 k의 값의 합은? [4점]

① 1   ② 2   ③ 3   ④ 4   ⑤ 5

10 유형 6

◎ 경찰 2013학년도 25번

연립부등식 $x \geq 0,\ y \geq 0,\ x+y \leq 3$의 영역에 있는 점 $(a,\ b)$에 대하여

$$A = a^2 b + b^2(3-a-b) + (3-a-b)^2 a$$

라 하자. <보기>에서 참인 명제만을 있는 대로 고른 것은?

┌─ 보 기 ─┐

ㄱ. $2 < a \leq 3$이면 $a^2(3-a) < 4$이다.

ㄴ. $2 < a \leq 3$이면 $a^2(3-a) - A \geq 0$이다.

ㄷ. $A = 4$일 때, $10a + b$의 최댓값은 21이다.

① ㄱ   ② ㄱ, ㄴ   ③ ㄴ, ㄷ   ④ ㄱ, ㄷ   ⑤ ㄱ, ㄴ, ㄷ

01 유형 1

교육청 2011년 4월 고3 가형 23번

곡선 $y = 2x^2 + 1$ 위의 점 $(-1, 3)$에서의 접선이 곡선 $y = 2x^3 - ax + 3$에 접할 때, 상수 a의 값을 구하시오. [3점]

02 유형 2

교육청 2015년 10월 고3 A형 29번

함수 $f(x) = x^3 + 3x^2$에 대하여 다음 조건을 만족시키는 정수 a의 최댓값을 M이라 할 때, M^2의 값을 구하시오. [4점]

> (가)점 $(-4, a)$를 지나고 곡선 $y = f(x)$에 접하는 직선이 세 개 있다.
>
> (나)세 접선의 기울기의 곱은 음수이다.

03 유형 3

◎ 사관 2016학년도 A형 21번

최고차항의 계수가 1인 삼차함수 $f(x)$에 대하여 곡선 $y=f(x)$가 y축과 만나는 점을 A라 하자. 곡선 $y=f(x)$ 위의 점 A에서의 접선을 l이라 할 때, 직선 l이 곡선 $y=f(x)$와 만나는 점 중에서 A가 아닌 점을 B라 하자. 또, 곡선 $y=f(x)$ 위의 점 B에서의 접선을 m이라 할 때, 직선 m이 곡선 $y=f(x)$와 만나는 점 중에서 B가 아닌 점을 C라 하자. 두 직선 l, m이 서로 수직이고 직선 m의 방정식이 $y=x$일 때, 곡선 $y=f(x)$ 위의 점 C에서의 접선의 기울기는? (단, $f(0)>0$이다.) [4점]

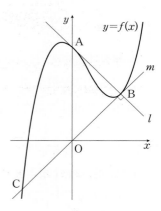

① 8 ② 9 ③ 10

④ 11 ⑤ 12

04 유형 7

◎ 교육청 2005년 7월 고3 가형 15번

원점 O를 동시에 출발하여 수직선 위를 움직이는 두 점 P, Q의 t분 후의 좌표를 각각 x_1, x_2라 하면

$$x_1=2t^3-9t^2,\ x_2=t^2+8t$$

이다. 선분 PQ의 중점을 M이라 할 때, 두 점 P, Q가 원점을 출발한 후 4분 동안 세 점 P, Q, M이 움직이는 방향을 바꾼 횟수를 각각 a, b, c라고 하자. 이때, $a+b+c$의 값은? [4점]

① 1 ② 2 ③ 3 ④ 4 ⑤ 5

01 부정적분과 정적분

01 부정적분

(1) **부정적분**: 함수 $F(x)$의 도함수가 $f(x)$, 즉 $F'(x)=f(x)$일 때, $F(x)$를 $f(x)$의 부정적분이라 하고, 기호로 $\int f(x)dx$로 나타낸다.

(2) 함수 $f(x)$의 부정적분 중 하나를 $F(x)$라 하면 $\int f(x)dx=F(x)+C$

(단, C는 적분상수)

02 함수 $y=x^n$의 부정적분

n이 0 또는 양의 정수일 때,

$$\int x^n dx=\frac{1}{n+1}x^{n+1}+C \text{ (단, } C\text{는 적분상수)}$$

03 부정적분의 성질

두 함수 $f(x)$, $g(x)$에서

(1) $\int kf(x)dx=k\int f(x)dx$ (단, k는 상수)

(2) $\int \{f(x)+g(x)\}dx=\int f(x)dx+\int g(x)dx$

(3) $\int \{f(x)-g(x)\}dx=\int f(x)dx-\int g(x)dx$

04 구분구적법

(1) **구분구적법**: 어떤 도형의 넓이 또는 부피를 구할 때, 이 도형을 몇 개의 기본 도형으로 나누어 그 기본 도형의 넓이나 부피의 합으로 어림한 값을 구하고, 이 어림한 값의 극한값으로 도형의 넓이 또는 부피를 구하는 방법을 구분구적법이라 한다.

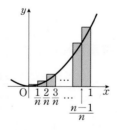

(2) **구분구적법의 순서**

① 주어진 도형을 충분히 작은 n개의 기본 도형으로 분할한다.

② 분할한 기본 도형의 넓이(또는 부피)의 합 S_n(또는 V_n)을 구한다.

③ $n \to \infty$일 때, S_n(또는 V_n)의 극한값을 구한다.

05 정적분

(1) **정적분의 정의**

함수 $f(x)$가 닫힌 구간 $[a, b]$에서 연속일 때,

$$\int_a^b f(x)dx=\lim_{n\to\infty}\sum_{k=1}^n f(x_k)\Delta x \ \left(\text{단, } \Delta x=\frac{b-a}{n}, \ x_k=a+k\Delta x\right)$$

(2) **적분과 미분의 관계**

함수 $f(x)$가 닫힌 구간 $[a, b]$에서 연속일 때,

$$\frac{d}{dx}\int_a^x f(t)dt=f(x) \text{ (단, } a<x<b)$$

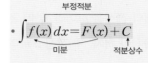

- 부정적분
$\int f(x)\,dx=F(x)+C$
미분 ← → 적분상수

- $\int 1dx$는 보통 $\int dx$로 나타낸다.

- 기본 도형은 보통 직사각형이나 원기둥과 같이 넓이 또는 부피를 쉽게 구할 수 있는 도형으로 정한다.

- $\int_a^b f(x)dx$의 값을 구하는 것을 함수 $f(x)$를 a에서 b까지 적분한다고 하고, 닫힌 구간 $[a, b]$를 적분구간, a를 아래끝, b를 위끝이라 한다.

(3) **미적분의 기본 정리**

함수 $f(x)$가 닫힌 구간 $[a, b]$에서 연속이고 $f(x)$의 한 부정적분을 $F(x)$라 할 때,

$$\int_a^b f(x)dx=[F(x)]_a^b=F(b)-F(a)$$

(4) $a \geq b$**일 때, 정적분의 정의**

① $a=b$일 때, $\displaystyle\int_a^b f(x)dx=\int_a^a f(x)dx=0$

② $a>b$일 때, $\displaystyle\int_a^b f(x)dx=-\int_b^a f(x)dx$

06 정적분의 성질

세 실수 a, b, c를 포함하는 닫힌 구간에서 두 함수 $f(x)$, $g(x)$가 연속일 때,

(1) $\displaystyle\int_a^b kf(x)dx=k\int_a^b f(x)dx$ (단, k는 상수)

(2) $\displaystyle\int_a^b \{f(x)+g(x)\}dx=\int_a^b f(x)dx+\int_a^b g(x)dx$

(3) $\displaystyle\int_a^b \{f(x)-g(x)\}dx=\int_a^b f(x)dx-\int_a^b g(x)dx$

(4) $\displaystyle\int_a^c f(x)dx+\int_c^b f(x)dx=\int_a^b f(x)dx$

• 닫힌 구간 $[-a, a]$에서 연속인 함수 $f(x)$에서 이 구간에 포함되는 모든 x에 대하여 $f(-x)=f(x)$이면 $\displaystyle\int_{-a}^a f(x)dx=2\int_0^a f(x)dx$이고, $f(-x)=-f(x)$이면 $\displaystyle\int_{-a}^a f(x)dx=0$이다.

07 정적분으로 표현된 함수

(1) **정적분으로 표현된 함수의 미분**

① $\dfrac{d}{dx}\displaystyle\int_a^x f(t)dt=f(x)$ (단, a는 상수)

② $\dfrac{d}{dx}\displaystyle\int_x^{x+a} f(t)dt=f(x+a)-f(x)$ (단, a는 상수)

(2) **정적분으로 표현된 함수의 극한**

① $\displaystyle\lim_{x \to 0}\dfrac{1}{x}\int_a^{x+a} f(t)dt=f(a)$

② $\displaystyle\lim_{x \to a}\dfrac{1}{x-a}\int_a^x f(t)dt=f(a)$

• 적분 구간에 변수 x가 있는 정적분을 포함한 등식에서 함수 $f(x)$를 구할 때에는 양변을 x에 대하여 미분한다.

08 정적분과 급수의 관계

(1) $\displaystyle\lim_{n \to \infty}\sum_{k=1}^n f\left(\dfrac{k}{n}\right)\cdot\dfrac{1}{n}=\int_0^1 f(x)dx$

(2) $\displaystyle\lim_{n \to \infty}\sum_{k=1}^n f\left(\dfrac{p}{n}k\right)\cdot\dfrac{p}{n}=\int_0^p f(x)dx$

(3) $\displaystyle\lim_{n \to \infty}\sum_{k=1}^n f\left(a+\dfrac{b-a}{n}k\right)\cdot\dfrac{b-a}{n}=\int_a^b f(x)dx$

(4) $\displaystyle\lim_{n \to \infty}\sum_{k=1}^n f\left(a+\dfrac{p}{n}k\right)\cdot\dfrac{p}{n}=\int_a^{a+p} f(x)dx=\int_0^p f(a+x)dx$

● 경찰 2018학년도 10번

유형 1 ★ 절댓값 기호를 포함하는 정적분

실수 p에 대하여 이차방정식 $x^2-2px+p-1=0$의 두 실근을 α, β $(\alpha<\beta)$라 할 때,

$\displaystyle\int_{\alpha}^{\beta}|x-p|\,dx$의 최솟값은?

[4점]

① $\dfrac{1}{4}$　　　　② $\dfrac{1}{3}$　　　　③ $\dfrac{1}{2}$　　　　④ $\dfrac{2}{3}$　　　　⑤ $\dfrac{3}{4}$

풀이 근과 계수와의 관계에서 $\alpha+\beta=2p$이므로

$$p=\frac{\alpha+\beta}{2}$$

따라서 구하는 정적분의 값은 아래 그림의 색칠한 부분과 같다. 즉, 밑변의 길이가 $\beta-p$인 직각이등변 삼각형 2개의 넓이와 같다.

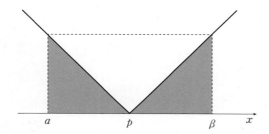

이때, β는 방정식 $x^2-2px+p-1=0$의 근이므로

$\beta^2-2p\beta=-(p-1)$ …… ㉠

$$\int_{\alpha}^{\beta}|x-p|\,dx=(\beta-p)^2$$
$$=\beta^2-2p\beta+p^2=-(p-1)+p^2 \quad (\because \text{㉠})$$
$$=p^2-p+1$$
$$=\left(p-\frac{1}{2}\right)^2+\frac{3}{4}$$

따라서 구하는 최솟값은 $\dfrac{3}{4}$이다.

답 ⑤

TIP
근과 계수의 관계를 이용하여 p와 α, β 사이의 관계를 찾고, 그래프를 그려 넓이를 p에 대한 식으로 나타낸다.

유형2 ★ 주어진 조건에 맞는 함수 구하기

음이 아닌 정수 n에 대하여 최고차항의 계수가 1인 n차 다항함수 $P_n(x)$는 다음 조건을 만족시킨다.

> (가) $P_0(x)=1$, $P_1(x)=x$
>
> (나) 음이 아닌 서로 다른 정수 m, n에 대하여
>
> $$\int_{-1}^{1} P_m(x)P_n(x)\,dx=0$$

$\int_0^1 P_3(x)\,dx$의 값은?

[5점]

① $-\dfrac{1}{20}$ ② $-\dfrac{1}{10}$ ③ $\dfrac{1}{5}$ ④ $\dfrac{1}{10}$ ⑤ $\dfrac{1}{20}$

풀이 $P_3(x)=x^3+ax^2+bx+c$라 하면 조건 (가)와 (나)에서

$$\int_{-1}^{1} P_3(x)\,dx=\int_{-1}^{1} P_0(x)P_3(x)\,dx=\int_{-1}^{1}(x^3+ax^2+bx+c)\,dx$$

$$=\left[\frac{x^4}{4}+\frac{a}{3}x^3+\frac{b}{2}x^2+cx\right]_{-1}^{1}=\frac{2}{3}a+2c=0$$

$$\therefore \frac{1}{3}a+c=0$$

한편,

$$\int_{-1}^{1} xP_3(x)\,dx=\int_{-1}^{1} P_1(x)P_3(x)\,dx=\int_{-1}^{1} x(x^3+ax^2+bx+c)\,dx$$

$$=\left[\frac{x^5}{5}+\frac{a}{4}x^4+\frac{b}{3}x^3+\frac{1}{2}cx^2\right]_{-1}^{1}$$

$$=\frac{2}{5}+\frac{2}{3}b=0$$

$$\therefore b=-\frac{3}{5}$$

따라서 구하는 정적분의 값은

$$\int_0^1 P_3(x)\,dx=\int_0^1(x^3+ax^2+bx+c)\,dx$$

$$=\left[\frac{x^4}{4}+\frac{a}{3}x^3+\frac{b}{2}x^2+cx\right]_0^1$$

$$=\frac{1}{4}+\frac{1}{3}a-\frac{3}{10}+c$$

$$=\frac{1}{4}-\frac{3}{10}+\left(\frac{1}{3}a+c\right)=-\frac{1}{20}$$

답 ①

TIP

$P_3(x)=P_0(x)P_3(x)$,
$xP_3(x)=P_1(x)P_3(x)$
임을 이용하여 $P_3(x)$를 구한다.

◎ 경찰 2013학년도 14번

유형 3 ★ **적분구간이 변수인 함수 구하기**

다음을 만족시키는 미분가능한 함수 $f(x)$에 대하여 $f(1)$의 값은?

$$\int_1^x (x-t)f(t)dt = x^4 + ax^2 - 10x + 6$$

① 18 　　　　 ② 21 　　　　 ③ 24 　　　　 ④ 27 　　　　 ⑤ 30

풀이 $\int_1^x (x-t)f(t)dt = x\int_1^x f(t)dt - \int_1^x tf(t)dt$ 이므로

문제에 주어진 식의 양변을 x로 미분하면

$\int_1^x f(t)dt = 4x^3 + 2ax - 10$

그리고 $x=1$을 대입하면 $4+2a-10=0$이므로 $a=3$

이 식의 양변을 다시 x로 미분하면

$f(x) = 12x^2 + 6$

$\therefore f(1) = 18$

답 ①

TIP

주어진 식의 양변을 x로 미분하여 a의 값을 찾고, 다시 또 미분하여 $f(x)$의 식을 찾는다.

유형 4 ★ 정적분과 급수

함수 f는 임의의 실수 x, y에 대하여 다음을 만족시킨다.

$$f(1)>0, \ f(xy)=f(x)f(y)-x-y$$

이때, $\displaystyle\lim_{n\to\infty}\sum_{k=1}^{n}\left\{\frac{6}{\sqrt{n}}f\left(2+\frac{4k}{n}\right)\right\}^{2}$ 의 값은? [4점]

① 510　　　② 624　　　③ 756　　　④ 832　　　⑤ 948

풀이 $f(xy)=f(x)f(y)-x-y$이므로 $x=1$, $y=1$을 대입하면

$f(1)=\{f(1)\}^{2}-2$

이때 $f(1)>0$이므로 $f(1)=2$ ······ ㉠

또한 $y=0$을 대입하면

$f(0)=f(x)f(0)-x$이므로

$f(x)=\dfrac{1}{f(0)}x+1$ ······ ㉡

㉡에 $x=1$을 대입하면 ㉠에서 $f(1)=2$이므로

$f(0)=1$

$\therefore f(x)=x+1$

따라서 주어진 식의 값을 구하면

$$\lim_{n\to\infty}\sum_{k=1}^{n}\left\{\frac{6}{\sqrt{n}}f\left(2+\frac{4k}{n}\right)\right\}^{2}=\lim_{n\to\infty}\sum_{k=1}^{n}\frac{36}{n}\left\{f\left(2+\frac{4k}{n}\right)\right\}^{2}$$

$$=9\int_{2}^{6}\{f(x)\}^{2}dx=9\int_{2}^{6}(x^{2}+2x+1)dx$$

$$=9\left[\frac{x^{3}}{3}+x^{2}+x\right]_{2}^{6}$$

$$=9\left\{\frac{1}{3}(216-8)+(36-4)+4\right\}$$

$$=948$$

답 ⑤

TIP

$$\lim_{n\to\infty}\sum_{k=1}^{n}f(x_{k})\Delta x=\int_{a}^{b}f(x)dx$$

$$\left(\text{단}, \ \Delta x=\frac{b-a}{n}, \ x_{k}=a+k\Delta x\right)$$

유형 5 ★ 미분가능과 정적분

미분가능한 함수 $f(x)$가

$$f(x)=\begin{cases} ax^3+bx^2+cx+1 & (x<1) \\ 1 & (x=1) \\ p(x-2)^3+q(x-2)^2+r(x-2)+5 & (x>1) \end{cases}$$

이고 $g(x)=f'(x)$라 할 때, 함수 $g(x)$가 다음 조건을 만족한다.

> (가) $g(x)$는 $x=1$에서 미분가능하다.
> (나) $g'(0)=g'(2)=0$

$\int_0^1 f(x)dx$의 값은? [5점]

① $\dfrac{1}{2}$　　　② $\dfrac{3}{4}$　　　③ 1　　　④ $\dfrac{5}{4}$　　　⑤ $\dfrac{3}{2}$

풀이 $f(x)$가 미분가능하므로 $f(x)$는 $x=1$에서 연속이다.

따라서 $a+b+c=0$, $-p+q-r+4=0$ …… ㉠

(가)에 의해 $f'(x)$는 $x=1$에서 연속이다.

$$f'(x)=\begin{cases} 3ax^2+2bx+c & (x<1) \\ 3p(x-2)^2+2q(x-2)+r & (x>1) \end{cases}$$

$\therefore 3a+2b+c=3p-2q+r$ …… ㉡

$$g'(x)=\begin{cases} 6ax+2b & (x<1) \\ 6p(x-2)+2q & (x>1) \end{cases}$$ 에서

$g'(0)=g'(2)=0$이므로 $2b=0$, $2q=0$, 즉 $b=0$, $q=0$ …… ㉢

또한 $g'(x)$에 $x=1$을 대입하면

$6a+2b=-6p+2q$, $p=-a$ …… ㉣

㉠, ㉡, ㉢, ㉣을 연립하면 $a=1$, $b=0$, $c=-1$, $p=-1$, $q=0$, $r=5$

$\therefore \int_0^1 f(x)dx=\int_0^1 (x^3-x+1)dx=\dfrac{3}{4}$

답 ②

TIP

함수 $f(x)$가 $x=a$에서 미분가능하면 함수 $f(x)$는 $x=a$에서 연속이고, $\lim\limits_{x\to a+}f'(x)=\lim\limits_{x\to a-}f'(x)$

01 유형 1

경찰 2016학년도 22번

실수 t에 대하여 함수

$$f(x) = x^2 - 2|x-t| \quad (-1 \le x \le 1)$$

의 최댓값을 $g(t)$라고 하자. $\displaystyle\int_0^{\frac{3}{2}} g(t)\,dt = \frac{q}{p}$일 때, $p+q$의 값을 구하시오. (단, p, q는 서로소인 자연수이다.)　　　[4점]

02 유형 1

경찰 2014학년도 15번

함수 $f(x) = \begin{cases} 1-|x| & (|x| \le 1) \\ 0 & (|x| > 1) \end{cases}$에 대하여 $\displaystyle\sum_{n=1}^{10} \int_{-n}^{n} \frac{\{f(x)\}^n}{n}\,dx$의 값은?　　　[4점]

① $\dfrac{12}{11}$　　　② $\dfrac{14}{11}$　　　③ $\dfrac{16}{11}$　　　④ $\dfrac{18}{11}$　　　⑤ $\dfrac{20}{11}$

03 유형 3

◎ 경찰 2018학년도 25번

함수 $f(x)=(x-1)^4(x+1)$에 대하여 이차함수 $g(x)$, $h(x)$가

$$f(x)=g(x)+\int_0^x (x-t)^2 h(t)dt$$

를 만족시킬 때, $g(2)+h(2)$의 값을 구하시오. [5점]

04 유형 3

◎ 경찰 2014학년도 21번

함수 $f(x)$와 상수 a가 모든 실수 x에 대하여 등식

$$6+\int_a^x \frac{f(t)}{t^2}dt=x$$

를 만족시킬 때, $f(a)$의 값을 구하시오. [3점]

05 유형 4

◎ 경찰 2015학년도 12번

$f(x)=\sqrt{x}$ 에 대하여 $\displaystyle\lim_{n\to\infty}\sum_{k=1}^{n}\frac{k}{n}\left\{f\left(\frac{k}{n}\right)-f\left(\frac{k-1}{n}\right)\right\}$의 값은?

[4점]

① $\dfrac{1}{5}$ ② $\dfrac{1}{4}$ ③ $\dfrac{1}{3}$ ④ $\dfrac{1}{2}$ ⑤ 1

06 유형 4

◎ 경찰 2013학년도 22번

$\displaystyle\lim_{n\to\infty}\sum_{k=1}^{2n}\frac{k^2(5k^2+3)}{n^3(n^2+1)}$의 값은?

① 31   ② 32   ③ 33   ④ 34   ⑤ 35

07 유형 4

▶ 경찰 2012학년도 9번

열린구간 $(0, 2)$에서 미분가능한 함수 $f(x)$가

$$f(x)=\begin{cases} 4x-3 & (0 \le x < 1) \\ ax^2+bx & (1 \le x \le 2) \end{cases} \text{(단, } a, b\text{는 상수)}$$

일 때, $\displaystyle\lim_{n \to \infty} \frac{1}{n}\sum_{k=1}^{n} f\left(\frac{2k}{n}\right)$의 값은?

① $-\dfrac{3}{2}$　　　② 1　　　③ $\dfrac{3}{2}$　　　④ $\dfrac{7}{3}$　　　⑤ 6

08 유형 5

▶ 경찰 2017학년도 11번

최고차항의 계수가 양수인 이차함수 $f(x)$에 대하여 함수 $g(x)$를

$$g(x)=\int_0^x |f(t)-2t|\,dt$$

로 정의하자. 다음 조건을 만족시키는 이차함수 f 중에서 $f(1)$의 최솟값은?　　　[4점]

> $g'(x)$는 실수 전체의 집합에서 미분가능하다.

① 1　　　② 2　　　③ 3　　　④ 4　　　⑤ 5

01 유형 2

수능 2016학년도 A형 29번

이차함수 $f(x)$가 $f(0)=0$이고 다음 조건을 만족시킨다.

> (가) $\displaystyle\int_0^2 |f(x)|dx = -\int_0^2 f(x)dx = 4$
>
> (나) $\displaystyle\int_2^3 |f(x)|dx = \int_2^3 f(x)dx$

$f(5)$의 값을 구하시오.

[4점]

02 유형 3

사관 2015학년도 A형 10번

다항함수 $f(x)$가 모든 실수 x에 대하여

$$x^2 \int_1^x f(t)dt - \int_1^x t^2 f(t)dt = x^4 + ax^3 + bx^2$$

을 만족시킬 때, $f(5)$의 값은? (단, a와 b는 상수이다.)

[3점]

① 17　　　　② 19　　　　③ 21　　　　④ 23　　　　⑤ 25

02 정적분의 활용

01 곡선과 좌표축 사이의 넓이

(1) 함수 $f(x)$가 닫힌 구간 $[a, b]$에서 연속일 때,
곡선 $y=f(x)$와 x축 및 두 직선 $x=a$, $x=b$로
둘러싸인 도형의 넓이는

$$S=\int_a^b |f(x)|dx$$

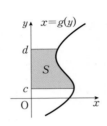

(2) 함수 $g(y)$가 닫힌 구간 $[c, d]$에서 연속일 때, 곡선
$x=g(y)$와 y축 및 두 직선 $y=c$, $y=d$로 둘러싸인
도형의 넓이 S는

$$S=\int_c^d |g(y)|dy$$

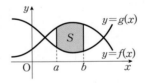

02 두 곡선 사이의 넓이

(1) 두 함수 $f(x)$, $g(x)$가 닫힌 구간 $[a, b]$에서 연
속일 때, 두 곡선 $y=f(x)$와 $y=g(x)$ 및 두 직
선 $x=a$, $x=b$로 둘러싸인 도형의 넓이 S는

$$S=\int_a^b |f(x)-g(x)|dx$$

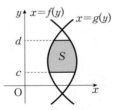

(2) 두 함수 $f(y)$, $g(y)$가 닫힌 구간 $[c, d]$에서 연속일
때, 두 곡선 $x=f(y)$와 $x=g(y)$ 및 두 직선 $y=c$,
$y=d$로 둘러싸인 도형의 넓이 S는

$$S=\int_c^d |f(y)-g(y)|dy$$

03 수직선 위를 움직이는 점의 위치와 움직인 거리

수직선 위를 움직이는 점 P의 시각 t에서의 속도가 $v(t)$이고 시각 $t=t_0$에서
의 점 P의 위치가 x_0일 때,

(1) 시각 t에서의 점 P의 위치 x는

$$x=x_0+\int_{t_0}^t v(t)dt$$

(2) 시각 $t=a$에서 $t=b$까지의 점 P의 위치의 변화량은

$$\int_a^b v(t)dt$$

(3) 시각 $t=a$에서 $t=b$까지 점 P가 움직인 거리 s는

$$s=\int_a^b |v(t)|dt$$

• 닫힌 구간 $[a, b]$에서 $f(x)$의 값이
양수인 경우와 음수인 경우가 모두
나타나면
① 곡선 $y=f(x)$와 x축의 교점의
x좌표를 구한다.
② 위 ①에서 구한 값을 기준으로
$f(x)$의 값이 양수인 구간과 음
수인 구간을 나누어 적분한다.

• 시각 $t=a$에서 $t=b$까지
(점 P의 위치의 변화량)$=l_1-l_2$
(점 P가 움직인 거리)$=l_1+l_2$

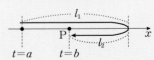

유형 1 ★ 두 곡선 사이의 넓이

함수 $f(x)=x^4-6x^3+12x^2-8x+1$과 이차함수 $g(x)$는 어떤 실수 α에 대하여 다음 조건을 만족시킨다.

> (가) $f(\alpha)=g(\alpha)$, $f'(\alpha)=g'(\alpha)$
>
> (나) $f(\alpha+1)=g(\alpha+1)$, $f'(\alpha+1)=g'(\alpha+1)$

두 곡선 $y=f(x)$와 $y=g(x)$로 둘러싸인 영역의 넓이를 S_1, 곡선 $y=g(x)$와 x축으로 둘러싸인 영역의 넓이를

S_2라 할 때, $\dfrac{S_2}{S_1}$의 값은? [5점]

① 20 ② 25 ③ 30 ④ 35 ⑤ 40

풀이 $g(x)=ax^2+bx+c$라 하자.

(가), (나)의 조건에 의해 $f(x)$와 $g(x)$는 $x=\alpha$와 $x=\alpha+1$일 때 서로 접한다.

그러므로 $f(x)-g(x)=(x-\alpha)^2(x-\alpha-1)^2$

따라서 $S_1=\displaystyle\int_\alpha^{\alpha+1}(x-\alpha)^2(x-\alpha-1)^2\,dx=\int_0^1 x^2(x-1)^2\,dx=\dfrac{1}{30}$ …… ㉠

또한 $f(x)-g(x)=x^4-6x^3+(12-a)x^2+(-8-b)x+1-c$

$\qquad\qquad\qquad =(x-\alpha)^2(x-\alpha-1)^2$

$\qquad\qquad\qquad =x^4-(4\alpha+2)x^3+(6\alpha^2+6\alpha+1)x-(4\alpha^3+4\alpha^2+4\alpha)x+\alpha^2(\alpha+1)^2$

이므로, x^3의 계수를 비교해 보면 $\alpha=1$

우변의 식의 각 항의 계수에 $\alpha=1$을 대입하고 다시 계수를 비교해 보면

$a=-1$, $b=4$, $c=-3$

$\therefore g(x)=-x^2+4x-3=-(x-1)(x-3)$ 이므로

$S_2=\displaystyle\int_1^3\{-x^2+4x-3\}\,dx=\dfrac{4}{3}$ …… ㉡

$\therefore \dfrac{S_2}{S_1}=40\ (\because ㉠, ㉡)$

답 ⑤

TIP

주어진 조건에 의하여 $y=f(x)$의 그래프와 $y=g(x)$의 그래프는 $x=\alpha$와 $x=\alpha+1$에서 서로 접함을 이용한다.

유형 2 ★ **곡선과 접선 사이의 넓이**

직선 l이 함수 $f(x)=x^4-2x^2-2x+3$의 그래프와 서로 다른 두 점에서 접할 때, 직선 l과 곡선 $y=f(x)$로 둘러싸인 영역의 넓이가 A이다. $30A$의 값을 구하시오. [5점]

풀이 직선 l을 $g(x)=ax+b$라고 하고, $f(x)=g(x)$의 접점을 α, β라고 하면

$$f(x)-g(x)=x^4-2x^2-(2+a)x+3-b=(x-\alpha)^2(x-\beta)^2$$

근과 계수와의 관계에 의해 $\alpha^2\beta^2=3-b$이고 $2\alpha+2\beta=0$에서 $\alpha=-\beta$

따라서 준 식의 우변은 $(x^2-\alpha^2)^2=x^4-2\alpha^2x^2+\alpha^4$

계수를 비교해 보면 $-2=-2\alpha^2$, $-(2+a)=0$, $3-b=\alpha^4$

정리하면 $\alpha=\pm1$, $a=-2$, $b=2$

$$\therefore A=\int_{-1}^{1}|f(x)-g(x)|dx=\int_{-1}^{1}|x^4-2x^2+1|dx=\frac{16}{15}$$

$\therefore 30A=32$

답 32

TIP

직선 l와 함수 $y=f(x)$의 두 접점을 각각 α, β라 하면

$$f(x)-g(x)=(x-\alpha)^2(x-\beta)^2$$

로 나타낼 수 있다.

01 유형 1

경찰 2012학년도 17번

좌표평면에서 $y \geq 4x^2 + 2px - 9$가 나타내는 영역을 A라 하고, A를 원점에 대하여 대칭이동한 영역을 B라 할 때, $A \cap B$의 넓이는? (단, p는 상수이다.)

① 9　　　　　② 18　　　　　③ 36　　　　　④ $24\sqrt{3}$　　　　　⑤ 72

02 유형 2

경찰 2014학년도 14번

좌표평면 위의 점 $P\left(\dfrac{1}{2}, -2\right)$에서 곡선 $y=x^2$에 그은 두 접선을 l, m이라 할 때, 두 접선 l, m과 곡선 $y=x^2$으로 둘러싸인 부분의 넓이는?　　　　　[4점]

① $\dfrac{3}{2}$　　　　　② $\dfrac{7}{4}$　　　　　③ $\dfrac{1}{2}$　　　　　④ $\dfrac{9}{4}$　　　　　⑤ $\dfrac{5}{2}$

03 유형 2

◎ 경찰 2013학년도 23번

곡선 $y=x^3$에 있는 점 $A(a, a^3)$에서의 접선이 이 곡선과 점 B에서 만나고, 점 B에서의 접선은 이 곡선과 점 C에서 만난다고 하자. 선분 BC와 이 곡선 사이의 넓이를 선분 AB와 이 곡선 사이의 넓이로 나눈 값은? (단, $a \neq 0$이다.)

① 4   ② 8   ③ 16   ④ 32   ⑤ 64

01 유형 1

사관 2015학년도 A형 16번

함수 $f(x)=-x(x-4)$의 그래프를 x축의 방향으로 2만큼 평행이동시킨 곡선을 $y=g(x)$라 하자. 그림과 같이 두 곡선 $y=f(x)$, $y=g(x)$와 x축으로 둘러싸인 세 부분의 넓이를 각각 S_1, S_2, S_3이라 할 때, $\dfrac{S_2}{S_1+S_3}$의 값은? [4점]

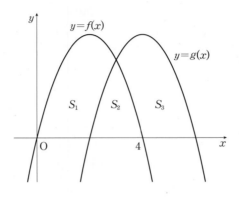

① $\dfrac{3}{22}$ ② $\dfrac{7}{44}$ ③ $\dfrac{2}{11}$ ④ $\dfrac{9}{44}$ ⑤ $\dfrac{5}{22}$

02 유형 1

사관 2010학년도 이과 14번

다음은 서로 다른 두 점에서 만나는 두 곡선 $y=x^2$과 $y=ax^2+bx+c$에 대하여 $d=b^2-4c(a-1)$이라 하고, 두 곡선으로 둘러싸인 부분의 넓이를 S라 할 때 $S=\dfrac{d\sqrt{d}}{6(a-1)^2}$임을 증명하는 과정이다. (단, $a\neq 0$이고 a, b, c는 실수)

── 증 명 ──

두 곡선 $y=x^2$과 $y=ax^2+bx+c$가 서로 다른 두 점에서 만나므로

이차방정식 $(a-1)x^2+bx+c$은 서로 다른 두 실근 α, $\beta(\alpha<\beta)$를 갖는다.

따라서 $a\neq 1$, $d>0$이고

$$\beta-\alpha=\boxed{\text{(가)}}\ \cdots\cdots\ \bigcirc$$

그런데 $\displaystyle\int_\alpha^\beta \{(a-1)x^2+bx+c\}dx$

$$=\left(\boxed{\text{(나)}}\right)\int_\alpha^\beta (x-\alpha)(x-\beta)dx$$

$$=\boxed{\text{(다)}}\ \cdots\cdots\ \bigcirc$$

따라서 $\bigcirc$과 $\bigcirc$에 의해 두 곡선으로 둘러싸인 부분의 넓이 S는

$$S=\left|\boxed{\text{(다)}}\right|=\frac{d\sqrt{d}}{6(a-1)^2}$$

위 증명에서 (가), (나), (다)에 들어갈 식으로 알맞은 것은?　　　　　　　　　　　　　　　　[4점]

	(가)	(나)	(다)
①	$\dfrac{\sqrt{d}}{\lvert a-1\rvert}$	$1-a$	$\dfrac{1-a}{6}(\beta-\alpha)^3$
②	$\dfrac{\sqrt{d}}{\lvert a-1\rvert}$	$a-1$	$\dfrac{a-1}{6}(\beta-\alpha)^3$
③	$\dfrac{\sqrt{d}}{a-1}$	$1-a$	$\dfrac{a-1}{6}(\beta-\alpha)^3$
④	$\dfrac{\sqrt{d}}{\lvert a-1\rvert}$	$a-1$	$\dfrac{1-a}{6}(\beta-\alpha)^3$
⑤	$\dfrac{\sqrt{d}}{a-1}$	$a-1$	$\dfrac{1-a}{6}(\beta-\alpha)^3$

03 유형1

평가원 2006학년도 9월 가형 20번

최고차항의 계수가 1인 삼차함수 $y=f(x)$는 다음 조건을 만족시킨다.

(가) $f(0)=f(6)=0$

(나) 함수 $y=f(x)$의 그래프와 함수 $y=-f(x-k)$의 그래프가 서로 다른 세 점$(\alpha, f(\alpha))$, $(\beta, f(\beta))$, $(\gamma, f(\gamma))$ (단, $\alpha<\beta<\gamma$)에서 만나면 k의 값에 관계없이 $\int_{\alpha}^{\gamma}\{f(x)+f(x-k)\}dx=0$이다.

함수 $y=f(x)$의 그래프와 함수 $y=-f(x-k)$의 그래프가 다음 그림과 같이 서로 다른 세 점에서 만나고 가운데 교점의 x좌표의 값이 4일 때, $\int_{0}^{k}f(x)dx$의 값을 구하시오.

[4점]

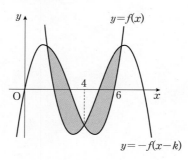

확률과 통계

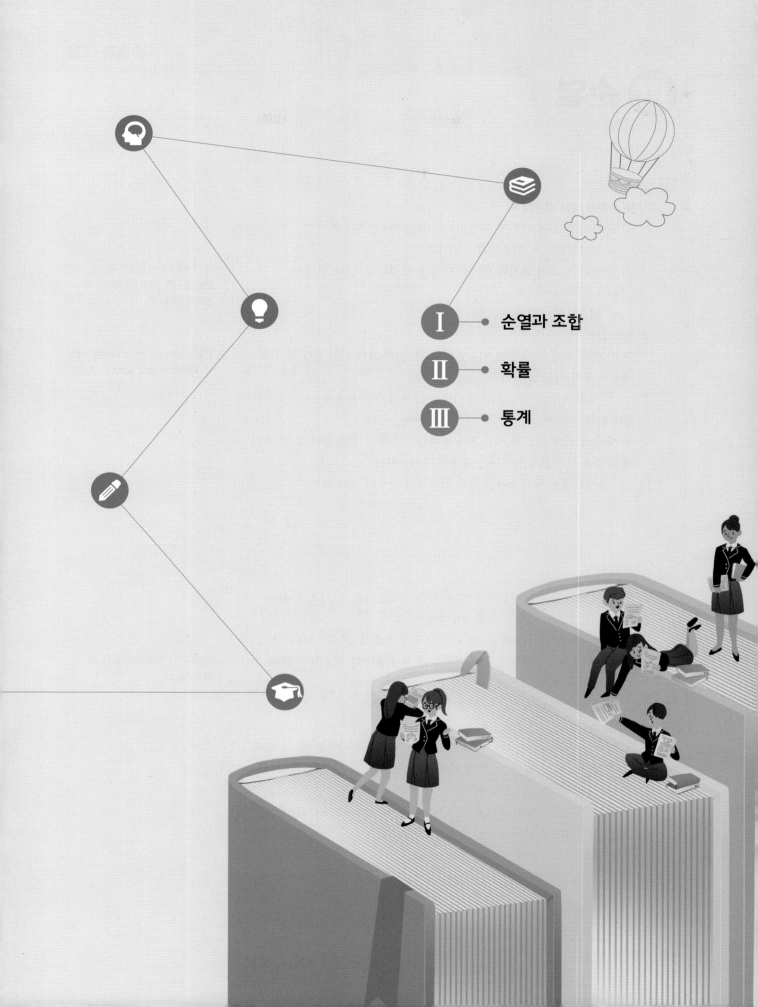

Ⅰ ● 순열과 조합

Ⅱ ● 확률

Ⅲ ● 통계

01 순열

01 경우의 수

(1) 두 사건에 대한 경우의 수

① 두 사건 A, B에 대하여 사건 $A \cup B$가 일어나는 경우의 수는

$$n(A \cup B) = n(A) + n(B) - n(A \cap B)$$

② 두 사건 A, B가 동시에 일어나지 않을 때에는 $A \cap B = \varnothing$에서

$n(A \cap B) = 0$이므로

$$n(A \cup B) = n(A) + n(B)$$

(2) 합의 법칙

두 사건 A, B가 동시에 일어나지 않을 때, 사건 A와 사건 B가 일어나는 경우의 수가 각각 m, n이면

(사건 A 또는 사건 B가 일어나는 경우의 수) $= m + n$

(3) 곱의 법칙

두 사건 A, B에 대하여 사건 A가 일어나는 경우의 수가 m이고, 그 각각에 대하여 사건 B가 일어나는 경우의 수가 n이면

(사건 A와 사건 B가 잇달아 일어나는 경우의 수) $= mn$

• 세 개 이상의 사건에서 어느 두 사건도 동시에 일어나지 않으면 합의 법칙이 성립한다.

• 잇달아 일어나는 세 개 이상의 사건에 대해서는 곱의 법칙이 성립한다.

02 순열

(1) 순열: 서로 다른 n개에서 $r(0 < r \leq n)$개를 택하여 일렬로 나열하는 것을 n개에서 r개를 택하는 순열이라 하고, 이 순열의 수를 기호로 $_n\mathrm{P}_r$로 나타낸다.

서로 다른 것의 개수 ── $_n\mathrm{P}_r$ ── 택하는 것의 개수

(2) 계승: 1부터 n까지의 자연수를 차례로 곱한 것을 n의 계승이라 하고, 기호로 $n!$로 나타낸다.

$$n! = n(n-1)(n-2) \cdots 3 \cdot 2 \cdot 1$$

(3) 순열의 수

① 서로 다른 n개에서 $r(0 < r \leq n)$개를 택하여 일렬로 나열할 때, 첫 번째, 두 번째, 세 번째, $\cdots$, r 번째 자리에 올 수 있는 것은 각각 n, $(n-1)$, $(n-2)$, $\cdots$, $(n-r+1)$개이다.

② 곱의 법칙에 의하여 서로 다른 n개에서 $r(0 < r \leq n)$개를 택하여 일렬로 나열하는 순열의 수는

$$_n\mathrm{P}_r = n(n-1)(n-2) \cdots (n-r+1)$$

$$= \frac{n!}{(n-r)!} \ (\text{단, } 0 < r \leq n)$$

③ $0! = 1$, $_n\mathrm{P}_0 = 1$, $_n\mathrm{P}_n = n!$

• $n!$에서 !는 '팩토리얼(factorial)'이라고 읽는다.

03 원순열

(1) **원순열**: 서로 다른 것을 원형으로 배열하는 순열을 원순열이라 한다.

(2) **원순열의 수**

① n개에 대한 원순열은 어느 한 개의 위치를 고정하고, 나머지를 일렬로 배열하는 순열과 같다.

② 서로 다른 n개를 원형으로 배열하는 원순열의 수는

$$\frac{n!}{n}=(n-1)!$$

③ 서로 다른 n개에서 r개를 택하여 원형으로 배열하는 방법의 수는

$$\frac{{}_n\mathrm{P}_r}{r}=\frac{n!}{r\cdot(n-r)!}$$

• 원순열에서는 회전하여 일치하는 경우를 모두 같은 것으로 본다.

• 다각형 모양의 탁자에 둘러앉는 방법의 수는
(원순열의 수)×(회전시켰을 때 중복되지 않는 자리의 수)

04 중복순열

(1) **중복순열**: 서로 다른 n개에서 중복을 허용하여 r개를 택하여 일렬로 나열하는 순열을 n개에서 r개를 택하는 중복순열이라 하고, 이 중복순열의 수를 기호로 ${}_n\Pi_r$로 나타낸다.

서로 다른 $\underset{\text{것의 개수}}{}\!\!-n\,\Pi\,r-\!\!\underset{\text{것의 개수}}{\overset{\text{택하는}}{}}$

(2) **중복순열의 수**

① 서로 다른 n개에서 중복을 허용하여 r개를 택하여 일렬로 나열할 때, 첫 번째, 두 번째, 세 번째, …, r번째 자리에 올 수 있는 것은 각각 n가지이다.

② 곱의 법칙에 의하여 서로 다른 n개에서 r개를 택하여 일렬로 나열하는 중복순열의 수는

$${}_n\Pi_r=n^r$$

• ${}_n\Pi_r$에서는 중복을 허용하여 택할 수 있으므로 $n<r$일 수도 있다.

05 같은 것이 있는 순열

(1) n개 중에서 같은 것이 각각 p개, q개, …, r개씩 있을 때, n개를 일렬로 나열하는 순열의 수는

$$\frac{n!}{p!q!\cdots r!} \ (단, p+q+\cdots+r=n)$$

(2) 서로 다른 n개 중 특정한 r개의 순서가 정해져 있는 경우, 이들 n개를 일렬로 나열하는 순열의 수는

$$\frac{n!}{r!}$$

◉ 경찰 2014학년도 22번

유형 1 ★ **합의 법칙, 곱의 법칙과 순열**

9개의 알파벳 P, O, L, I, C, E, M, A, N을 반드시 한 번씩 사용하여 사전식으로 배열할 때, P O L로 시작하는 문자열 중에서 P O L I C E M A N은 몇 번째 문자열인지 구하시오.   [4점]

$$P O L \square \square \square \square \square \square$$

풀이 P, O, L, I, C, E, M, A, N 중 POL을 제외하고 I, C, E, M, A, N으로 문자열을 만들 때, 이들을 알파벳 순으로 나열하면 A, C, E, I, M, N이다. 이들을 편의상 순서대로 1, 2, 3, 4, 5, 6이라고 쓰면 423516이 몇 번째 숫자인지 찾는 문제가 된다.

1***** : $5! = 120$(가지)

2***** : $5! = 120$(가지)

3***** : $5! = 120$(가지)

41**** : $4! = 24$(가지)

421*** : $3! = 6$(가지)

4231** : $2! = 2$(가지)

$120 + 120 + 120 + 24 + 6 + 2 = 392$이므로

423156은 392번째 수이다.

그 다음 숫자는 423516이므로 P O L I C E M A N은 393번째 문자열이다.   답 393

TIP
I, C, E, M, A, N을 알파벳 순으로 나열하여 구하는 문자열이 몇 번째로 나열되는지 찾는다.

유형 2 ★ **이웃하거나 이웃하지 않는 경우와 순열**

그림과 같이 5개의 섬 A, B, C, D, E가 있다. 이미 A, B가 다리로 연결되어 있을 때, 섬과 섬을 연결하는 3개의 다리를 더 건설하여 5개의 섬을 모두 다리로 연결하는 방법의 수는? [4점]

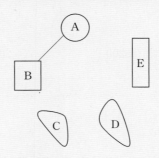

① 48   ② 50   ③ 52   ④ 54   ⑤ 56

풀이 (i) (1)−(2)−(3)−(4)−(5) (일렬로 연결된 경우)

A, B를 하나로 묶어서 나열한다. (A, B의 순서를 바꾸었을 때 일렬로 나열된 섬의 순서를 다시 뒤집으면 중복이 발생한다.)

∴ 4!=24(가지)

(ii)   (1)   (중심에 섬이 한개 있는 경우)
       |
(2)−(3)−(4)
       |
    (5)

A가 중심에 들어가는 경우와 B가 중심에 들어가는 경우로 2가지

(iii) (1)−(2)−(3)   (T자로 연결된 경우)
        |
      (4)
        |
      (5)

A, B가 순서대로 (1), (2)에 들어가는 경우 : 6가지

A, B가 순서대로 (2), (1)에 들어가는 경우 : 6가지

A, B가 순서대로 (2), (4)에 들어가는 경우 : 3가지

A, B가 순서대로 (4), (2)에 들어가는 경우 : 3가지

A, B가 순서대로 (4), (5)에 들어가는 경우 : 3가지

A, B가 순서대로 (5), (4)에 들어가는 경우 : 3가지

∴ 6+6+3+3+3+3=24가지

따라서 구하는 방법의 수는

24+2+24=50   **답** ②

TIP
4개의 다리로 5개의 섬을 모두 연결할 수 있는 방법을 먼저 찾고, 각 방법에서 경우의 수를 구한다.

유형 3 ★ 중복순열

1, 2, 3, 4, 5의 숫자가 각각 적힌 5개의 공을 모두 3개의 상자 A, B, C에 넣으려고 한다. 각 상자에 넣어진 공에 적힌 수의 합이 11 이하가 되도록 공을 상자에 넣는 방법의 수는? (단, 빈 상자의 경우에는 넣어진 공에 적힌 수의 합을 0으로 생각한다.) [4점]

① 190　　　　② 195　　　　③ 200　　　　④ 205　　　　⑤ 210

풀이 5개의 공을 3개의 상자에 넣는 전체 경우의 수는

$_3\Pi_5=243$

이때, A, B, C 중 적어도 어느 한 상자의 공의 수의 합이 12, 13, 14, 15인 경우를 각각 제외하면 되는데, 이 각각의 경우는 A, B, C 중 오직 한 상자의 공의 수의 합이 12, 13, 14, 15일 경우에만 가능하다. 따라서 1개의 상자의 공의 수의 합이 각각 12, 13, 14, 15일 경우의 수만 제외하면 된다.

(i) 공의 수의 합이 15인 경우

1개의 상자에 1, 2, 3, 4, 5를 모두 넣는 경우이므로 3가지이다.

(ii) 공의 수의 합이 14인 경우

1개의 상자에 1을 넣고, 나머지 2, 3, 4, 5를 모두 다른 1개의 상자에 넣는 경우이므로

3×2=6 (가지)

(iii) 공의 수의 합이 13인 경우

1개의 상자에 2를 넣고, 나머지 1, 3, 4, 5를 모두 다른 1개의 상자에 넣는 경우이므로

3×2=6 (가지)

(iv) 공의 수의 합이 12인 경우

① 1개의 상자에 3을 넣고, 나머지 1, 2, 4, 5를 모두 다른 1개의 상자에 넣는 경우이므로

3×2=6 (가지)

② 2개의 상자에 1, 2를 자유롭게 넣고, 나머지 1개의 상자에 3, 4, 5를 모두 넣는 경우이므로

$_2\Pi_2\times3=12$

(i)~(iv)에서 공에 적힌 수의 합이 12 이상인 경우의 수는

3+6+6+6+12=33

따라서 조건을 만족하는 경우의 수는

243-33=210

답 ⑤

TIP 전체 경우의 수 중 각 상자에 넣어진 공에 적힌 수의 합이 12 이상이 되는 경우를 먼저 찾는다.

유형 4 ★ 최단 경로의 경우의 수

아래 그림은 어느 도시의 도로를 선으로 나타낸 것이다. 교차로 P에서는 좌회전을 할 수 없고, 교차로 Q는 공사 중이어서 지나갈 수 없다고 한다. A를 출발하여 B에 도달하는 최단경로의 개수는?

[4점]

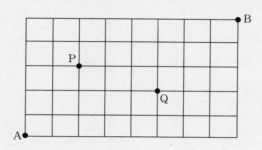

① 818　　　　　② 825　　　　　③ 832　　　　　④ 839　　　　　⑤ 846

풀이

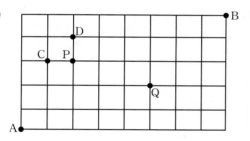

TIP
전체 최단경로 중 지나갈 수 없는 경로를 찾아 그 경우의 수를 전체 최단경로의 수에서 뺀다.

전체 경로 중 지나갈 수 없는 경로를 제거한다.

도로 사이의 공간을 블록이라고 하면 가로로 블록이 8개, 위로 블록이 5개이므로 전체 경로를 구하면, $\dfrac{13!}{8!5!}=1287$

두 지점을 각각 X, Y라고 했을 때 두 지점을 잇는 경로의 수를 X→Y라고 하자.

지나갈 수 없는 경로는

(i) A→Q→B

　　$(A→Q)×(Q→B)=\dfrac{7!}{5!2!}×\dfrac{6!}{3!3!}=420$

(ii) A→C→P→D→B

　　$(A→C)×(C→P)×(P→D)×(D→B)=\dfrac{4!}{3!}×\dfrac{7!}{6!}=28$

따라서 최단경로의 개수는

$1287-420-28=839$

답 ④

유형 5 ★ 여러 가지 경우의 수

각 자릿수의 계승의 합이 자신과 같은 수의 집합을 M이라 할 때, 옳은 것만을 <보기>에서 있는 대로 고른 것은? (예를 들어, $1!+2!+3!=9$는 123과 다르므로 123은 M의 원소가 아니다.)

┌─ 보 기 ─┐

ㄱ. 두 자리의 자연수는 M의 원소가 될 수 없다.

ㄴ. M의 원소인 세 자리 자연수의 각 자릿수는 7보다 작다.

ㄷ. M에는 8자리 이상의 자연수가 존재하지 않는다.

① ㄱ   ② ㄱ, ㄴ   ③ ㄴ, ㄷ   ④ ㄱ, ㄷ   ⑤ ㄱ, ㄴ, ㄷ

풀이 ㄱ. $5!$부터 세 자리 수가 되기 때문에, 두 자리 수가 M의 원소가 되려면 각 자리에는 0, 1, 2, 3, 4중 하나가 들어가야 한다. 이 수들의 계승은 순서대로 1, 1, 2, 6, 24이므로 반드시 4가 들어가야 한다.

두 자리 자연수	각 자릿수 계수의 합
14	$1!+4!=25$
24	$2!+4!=26$
34	$3!+4!=30$
40	$4!+0!=25$
41	$4!+1!=25$
42	$4!+2!=26$
43	$4!+3!=30$
44	$4!+4!=48$

따라서 M의 원소가 되는 두 자리 수가 없다. (참)

ㄴ. $7!=5040$으로 네 자리 수가 되므로 각 자릿수는 7보다 작아야 한다. (참)

ㄷ. $9!=362880$이고 8자리의 각 자릿수가 모두 9이더라도 $8\times9!=2903040$이므로 여덟 자리가 되지 않는다. (참)   **답** ⑤

TIP 계승의 성질을 이용하여 M의 원소가 될 수 있는 수의 가능한 각 자릿수의 조건을 찾는다.

01 유형1

◎ 경찰 2012학년도 4번

7개의 숫자 0, 1, 2, 3, 5, 6, 7 중 서로 다른 4개를 사용하여 네 자리의 자연수를 만들 때, 25의 배수가 되는 경우의 수는?

① 48   ② 52   ③ 56   ④ 60   ⑤ 64

02 유형1

◎ 경찰 2010학년도 23번

다음은 0, 1, 2, 3, 4, 5를 한 번씩 사용하여 만든 6자리의 자연수를 가장 작은 수부터 가장 큰 수까지 크기 순서로 나열한 수열이다.

$$102345, 102354, 102435, \cdots, 543210$$

이 수열에서 450번째 항은?

① 345201   ② 354210   ③ 420135   ④ 432510   ⑤ 450123

03 유형 5

❯ 경찰 2017학년도 8번

1부터 1000까지의 자연수가 하나씩 적힌 카드 1000장 중에서 한 장을 뽑을 때, 적힌 수가 다음 세 조건을 만족하는 경우의 수는? [4점]

> (가) 적힌 수는 홀수이다.
> (나) 각 자리의 수의 합은 3의 배수가 아니다.
> (다) 적힌 수는 5의 배수가 아니다.

① 256   ② 266   ③ 276   ④ 286   ⑤ 296

04 유형 5

❯ 경찰 2015학년도 23번

백의 자리의 수, 십의 자리의 수, 일의 자리의 수가 이 순서대로 등차수열을 이루는 세 자리의 자연수의 개수를 구하시오. [4점]

01 유형 1

◎ 수능 2009학년도 가형 15번

어떤 사회봉사센터에서는 다음과 같은 4가지 봉사활동 프로그램을 매일 운영하고 있다.

프로그램	A	B	C	D
봉사활동 시간	1시간	2시간	3시간	4시간

철수는 이 사회봉사센터에서 5일간 매일 하나씩의 프로그램에 참여하여 다섯 번의 봉사활동 시간 합계가 8시간이 되도록 아래와 같은 봉사활동 계획서를 작성하려고 한다. 작성할 수 있는 봉사활동 계획서의 가짓수는? [4점]

봉사활동 계획서

성명:

참여일	참여 프로그램	봉사활동 시간
2009.1.5		
2009.1.6		
2009.1.7		
2009.1.8		
2009.1.9		
봉사활동 시간 합계		8시간

① 47　　　② 44　　　③ 41　　　④ 38　　　⑤ 35

02 유형 2

사관 2018학년도 가형 27번

그림과 같이 7개의 좌석이 있는 차량에 앞줄에 2개, 가운데 줄에 3개, 뒷줄에 2개의 좌석이 배열되어 있다. 이 차량에 1학년 생도 2명, 2학년 생도 2명, 3학년 생도 2명이 탑승하려고 한다. 이 7개의 좌석 중 6개의 좌석에 각각 한 명씩 생도 6명이 앉는다고 할 때, 3학년 생도 2명 중 한 명은 운전석에 앉고 1학년 생도 2명은 같은 줄에 이웃하여 앉는 경우의 수를 구하시오. [4점]

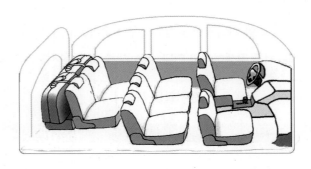

03 유형 3

사관 2017학년도 나형 10번

집합 $A=\{1, 3, 5, 7, 9\}$에 대하여 집합 P를

$$P=\left\{\frac{x_1}{10}+\frac{x_2}{10^2}+\frac{x_3}{10^3}\,\Big|\,x_1\in A,\ x_2\in A,\ x_3\in A\right\}$$

라 하자. 집합 P의 원소 중 41번째로 큰 원소는 $\dfrac{a}{10}+\dfrac{b}{10^2}+\dfrac{c}{10^3}$이다. $a+b+c$의 값은? [3점]

① 11   ② 13   ③ 15   ④ 17   ⑤ 19

04 유형 4

◎ 사관 2011학년도 문과 · 이과 23번

그림과 같이 직사각형 모양으로 이루어진 도로망이 있고, 이 도로망의 9개의 지점에 ●이 표시되어 있다.

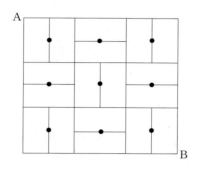

A지점에서 B지점까지 가는 최단경로 중에서 ●이 표시된 9개의 지점 중 오직 한 지점만을 지나는 경로의 수는?

[4점]

① 30   ② 32   ③ 34   ④ 36   ⑤ 38

05 유형 4

◎ 평가원 2008학년도 9월 나형 12번

그림과 같은 모양의 도로망이 있다. 지점 A에서 지점 B까지 도로를 따라 최단 거리로 가는 경우의 수는? (단, 가로 방향 도로와 세로 방향 도로는 각각 서로 평행하다.)

[4점]

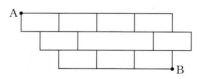

① 14   ② 16   ③ 18   ④ 20   ⑤ 22

02 조합

01 조합

(1) **조합**: 서로 다른 n개에서 순서를 생각하지 않고 $r(0<r\leq n)$개를 선택하는 것을 n개에서 r개를 선택하는 조합이라 하고, 이 조합의 수를 기호로 $_n\mathrm{C}_r$ 로 나타낸다.

(2) **조합의 수**

① 서로 다른 n개에서 r개를 선택하는 조합의 수는 $_n\mathrm{C}_r$이고, 그 각각에 대하여 r개를 일렬로 나열하는 방법의 수는 $r!$이다. 이때, 이 두 수의 곱은 서로 다른 n개에서 r개를 택하는 순열의 수 $_n\mathrm{P}_r$과 같다.

② 서로 다른 n개에서 $r(0<r\leq n)$개를 선택하는 순열의 수는

$$_n\mathrm{C}_r=\frac{_n\mathrm{P}_r}{r!}=\frac{n(n-1)(n-2)\cdots(n-r+1)}{r!}=\frac{n!}{r!(n-r)!} \ (\text{단},\ 0<r\leq n)$$

③ $_n\mathrm{C}_0=1,\ _n\mathrm{C}_n=1$

④ $_n\mathrm{C}_r=_n\mathrm{C}_{n-r}$ (단, $0\leq r\leq n$)

⑤ $_n\mathrm{C}_r=_{n-1}\mathrm{C}_{r-1}+_{n-1}\mathrm{C}_r$ (단, $1\leq r\leq n$)

⑥ $r\cdot_n\mathrm{C}_r=n\cdot_{n-1}\mathrm{C}_{r-1}$ (단, $1\leq r\leq n$)

• $_n\mathrm{C}_r\times r!=_n\mathrm{P}_r$

02 중복조합

(1) **중복조합**: 서로 다른 n개에서 중복을 허용하여 r개를 선택하는 조합을 n개에서 r개를 선택하는 중복조합이라 하고, 이 중복조합의 수를 기호로 $_n\mathrm{H}_r$로 나타낸다.

(2) **중복조합의 수**

서로 다른 n개에서 중복을 허용하여 r개를 선택하는 중복조합의 수는

$$_n\mathrm{H}_r=_{n+r-1}\mathrm{C}_r$$

• $_n\mathrm{H}_r$에서는 중복을 허용하여 택할 수 있으므로 $n<r$일 수도 있다.

03 세 묶음으로 분할하는 방법의 수

서로 다른 n개를 p개, q개, r개$(p+q+r=n)$의 세 묶음으로 나누는 방법의 수는

(1) $p,\ q,\ r$이 모두 다른 수이면 $_n\mathrm{C}_p\cdot_{n-p}\mathrm{C}_q\cdot_r\mathrm{C}_r$

(2) $p,\ q,\ r$ 중에서 어느 두 개가 같을 때 $_n\mathrm{C}_p\cdot_{n-p}\mathrm{C}_q\cdot_r\mathrm{C}_r\cdot\dfrac{1}{2!}$

(3) $p,\ q,\ r$이 모두 같은 수이면 $_n\mathrm{C}_p\cdot_{n-p}\mathrm{C}_q\cdot_r\mathrm{C}_r\cdot\dfrac{1}{3!}$

04 집합의 분할

(1) **집합의 분할**: 유한집합을 공집합이 아닌 몇 개의 서로소인 부분집합의 합집합으로 나타내는 것을 집합의 분할이라 하고, 원소의 개수가 n인 집합을 $k(1\leq k\leq n)$개의 부분집합으로 분할하는 방법의 수를 기호로 $S(n, k)$로 나타낸다.

(2) **집합의 분할의 수**: 원소의 개수가 n인 집합의 분할의 수는
$$S(n, 1) + S(n, 2) + S(n, 3) + \cdots + S(n, n)$$

(3) $S(n, k)$의 성질: $1 < k < n$일 때,
$$S(n, k) = S(n-1, k-1) + kS(n-1, k)$$

• 원소의 개수가 n인 집합에 대하여
$$S(n, 1) = S(n, n) = 1$$

05 자연수의 분할

(1) **자연수의 분할**: 자연수 n을 자신보다 크지 않은 자연수 $n_1, n_2, n_3, \cdots, n_k$의 합
$$n = n_1 + n_2 + n_3 + \cdots + n_k \ (n \geq n_1 \geq n_2 \geq \cdots \geq n_k)$$
로 나타내는 것을 자연수의 분할이라 하고, 자연수 n을 $k(1 \leq k \leq n)$개의 자연수로 분할하는 방법의 수를 기호로 $P(n, k)$로 나타낸다.

(2) **자연수의 분할의 수**: 자연수 n의 분할의 수는
$$P(n, 1) + P(n, 2) + P(n, 3) + \cdots + P(n, n)$$

(3) $P(n, k)$의 성질: $1 < k < n$일 때,
① $P(n, k) = P(n-k, 1) + P(n-k, 2) + P(n-k, 3) + \cdots + P(n-k, k)$
② $P(n, k) = P(n-1, k-1) + P(n-k, k)$

• 자연수 n에 대하여
$$P(n, 1) = P(n, n) = 1$$

06 이항정리

(1) 자연수 n에 대하여 $(a+b)^n$을 전개한 식
$$(a+b)^n = {}_n\mathrm{C}_0 a^n + {}_n\mathrm{C}_1 a^{n-1}b + {}_n\mathrm{C}_2 a^{n-2}b^2 + \cdots + {}_n\mathrm{C}_n b^n = \sum_{r=0}^{n} {}_n\mathrm{C}_r a^{n-r}b^r$$
을 $(a+b)^n$에 대한 이항정리라 한다.
① ${}_n\mathrm{C}_r a^{n-r}b^r$을 $(a+b)^n$의 전개식의 일반항이라 한다.
② 전개식의 각 항의 계수 ${}_n\mathrm{C}_0, {}_n\mathrm{C}_1, {}_n\mathrm{C}_2, \cdots, {}_n\mathrm{C}_r, \cdots, {}_n\mathrm{C}_n$을 이항계수라 한다.
③ **파스칼의 삼각형**: ${}_n\mathrm{C}_r = {}_{n-1}\mathrm{C}_{r-1} + {}_{n-1}\mathrm{C}_r$을 이용하여 $(a+b)^n$의 전개식의 이항계수를 다음 그림과 같이 삼각형 모양으로 배열한 것을 파스칼의 삼각형이라 한다.

• ${}_n\mathrm{C}_r = {}_n\mathrm{C}_{n-r}$이므로 $(a+b)^n$의 전개식에서 $a^{n-r}b^r$의 계수와 $a^r b^{n-r}$의 계수는 서로 같다.

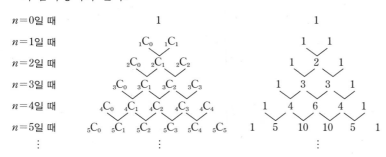

(2) **이항계수의 성질**
① ${}_n\mathrm{C}_0 + {}_n\mathrm{C}_1 + {}_n\mathrm{C}_2 + \cdots + {}_n\mathrm{C}_n = 2^n$
② ${}_n\mathrm{C}_0 - {}_n\mathrm{C}_1 + {}_n\mathrm{C}_2 + \cdots + (-1)^n {}_n\mathrm{C}_n = 0$
③ ${}_n\mathrm{C}_0 + {}_n\mathrm{C}_2 + {}_n\mathrm{C}_4 + \cdots = {}_n\mathrm{C}_1 + {}_n\mathrm{C}_3 + {}_n\mathrm{C}_5 + \cdots = 2^{n-1}$

유형 1 ★ 조합

학생 15명 중에서 적어도 한 명의 남학생과 적어도 한 명의 여학생이 포함되도록 3명의 대표를 선출하는 서로 다른 방법이 286가지일 때, 남학생 수와 여학생 수의 차는?

① 1　　　　② 3　　　　③ 5　　　　④ 7　　　　⑤ 9

풀이 남학생이 p명, 여학생이 $15-p$명 있다고 하자.

적어도 한 명의 남학생과 여학생이 포함되어야 한다.

따라서 전체 경우의 수에서 3명 모두 하나의 성별만 뽑는 겨우의 수를 빼주면

$_{15}C_3 - _pC_3 - _{15-p}C_3 = 286$

정리하면 $\dfrac{p(p-1)(p-2)}{6} + \dfrac{(15-p)(14-p)(13-p)}{6} = 169$

$(p-4)(p-11) = 0$

$\therefore p = 4, 11$

따라서 남학생과 여학생 수의 차는

$11 - 4 = 7$

답 ④

TIP
남학생을 p명이라 놓으면 여학생은 $(15-p)$명이므로 조합의 식을 이용하여 구한다.

유형2 ★ 함수의 개수와 조합

집합 $X=\{1, 2, 3, 4, 5, 6\}$에서 집합 X로의 함수 $f(x)$가

$$(f \circ f \circ f)(x)=x$$

를 만족시킬 때, 함수 f의 개수를 구하시오.

[4점]

풀이 조건에서 정의역의 원소의 개수가 6이므로,

$(f \circ f \circ f)(x)=x$

를 만족시키는 함수의 조건은 다음 3가지 경우가 있다.

(ⅰ) $f(x)=x$인 경우에서 1가지

(ⅱ) 원소 6개를 두 묶음으로 나누어, 3개의 원소가 각각 순환하여 대응하도록 하면 그 3개의 원소에 대하여 $(f \circ f \circ f)(x)=x$를 만족한다. 예를 들어, 다음 그림과 같이 대응시키면 원소 1, 2, 3에 대하여 모두 $(f \circ f \circ f)(x)=x$을 만족한다.

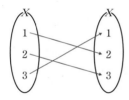 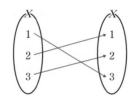

① 두 묶음 모두 순환하여 대응하는 경우 원소 6개 중 3개를 택하고, 위의 두 가지 방법으로 순환시킬 수 있고, 나머지 3개의 원소도 위의 두 가지 방법으로 순환시킬 수 있으므로

$_6C_3 \times 2 \times 2 \div 2 = 40$

② 두 묶음 중 한 묶음만 순환하여 대응하고, 나머지 한 묶음에서는 $f(x)=x$를 만족할 경우 원소 6개 중 3개를 택하고, 위의 두 가지 방법으로 순환시킬 수 있으므로

$_6C_3 \times 2 = 40$

(ⅰ), (ⅱ)에서 구하는 함수의 개수는

$1+40+40=81$

답 81

TIP
집합 X의 원소를 몇 개의 묶음으로 나누어 각 경우에서 $f \circ f \circ f(x)=x$가 되도록 함수를 정한다.

유형 3 ★ 조합과 도형에서의 활용

삼각형 ABC에서 $\overline{AB}$의 n등분 점과 꼭짓점 C를 잇고, $\overline{AC}$의 n등분 점과 꼭짓점 B를 잇는다. 이때, 만들어지는 삼각형($\triangle ABC$도 포함)의 개수를 a_n이라 하자. 예를 들어, $n=2$인 다음 그림에서 $a_2=8$이다. a_5의 값을 구하시오.

[5점]

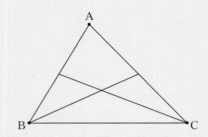

풀이 $\overline{AB}$를 n등분하고 $\overline{AC}$를 n등분하여 n등분점을 만들었을 때 모든 점들을 연결해서 만들어지는 선분의 개수는 총 $2n+1$이다.

그림에서 주어진 모든 삼각형은 위 선분들 중 3개가 만나서 이루어진다. 단 3개의 선분들이 한 점에서 만나는 경우에는 삼각형이 만들어지지 않는다. 즉 3개의 선분이 모두 점 B에서만 만나거나 점 C에서만 만난다면 삼각형이 만들어지지 않는다. 이 때 점 B에서 만나는 선분의 개수는 $n+1$개이고 점 C에서 만나는 선분의 개수 역시 $n+1$개다.

따라서 삼각형의 개수 a_n을 식으로 나타내면

$a_n = {}_{2n+1}C_3 - 2 \times {}_{n+1}C_3$

$\quad = \dfrac{(2n+1)2n(2n-1)}{3!} - 2 \times \dfrac{(n+1)n(n-1)}{3!}$

$\quad = n^3$

$\therefore a_5 = 5^3 = 125$

답 125

TiP
만들어지는 전체 선분의 개수 중 3개를 선택하면 삼각형을 만들 수 있다. 이때, 선택한 3개의 선분이 모두 한 점을 지나면 삼각형을 만들 수 없음에 유의한다.

유형 4 ★ 중복조합

10명의 순경이 세 구역을 순찰하려고 한다. 각 구역에는 적어도 한 명이 순찰하고, 각 구역의 순찰 인원은 5명 이하가 되도록 인원수를 정하는 경우의 수는? (단, 한 명의 순경은 하나의 구역만 순찰하고, 순경은 서로 구분하지 않는다.)

[4점]

① 16   ② 18   ③ 20   ④ 22   ⑤ 24

풀이 세 구역을 A, B, C라고 하자.

주어진 조건을 만족하는 경우의 수를 구하려면

10명 중 3명을 A, B, C에 한 명씩 먼저 배치하고

그 다음 나머지 7명을 A, B, C 세 군데에 배치한다.

식으로 나타내면

$_3H_7 = {}_9C_7 = {}_9C_2 = 36$

이 중 한 구역에 6명 이상 들어간 경우를 빼준다.

(i) 8명, 1명, 1명

$\dfrac{3!}{2!} = 3$

(ii) 7명, 2명, 1명

$3! = 6$

(iii) 6명, 3명, 1명

$3! = 6$

(iv) 6명, 2명, 2명

$\dfrac{3!}{2!} = 3$

따라서 한 구역에 6명 이상 들어간 경우의 수는

$3+6+6+3 = 18$

따라서 문제의 조건에 맞는 경우의 수를 구하면

$36 - 18 = 18$(가지)

답 ②

TIP

세 구역에 7명의 순경을 분배하는 경우에서 한 구역에 6명 이상이 들어간 경우를 제외한다.

유형 5 ★ 이항정리

다음 다항식에서 x^{22}의 계수는?

$$(x+1)^{24}+x(x+1)^{23}+x^2(x+1)^{22}+\cdots+x^{22}(x+1)^2$$

① 1520　　　② 1760　　　③ 2020　　　④ 2240　　　⑤ 2300

풀이 $x^{24-n}(x+1)^n$에서 x^{22}의 계수는 $_nC_{n-2}$

따라서 주어진 식의 x^{22}의 계수는

$$\sum_{k=1}^{24}{}_kC_{k-2}=\sum_{k=1}^{24}{}_kC_2=\sum_{k=1}^{24}\frac{k(k-1)}{2}=\frac{1}{2}\sum_{k=1}^{24}(k^2-k)$$

$$=\frac{1}{2}\times\left(\frac{24\times25\times49}{6}-\frac{24\times25}{2}\right)$$

$$=\frac{1}{2}\times(4\times25\times49-12\times25)$$

$$=2\times25\times49-6\times25$$

$$=2450-150=2300$$

답 ⑤

TiP
$(x+1)^n$ $(n=2, \cdots, 24)$에서 x^{n-2}
의 계수는 $_nC_2$이다.

01 유형 1

경찰 2011학년도 5번

아래 그림과 같이 A, B, C, D, E, F의 6개 구역이 경찰서를 중심으로 하여 길로 연결되어 있다. A와 B의 넓이는 각각 4km²이고 C, D, E, F의 넓이는 각각 2km²이다. 2명의 경찰관이 이 6개 구역을 넓이의 합이 같아지도록 2부분으로 나누어 1부분씩을 맡고, 각자 맡은 모든 구역을 순서를 정하여 순찰하는 방법의 수는? (단, 1개 구역을 나누지는 않는다.)

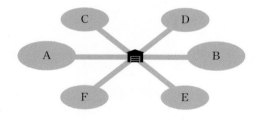

① 524   ② 528   ③ 532   ④ 536   ⑤ 540

02 유형 1

경찰 2017학년도 23번

다음 조건을 만족시키며 6일 동안 친구 A, B, C를 초대하는 방법의 수를 구하시오.   [4점]

> (가) 매일 A, B, C 중 1명을 초대한다.
> (나) 어떤 친구도 3번 넘게 초대하지 않는다.

03 유형 2

경찰 2017학년도 7번

집합 $A=\{1, 2, 3\}$, $B=\{1, 2, 3, 4\}$, $C=\{a, b, c\}$에 대하여 두 함수 $f:A \to B$, $g:B \to C$의 합성함수 $g \circ f:A \to C$가 역함수를 갖도록 하는 순서쌍 (f, g)의 개수는? [4점]

① 108   ② 144   ③ 216   ④ 432   ⑤ 864

04 유형 4

경찰 2015학년도 13번

15 이하의 자연수 중에서 서로 다른 4개의 수를 뽑을 때, 어느 두 수도 3 이상 차이가 나도록 뽑는 방법의 수는? [4점]

① 108   ② 120   ③ 126   ④ 132   ⑤ 144

05 유형 4

◎ 경찰 2010학년도 19번

어느 경찰관이 8월에 관할구역을 이틀 연이어 순찰하지 않으면서 5일 순찰하는 방법의 수는?

① $_{26}C_5$ ② $_{27}C_5$ ③ $_{28}C_5$ ④ $_{29}C_5$ ⑤ $_{30}C_5$

06 유형 5

◎ 경찰 2014학년도 25번

모든 자연수 n에 대하여

$$\sum_{k=0}^{n} k(k-1)(k-2)\,_nC_k\,p^k(1-p)^{n-k} = \boxed{\text{(가)}} \times p^3$$

이 성립한다. (가)에 알맞은 식을 $f(n)$이라 할 때, $f(10)$의 값을 구하시오. (단, $0<p<1$)   [5점]

07 유형 5

경찰 2011학년도 10번

다항식 $(x^3+3x^2+3x+a)^4$의 전개식에서 x^7의 계수가 $2^3 \times 3^5$일 때, 상수 a의 값은?

① 9　　　　　② 18　　　　　③ 27　　　　　④ 36　　　　　⑤ 45

01 유형 3

교육청 2007년 10월 나형 7번

그림은 합동인 정사각형 15개를 연결하여 만든 도형을 나타낸 것이다. 이 도형의 선들로 이루어질 수 있는 직사각형의 개수는? [4점]

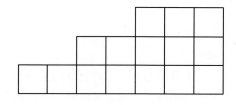

① 64   ② 68   ③ 72   ④ 76   ⑤ 80

02 유형 5

사관 2018학년도 나형 25번

$\left(x^n + \dfrac{1}{x}\right)^{10}$의 전개식에서 상수항이 45일 때, 자연수 n의 값을 구하시오. [3점]

01 확률의 뜻과 활용 및 조건부확률

01 시행과 사건

(1) **시행**: 같은 조건에서 반복할 수 있고 그 결과가 우연에 의해 결정되는 실험이나 관찰을 시행이라 한다.

(2) **표본공간**: 어느 시행에서 일어날 수 있는 모든 결과의 집합을 표본공간이라 한다.

(3) **사건**: 시행의 각 결과를 사건이라 한다.

(4) **표본공간 S의 두 사건 A, B에 대하여**

① A 또는 B가 일어나는 사건을 A와 B의 합사건이라 하고, 기호로 $A \cup B$로 나타낸다. 또, A와 B가 동시에 일어나는 사건을 A와 B의 곱사건이라 하고, 기호로 $A \cap B$로 나타낸다.

② A와 B가 동시에 일어나지 않을 때, 즉 $A \cap B = \varnothing$일 때, A와 B는 서로 배반사건이라 한다.

③ A가 일어나지 않는 사건을 A의 여사건이라 하고, 기호로 A^c로 나타낸다.

• A와 A^c는 서로 배반사건이다.

02 확률

(1) **확률**: 어떤 시행에서 사건 A가 일어날 가능성을 수로 나타낸 것을 사건 A가 일어날 확률이라 하고, 기호로 $\mathrm{P}(A)$로 나타낸다.

(2) **수학적 확률**: 표본공간 S에 대하여 각 한 개의 원소로 이루어진 사건이 일어날 가능성이 모두 같은 정도로 기대될 때, 다음 식과 같이 사건 A가 일어날 확률 $\mathrm{P}(A)$를 수학적 확률이라 한다.

$$\mathrm{P}(A) = \frac{n(A)}{n(S)} = \frac{(\text{사건 } A\text{가 일어나는 경우의 수})}{(\text{일어날 수 있는 모든 경우의 수})}$$

(3) **통계적 확률**: 같은 시행을 n번 반복하여 사건 A가 일어난 횟수를 r_n이라 할 때, 시행횟수 n이 한없이 커짐에 따라 그 상대도수 $\dfrac{r_n}{n}$이 일정한 값 p에 가까워지면 이 값 p를 사건 A의 통계적 확률이라 한다.

• 시행횟수가 충분히 커지면 통계적 확률은 수학적 확률에 가까워진다.

03 확률의 기본성질

표본공간이 S인 어떤 시행에서

(1) 임의의 사건 A에 대하여 $0 \leq \mathrm{P}(A) \leq 1$

(2) 반드시 일어나는 사건 S에 대하여 $\mathrm{P}(S) = 1$

(3) 절대로 일어나지 않는 사건 $\varnothing$에 대하여 $\mathrm{P}(\varnothing) = 0$

04 확률의 덧셈정리

표본공간 S의 두 사건 A, B에 대하여

$P(A \cup B) = P(A) + P(B) - P(A \cap B)$

• 두 사건 A, B가 서로 배반사건이면
$P(A \cup B) = P(A) + P(B)$

05 여사건의 확률

사건 A의 여사건 A^c에 대하여 $P(A^c) = 1 - P(A)$

06 조건부확률

(1) **조건부확률**: 확률이 0이 아닌 두 사건 A, B에 대하여 사건 A가 일어났다는 가정하에 사건 B가 일어날 확률을 사건 A가 일어났을 때의 사건 B의 조건부확률이라 하고, 기호로 $P(B|A)$로 나타낸다.

(2) 사건 A가 일어났을 때 사건 B의 조건부확률은

$$P(B|A) = \frac{P(A \cap B)}{P(A)} \quad (\text{단, } P(A) > 0)$$

• $P(B|A)$는 A를 새로운 표본공간으로 생각하여 A에서 사건 $A \cap B$가 일어날 확률을 뜻한다.

07 확률의 곱셈정리

$P(A) > 0$, $P(B) > 0$일 때, 두 사건 A, B가 동시에 일어날 확률은

$P(A \cap B) = P(A)P(B|A) = P(B)P(A|B)$

08 사건의 독립과 종속

(1) **사건의 독립**

두 사건 A, B에 대하여 사건 A가 일어나거나 일어나지 않는 것이 사건 B가 일어날 확률에 영향을 주지 않을 때, 즉

$P(B|A) = P(B|A^c) = P(B)$

일 때, 두 사건 A와 B는 서로 독립이라 한다.

• 두 사건 A, B가 서로 독립이면 A와 B^c, A^c와 B, A^c와 B^c도 각각 서로 독립이다.

(2) **사건의 종속**

두 사건 A와 B가 서로 독립이 아닐 때, 즉

$P(A|B) \neq P(A)$ 또는 $P(B|A) \neq P(B)$

일 때, 두 사건 A와 B는 서로 종속이라 한다.

(3) 두 사건 A와 B가 서로 독립이기 위한 필요충분조건은

$P(A \cap B) = P(A)P(B)$ (단, $P(A) > 0$, $P(B) > 0$)

09 독립시행의 확률

(1) **독립시행**: 동일한 시행을 반복할 때, 각 시행에서 일어나는 사건이 서로 독립인 경우, 이 시행을 독립시행이라 한다.

(2) 어떤 시행에서 사건 A가 일어날 확률이 p일 때, 이 시행을 n회 반복하는 독립시행에서 사건 A가 r회 일어날 확률은

$_n\mathrm{C}_r p^r (1-p)^{n-r}$ (단, $r = 0, 1, 2, \cdots, n$)

유형 1 ★ 수학적 확률

한 개의 주사위를 두 번 던져 나오는 눈의 수를 차례로 a, b라 하고 복소수 z를 $z=a+2bi$라 할 때, $z+\dfrac{z}{i}$가 실수일 확률은? [3점]

① $\dfrac{1}{6}$ ② $\dfrac{1}{9}$ ③ $\dfrac{1}{12}$ ④ $\dfrac{1}{15}$ ⑤ $\dfrac{1}{18}$

풀이 $z=a+2bi$이므로,

$z+\dfrac{z}{i}=a+2bi-ai+2b=a+2b+(2b-a)i$

따라서 이 값이 실수가 되려면 $a=2b$이어야 한다.

이때 가능한 순서쌍 $(a,\ b)$는 $(2,\ 1)$, $(4,\ 2)$, $(6,\ 3)$으로 총 3개이다.

$(a,\ b)$의 전체 경우의 수는

$6 \times 6 = 36$

따라서 구하는 확률은 $\dfrac{3}{36}=\dfrac{1}{12}$

답 ③

TIP
주어진 식을 정리하여 실수 부분과 허수 부분을 a, b에 대한 식으로 나타낸다.

유형2 ★ 조합을 이용한 수학적 확률

서로 다른 6개의 물건을 남김없이 서로 다른 3개의 상자에 임의로 분배할 때, 빈 상자가 없도록 분배할 확률은?

[4점]

① $\dfrac{2}{3}$　　② $\dfrac{19}{27}$　　③ $\dfrac{20}{27}$　　④ $\dfrac{7}{9}$　　⑤ $\dfrac{22}{27}$

풀이 빈 상자가 하나라도 있는 경우는 다음과 같다.

(ⅰ) 상자 1개에 물건을 모두 분배할 때

　　3개의 상자 중 1개를 고른 후 각 물건을 분배하는 경우

　　$_3C_1 \cdot 1^6 = 3$

(ⅱ) 상자 2개에 물건을 모두 분배할 때 (이때, 분배된 2개의 상자 중 빈 상자는 없어야 한다)

　　3개의 상자 중 2개를 고른 후 중복을 허용하여 분배하는 경우

　　$_3C_2 \cdot 2^6 = 192$

　　이 경우의 수에는 1개의 상자에 모든 물건이 분배되는 경우의 수 6이 포함된다(상자 2개를 고를 때마다 각 상자 당 1번씩 포함된다.).

　　1개의 상자에 물건을 분배하는 경우의 수는 (ⅰ)에서 고려했으므로 6은 빼준다.

　　$\therefore 192 - 6 = 186$

따라서 구하는 확률은

$1 - \dfrac{3 + 186 - 6}{3^6} = \dfrac{20}{27}$

답 ③

TIP
빈 상자가 하나라도 있는 경우의 확률을 모두 구하여 제외한다.

유형 3 ★ 확률의 덧셈정리

3의 배수인 세 자리의 자연수 중에서 하나를 뽑을 때, 일의 자리의 수 또는 십의 자리의 수 또는 백의 자리의 수가 9인 자연수를 뽑을 확률은?

① $\dfrac{13}{50}$　　　② $\dfrac{7}{25}$　　　③ $\dfrac{3}{10}$　　　④ $\dfrac{8}{25}$　　　⑤ $\dfrac{17}{50}$

풀이 3의 배수인 세 자리의 자연수 : $3 \times 34 = 102 \cdots 3 \times 333 = 999$

따라서 총 300개이다.

이때, 세 사건 A, B, C를 다음과 같이 정의하면

A : 일의 자리가 9

자연수가 3의 배수가 되려면 각 자리 수의 합이 3의 배수여야 한다. 일의 자리가 이미 3의 배수이므로 십의 자리와 백의 자리의 숫자의 합이 3의 배수가 되어야 한다. 이때 백의 자리는 0이 될 수 없기 때문에 두 자리 3의 배수의 개수를 구하면

$3 \times 4 = 12 \cdots 3 \times 33 = 99$

총 30개이다.

$\therefore \ \mathrm{P}(A) = \dfrac{30}{300}$

B : 십의 자리가 9

A를 구한 방법으로 일의 자리와 백의 자리를 생각해 보면 경우의 수가 같다.

$\therefore \ \mathrm{P}(B) = \dfrac{30}{300}$

C : 백의 자리가 9

백의 자리가 9이기 때문에 한 자리 및 두 자리 3의 배수를 구하면

$3 \times 0 = 0 \cdots 3 \times 33 = 99$

총 34개이다.

이때, 십의 자리와 일의 자리가 0일 수 있으므로 0도 포함시킨다.

$\therefore \ \mathrm{P}(C) = \dfrac{34}{300}$

$\mathrm{P}(A \cap B)$: 백의 자리가 3, 6, 9인 3가지 경우이므로 $\dfrac{3}{300}$

$\mathrm{P}(B \cap C)$: 일의 자리가 0, 3, 6, 9인 4가지 경우이므로 $\dfrac{4}{300}$

$\mathrm{P}(C \cap A)$: 십의 자리가 0, 3, 6, 9인 4가지 경우이므로 $\dfrac{4}{300}$

$\mathrm{P}(A \cap B \cap C)$: 각 자리의 숫자가 모두 9인 경우이므로 $\dfrac{1}{300}$

구하고자 하는 확률은

$\mathrm{P}(A \cup B \cup C) = \mathrm{P}(A) + \mathrm{P}(B) + \mathrm{P}(C) - \mathrm{P}(A \cap B) - \mathrm{P}(B \cap C) - \mathrm{P}(C \cap A) + \mathrm{P}(A \cap B \cap C)$

$\qquad\qquad\qquad = \dfrac{30 + 30 + 34 - 3 - 4 - 4 + 1}{300} = \dfrac{84}{300} = \dfrac{7}{25}$

답 ②

TIP

일의 자리의 수가 9인 사건, 십의 자리가 9인 사건, 백의 자리가 9인 사건으로 나누어 생각한다.

유형 4 ★ 확률의 곱셈정리

어떤 프로파일러가 사람을 면담한 후 범인 여부를 판단할 확률이 다음과 같다.

> • 범행을 저지른 사람을 범인으로 판단할 확률은 0.99이다.
>
> • 범행을 저지르지 않은 사람을 범인으로 판단할 확률은 0.04이다.

이 프로파일러가 범행을 저지른 사람 20명과 범행을 저지르지 않은 사람 80명으로 이루어진 집단에서 임의로
한 명을 선택하여 면담하였을 때, 이 사람을 범인으로 판단할 확률은?   [4점]

① 0.2   ② 0.21   ③ 0.22   ④ 0.23   ⑤ 0.24

풀이 범행을 저지른 사람 내에서 범인으로 판단할 확률 :

$$\frac{20}{100} \times \frac{99}{100} = \frac{1980}{10000}$$

범행을 저지르지 않은 사람 내에서 범인으로 판단할 확률 :

$$\frac{80}{100} \times \frac{4}{100} = \frac{320}{10000}$$

따라서 사람을 범인으로 판단할 확률은

$$\frac{1980+320}{10000} = 0.23$$

답 ④

TIP
범행을 저지른 사람 내에서 범인으로 판단할 확률과 범행을 저지르지 않은 사람 내에서 범인으로 판단할 확률을 나누어 생각한다.

유형 5 ★ 독립사건과 종속사건

일어날 확률이 $p(p \neq 0)$인 사건이 일어날 때 놀람의 정도를 $S(p)$라 하면 관계식

$$S(p) = \log_2 \frac{1}{p^c} \quad (C\text{는 양의 상수})$$

이 성립한다고 한다. 일어날 확률이 $\frac{1}{2}$인 사건이 일어날 때 놀람의 정도는 1이고, 두 사건 A, B는 다음 조건을 만족시킨다.

> (가) A는 5개의 동전을 던질 때 앞면이 4개 나오는 사건이다.
>
> (나) B는 A와 서로 독립이다.

두 사건 A, B가 동시에 일어날 때 놀람의 정도가 7일 때, 사건 B가 일어날 때 놀람의 정도는? (단, $\log 2 = 0.3$으로 계산한다.)

[5점]

① $\dfrac{11}{3}$　　② $\dfrac{13}{3}$　　③ $\dfrac{15}{3}$　　④ $\dfrac{17}{3}$　　⑤ $\dfrac{19}{3}$

풀이 $S\left(\dfrac{1}{2}\right) = \log_2 2^C = C = 1$

$\therefore S(p) = -\log_2 p$

$P(A) = \dfrac{{}_5C_4}{2^5} = \dfrac{5}{32}$이고, $P(B) = q$라고 하면

$P(A \cap B) = P(A)P(B) = \dfrac{5}{32}q$

(A와 B가 독립사건이므로)

$\therefore S\left(\dfrac{5}{32}q\right) = -(\log_2 5q - \log_2 32) = 5 - \log_2 5q = 7$

$\log_2 5q = -2$에서 $5q = \dfrac{1}{4}$, $q = \dfrac{1}{20}$

$S\left(\dfrac{1}{20}\right) = \log_2 20 = 2\log_2 2 + \log_2 5$

$\qquad = 2 + \dfrac{1 - \log 2}{\log 2} = 2 + \dfrac{0.7}{0.3} = \dfrac{13}{3}$

답 ②

TIP

두 사건 A, B가 서로 독립이면
$P(A \cap B) = P(A)P(B)$

유형 6 ★ 독립시행

좌석의 수가 50인 어느 식당에서 예약한 사람이 예약을 취소하는 경우가 10명 중 1명꼴이라고 한다. 52명이 예약했을 때, 좌석이 부족하게 될 확률은 $p \times 0.9^{52}$이다. p의 값은? [4점]

① $\dfrac{61}{9}$　　　　② 7　　　　③ $\dfrac{65}{9}$　　　　④ $\dfrac{67}{9}$　　　　⑤ $\dfrac{23}{3}$

풀이 예약을 취소하는 사람의 수에 대한 확률변수를 X라고 하면

$P(X=x) = {}_{52}C_x (0.1)^x (0.9)^{52-x}$

따라서 좌석이 부족해질 확률은

예약을 취소한 손님 수가 0명 또는 1명일 때의 확률이므로

${}_{52}C_0 (0.1)^0 (0.9)^{52} + {}_{52}C_1 (0.1)^1 (0.9)^{51} = \dfrac{61}{9}(0.9)^{52}$

$\therefore p = \dfrac{61}{9}$

답 ①

TIP
예약을 취소한 손님 수가 0명 또는 1명일 때의 확률을 구하면 된다.

01 유형1

경찰 2014학년도 6번

7개의 문자 a, b, c, d, e, f, g 중에서 중복을 허락하여 3개를 선택하여 문자열을 만들 때, 문자열이 e를 반드시 포함할 확률은? [4점]

① $\dfrac{121}{343}$ ② $\dfrac{123}{343}$ ③ $\dfrac{125}{343}$ ④ $\dfrac{127}{343}$ ⑤ $\dfrac{129}{343}$

02 유형1

경찰 2013학년도 11번

세 개의 주사위를 동시에 던질 때, 세 주사위에 나타난 눈의 수가 2, 5, 3 또는 1, 1, 2 또는 6, 4, 2와 같이 두 주사위에 나타난 눈의 수의 합이 나머지 주사위의 눈의 수와 같을 확률은?

① $\dfrac{1}{6}$ ② $\dfrac{2}{9}$ ③ $\dfrac{5}{24}$ ④ $\dfrac{1}{4}$ ⑤ $\dfrac{5}{18}$

03 유형 1

◎ 경찰 2012학년도 15번

경찰대학 체력측정에서 참가자의 약 94%(오차의 한계 0.5%)가 정해진 기준을 만족시켰다고 한다. 이때, 가능한 참가자 수의 최솟값은?

① 12   ② 13   ③ 16   ④ 18   ⑤ 25

04 유형 2

◎ 경찰 2015학년도 4번

1부터 10까지 자연수가 하나씩 적혀 있는 10개의 공이 주머니에 들어 있다. 이 주머니에서 3개의 공을 임의로 한 개씩 꺼낼 때, 나중에 꺼낸 공에 적혀 있는 수가 더 큰 순서로 꺼낼 확률은? (단, 꺼낸 공은 다시 넣지 않는다.)   [3점]

① $\dfrac{1}{2}$ ② $\dfrac{1}{3}$ ③ $\dfrac{1}{5}$ ④ $\dfrac{1}{6}$ ⑤ $\dfrac{1}{8}$

05 유형 2

경찰 2012학년도 23번

1부터 5까지의 자연수가 하나씩 적힌 5개의 공이 각각 들어 있는 두 상자 A, B가 있다. A, B에서 임의로 각각 4개의 공을 동시에 뽑아 네 자리 자연수 a, b를 만든다. 이때, a와 b를 서로 같은 자리의 수끼리 비교하였을 때, 어느 자리의 수도 서로 같지 않을 확률은?

① $\dfrac{49}{120}$　　② $\dfrac{17}{40}$　　③ $\dfrac{53}{120}$　　④ $\dfrac{11}{24}$　　⑤ $\dfrac{19}{40}$

06 유형 3

경찰 2018학년도 14번

홀수의 눈이 나올 때까지 주사위를 던지는 시행을 반복한다. 10회 이하에서 1의 눈이 나와 시행을 멈출 확률은? 　[4점]

① $\dfrac{335}{1024}$　　② $\dfrac{337}{1024}$　　③ $\dfrac{339}{1024}$　　④ $\dfrac{341}{1024}$　　⑤ $\dfrac{343}{1024}$

01 유형 4

◉ 사관 2014학년도 A형 7번

자연수 n에 대하여 한 개의 주사위를 반복하여 던져서 나오는 눈의 수에 따라 다음과 같은 규칙으로 a_n을 정한다.

> (가) $a_1=0$이고, $a_n(n\geq2)$는 세 수 $-1,0,1$ 중 하나이다.
>
> (나) 주사위를 n번째 던져서 나온 눈의 수가 짝수이면 a_{n+1}은 a_n이 아닌 두 수 중에서 작은 수이고, 홀수이면 a_{n+1}은 a_n이 아닌 두 수 중에서 큰 수이다.

<보기>에서 옳은 것만을 있는 대로 고른 것은?   [4점]

┌─── 보 기 ───┐

ㄱ. $a_2=1$일 확률은 $\dfrac{1}{2}$이다.

ㄴ. $a_3=1$일 확률과 $a_4=0$일 확률은 서로 같다.

ㄷ. $a_9=0$일 확률이 p이면 $a_{11}=0$일 확률은 $\dfrac{1-p}{4}$이다.

① ㄱ   ② ㄷ   ③ ㄱ, ㄴ   ④ ㄴ, ㄷ   ⑤ ㄱ, ㄴ, ㄷ

02 유형 5

◉ 사관 2011학년도 문과 11번

어느 지역에서 사관학교에 지원한 학생들을 대상으로 안경 착용 여부를 조사하였더니 그 결과가 다음 표와 같았다.

	남학생	여학생
안경을 쓴 학생	n명	100명
안경을 안 쓴 학생	180명	$(n+30)$명

이 학생들 중에서 임의로 한 명을 선택할 때, 그 학생이 남학생일 사건을 A, 안경을 쓴 학생일 사건을 B라 하자. 두 사건 A, B가 서로 독립일 때, 자연수 n의 값은?   [3점]

① 80   ② 100   ③ 120   ④ 150   ⑤ 180

03 유형 6

사관 2017학년도 나형 17번

주머니에 1, 2, 3, 4, 5의 숫자가 하나씩 적혀 있는 다섯 개의 구슬이 들어 있다. 주머니에서 임의로 한 개의 구슬을 꺼내어 구슬에 적혀 있는 숫자를 확인한 후 다시 넣는다.

이와 같은 시행을 4회 반복하여 얻은 4개의 수 중에서 3개의 수의 합의 최댓값을 N이라 하자. 다음은 $N \geq 14$일 확률을 구하는 과정이다.

(i) $N=15$인 경우

5가 적힌 구슬이 4회 나올 확률은 $\dfrac{1}{625}$이고,

5가 적힌 구슬이 3회, 4 이하의 수가 적힌 구슬

중 한 개가 1회 나올 확률은 $\dfrac{\boxed{(가)}}{625}$이다.

(ii) $N=14$인 경우

5가 적힌 구슬이 2회, 4가 적힌 구슬이 2회 나올 확률은 $\dfrac{6}{625}$이고, 5가 적힌 구슬이 2회, 4가 적힌

구슬이 1회, 3 이하의 수가 적힌 구슬 중 한개가 1회 나올 확률은 $\dfrac{\boxed{(나)}}{625}$이다.

(i), (ii)에서 구하는 확률은 $\dfrac{\boxed{(다)}}{625}$이다.

위의 (가), (나), (다)에 알맞은 수를 각각 p, q, r라 할 때, $p+q+r$의 값은? [4점]

① 96   ② 101   ③ 106   ④ 111   ⑤ 116

04 유형 6

여섯 면에 1부터 6까지의 자연수가 각각 하나씩 적혀 있는 정육면체 모양의 주사위가 있다. 이 주사위를 100번 반복하여 던질 때, 3의 배수가 k번 나올 확률을 $P(k)$라 하자. $\sum_{k=1}^{50}\{P(2k-1)-P(2k)\}$의 값은? [4점]

① $\left(\dfrac{1}{3}\right)^{100}$

② $\left(\dfrac{2}{3}\right)^{100}-\left(\dfrac{1}{3}\right)^{100}$

③ $\left(\dfrac{1}{3}\right)^{100}-\left(\dfrac{2}{3}\right)^{100}$

④ $\left(\dfrac{2}{3}\right)^{50}-\left(\dfrac{1}{3}\right)^{50}$

⑤ $\left(\dfrac{1}{3}\right)^{50}-\left(\dfrac{2}{3}\right)^{50}$

01 확률분포와 정규분포

01 확률변수

(1) **확률변수**: 어떤 시행에서 표본공간의 각 원소에 하나의 실수 값을 대응시 킨 함수를 확률변수라 하고, 확률변수 X가 어떤 값 x를 가질 확률을 기호 로 $P(X=x)$로 나타낸다.

(2) **이산확률변수**: 확률변수 X가 가질 수 있는 값을 셀 수 있을 때, X를 이산 확률변수라 한다.

> • 확률변수는 보통 X, Y, Z 등으로 나타내고, 확률변수가 가질 수 있 는 값은 x, y, z 등으로 나타낸다.

02 이산확률변수의 확률질량함수

(1) **확률분포의 확률질량함수**

이산확률변수 X가 취할 수 있는 값 x_1, x_2, x_3, $\cdots$, x_n과 같이 X가 각 값을 취할 확률 p_1, p_2, p_3, $\cdots$, p_n의 대응 관계를 이산확률변수 X의 확률분포라 하고, 그 관계식

$$P(X=x_i)=p_i \ (i=1, 2, 3, \cdots, n)$$

를 이산확률변수 X의 확률질량함수라 한다.

(2) **확률질량함수의 성질**

이산확률변수 X의 확률질량함수

$$P(X=x_i)=p_i \ (i=1, 2, 3, \cdots, n)$$

에 대하여

① $0 \leq P(X=x_i) \leq 1$

② $\sum_{i=1}^{n} P(X=x_i)=p_1+p_2+p_3+\cdots+p_n=1$

③ $P(x_i \leq X \leq x_j)=p_i+p_{i+1}+\cdots+p_j=\sum_{k=i}^{j} P(X=x_k)$

> • 확률변수 X가 a이상 b이하의 값을 가질 확률은 $P(a \leq X \leq b)$로 나타 낸다.

03 이산확률변수의 기댓값, 분산, 표준편차

이산확률변수 X의 확률질량함수

$$P(X=x_i)=p_i \ (i=1, 2, 3, \cdots, n)$$

에 대하여

(1) **기댓값**: $E(X)=x_1 p_1+x_2 p_2+\cdots+x_n p_n=\sum_{i=1}^{n} x_i p_i$

(2) **분산**: $V(X)=E\big((X-m)^2\big)=\sum_{i=1}^{n}(x_i-m)^2 p_i=E(X^2)-\{E(X)\}^2$

(단, $m=E(X)$)

(3) **표준편차**: $\sigma(X)=\sqrt{V(X)}$

> • $\sigma(X)$에서 σ는 시그마라 읽는다.

04 이산확률변수 $aX+b$의 평균, 분산, 표준편차

이산확률변수 X와 두 상수 a, $b(a\neq0)$에 대하여 $Y=aX+b(a, b$는 상수, $a\neq0)$라 하면

(1) $\begin{aligned}\mathrm{E}(Y)&=\mathrm{E}(aX+b)\\&=\sum_{i=1}^{n}(ax_i+b)p_i=a\sum_{i=1}^{n}x_ip_i+b\sum_{i=1}^{n}p_i\\&=a\mathrm{E}(X)+b\end{aligned}$

(2) $\begin{aligned}\mathrm{V}(Y)&=\mathrm{V}(aX+b)\\&=\sum_{i=1}^{n}\{(ax_i+b)-\mathrm{E}(Y)\}^2p_i\\&=\sum_{i=1}^{n}\{(ax_i+b)-(a\mathrm{E}(X)+b)\}^2p_i\\&=a^2\sum_{i=1}^{n}(x_i-\mathrm{E}(X))^2p_i\\&=a^2\mathrm{V}(X)\end{aligned}$

(3) $\begin{aligned}\sigma(Y)&=\sigma(aX+b)\\&=\sqrt{\mathrm{V}(Y)}=\sqrt{\sigma^2\mathrm{V}(X)}\\&=|a|\sigma(X)\end{aligned}$

05 이항분포

(1) **이항분포**: 1회의 시행에서 사건 A가 일어날 확률이 p일 때, n회의 독립시행에서 사건 A가 일어나는 횟수를 X라 하면 확률변수 X의 확률분포는 다음과 같다.

$$P(X=r)={}_n\mathrm{C}_rp^rq^{n-r} \ (q=1-p, r=0, 1, 2, \cdots, n)$$

이와 같은 X의 확률분포를 이항분포라 하고, 기호로 $\mathrm{B}(n, p)$로 나타낸다.

(2) 확률변수 X가 이항분포 $\mathrm{B}(n, p)($단, $q=1-p)$를 따를 때,

① $\mathrm{E}(X)=np$

② $\mathrm{V}(X)=npq$

③ $\sigma(X)=\sqrt{npq}$

* ${}_n\mathrm{C}_r$은 n번의 시행에서 사건 A가 r번 일어나는 경우의 수이며, p^rq^{n-r}은 각 경우의 확률이다.

06 큰 수의 법칙

어떤 시행에서 사건 A가 일어날 수학적 확률이 p이고, n회의 독립시행에서 사건 A가 일어나는 횟수를 X라 할 때, 임의의 양수 h에 대하여 n의 값이 한없이 커질수록 $P\left(\left|\dfrac{X}{n}-p\right|<h\right)$는 1에 가까워진다. 즉, n의 값이 한없이 커질수록 통계적 확률은 수학적 확률에 가까워진다. 이것을 큰 수의 법칙이라고 한다.

07 연속확률변수와 확률밀도함수

(1) **연속확률변수**: 확률변수 X가 어떤 범위에 속하는 모든 실수값을 취할 때, X를 연속확률변수라 한다.

(2) **확률밀도함수**: $\alpha \leq X \leq \beta$에서 모든 실수값을 취할 수 있는 연속확률변수 X에 대하여 $\alpha \leq X \leq \beta$에서 정의된 함수 $f(x)$가 다음 세 가지 성질을 만족시킬 때, 함수 $f(x)$를 확률변수 X의 확률밀도함수라 한다.

① $f(x) \geq 0$

② $y = f(x)$의 그래프와 x축 및 두 직선 $x = \alpha$, $x = \beta$로 둘러싸인 부분의 넓이는 1이다.

③ $P(a \leq X \leq b)$는 $y = f(x)$의 그래프와 x축 및 두 직선 $x = a$, $x = b$ (단, $\alpha \leq a \leq b \leq \beta$)로 둘러싸인 부분의 넓이와 같다.

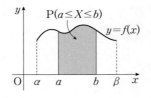

(3) 연속확률변수 X가 특정한 값을 가질 확률은 0, 즉 상수 c에 대하여 $P(X = c) = 0$이므로

$$P(a \leq X \leq b) = P(a \leq X < b) = P(a < X \leq b) = P(a < X < b)$$

* 키, 길이, 무게, 온도는 그 변화가 특정 구간에서 끊어지지 않고 이루어지므로 연속확률변수이다.

08 정규분포

(1) **정규분포**

연속확률변수 X가 모든 실수값을 취하고, 그 확률밀도함수 $f(x)$가 두 상수 m, $\sigma(\sigma > 0)$에 대하여

$$f(x) = \frac{1}{\sqrt{2\pi}\,\sigma} e^{-\frac{(x-m)^2}{2\sigma^2}} \quad (-\infty < x < \infty)$$

으로 주어질 때, X의 확률분포를 정규분포라 한다.

① 확률밀도함수 $f(x)$의 그래프는 오른쪽 그림과 같고, 이 곡선을 정규분포곡선이라 한다.

② X의 평균은 m, X의 분산은 σ^2이다.

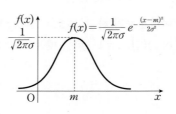

(2) 평균과 분산이 각각 m, σ^2인 정규분포를 기호로 $N(m, \sigma^2)$으로 나타내고, 확률변수 X는 정규분포 $N(m, \sigma^2)$을 따른다고 한다.

* e는 $2.7182818\cdots$인 무리수이다.

09 정규분포곡선의 성질

정규분포 $N(m, \sigma^2)$을 따르는 확률분포 X의 정규분포곡선은

(1) 직선 $x = m$에 대하여 대칭인 종 모양의 곡선이다.

(2) x축을 점근선으로 하며 $x = m$일 때 최댓값 $\dfrac{1}{\sqrt{2\pi}\,\sigma}$을 가진다.

(3) 곡선과 x축 사이의 넓이는 1이다.

(4) m의 값이 일정할 때, σ의 값이 클수록 곡선의 가운데 부분이 낮아지고 양쪽으로 퍼지는 모양이 된다.

(5) σ의 값이 일정할 때, m의 값이 변하면 대칭축의 위치는 바뀌지만 곡선의 모양은 변하지 않는다.

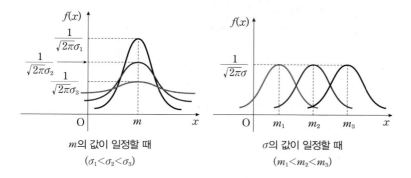

m의 값이 일정할 때
$(\sigma_1 < \sigma_2 < \sigma_3)$

σ의 값이 일정할 때
$(m_1 < m_2 < m_3)$

10 표준정규분포

(1) **표준정규분포**: 평균이 0, 분산이 1인 정규분포 $N(0, 1)$을 표준정규분포라 하고, 확률변수 Z가 표준정규분포 $N(0, 1)$을 따를 때, Z의 확률밀도함수는

$$f(z) = \frac{1}{\sqrt{2\pi}} e^{-\frac{z^2}{2}} \ (-\infty < z < \infty)$$

(2) **정규분포의 표준화**

확률변수 X가 정규분포 $N(m, \sigma^2)$을 따를 때, 확률변수

$$Z = \frac{X-m}{\sigma}$$

은 표준정규분포 $N(0, 1)$을 따른다.

(3) **표준정규분포에서 확률 구하기**

$0 < a < b$에 대하여 확률변수 Z가 표준정규분포를 따를 때,

① $P(Z \geq 0) = 0.5$

② $P(Z \geq a) = 0.5 - P(0 \leq Z \leq a)$

③ $P(a \leq Z \leq b) = P(0 \leq Z \leq b) - P(0 \leq Z \leq a)$

④ $P(-a \leq Z \leq 0) = P(0 \leq Z \leq a)$

11 이항분포와 정규분포의 관계

확률변수 X가 이항분포 $B(n, p)$를 따를 때, n이 충분히 크면 X는 근사적으로 정규분포 $N(np, npq)$를 따른다. (단, $q = 1 - p$)

❯ 경찰 2016학년도 17번

유형 1 ★ **이산확률변수의 기댓값과 분산**

눈의 수가 1부터 6까지인 주사위를 던져서 눈의 수가 1 또는 6이 나올 때까지 반복한다. 한 번 던지고 중지하면 1000원을 받고, 두 번 던지고 중지하면 2000원을 받는다. 이와 같이 계속하여 n번 던지고 중지하면 $n \times 1000$원을 받을 때, 받는 돈의 기댓값은? [5점]

① 1000원　　　② 1500원　　　③ 2000원　　　④ 2500원　　　⑤ 3000원

풀이 n번 던지고 중지하는 경우의 확률을 $\mathrm{P}(n)$이라고 하면

$$\mathrm{P}(n) = \left(\frac{4}{6}\right)^{n-1} \cdot \frac{2}{6} = \frac{1}{3}\left(\frac{2}{3}\right)^{n-1}$$

따라서 기댓값을 $\sum\limits_{n=1}^{\infty} \frac{1000n}{3}\left(\frac{2}{3}\right)^{n-1} = S$ …… ㉠

라고 하면

$$\sum\limits_{n=1}^{\infty} \frac{1000n}{3}\left(\frac{2}{3}\right)^{n} = \frac{2}{3}S$$ …… ㉡

따라서 ㉠과 ㉡의 차를 구하면

$$\frac{1}{3}S = \frac{1000}{3} + \frac{1000}{3}\sum\limits_{n=1}^{\infty}\left(\frac{2}{3}\right)^{n} = \frac{1000}{3}\left(1 + \frac{\frac{2}{3}}{1 - \frac{2}{3}}\right) = 1000$$

$$\therefore \ S = 3000$$

답 ⑤

TIP

n번 던지고 중지하는 경우의 확률을 등비수열의 형태로 나타내어, 이를 이용하여 기댓값을 급수의 형태로 나타낸다.

유형2 ★ 이산확률변수 $aX+b$의 기댓값과 분산

두 개의 주사위를 던져 나오는 눈의 수 중 크거나 같은 수를 확률변수 X라 할 때, $E(6X)=\dfrac{p}{q}$이다. $p+q$의 값을 구하시오. (단, p, q는 서로소인 자연수)

[4점]

풀이 두 개의 주사위를 던져 나오는 눈을 (a, b)라고 나타내자. 각 확률변수가 나오는 경우를 따져보면 다음과 같다.

$X=1 : (1, 1)$

$X=2 : (2, 1), (2, 2), (1, 2)$

$X=3 : (3, 1), (3, 2), (3, 3), (2, 3), (1, 3)$

$X=4 : (4, 1), (4, 2), (4, 3), (4, 4), (3, 4), (2, 4), (1, 4)$

$X=5 : (5, 1), (5, 2), (5, 3), (5, 4), (5, 5), (4, 5), (3, 5), (2, 5), (1, 5)$

$X=6 : (6, 1), (6, 2), (6, 3), (6, 4), (6, 5), (6, 6), (5, 6), (4, 6), (3, 6), (2, 6), (1, 6)$

확률변수 X에 대한 확률을 구해 보면

X	1	2	3	4	5	6
$P(X)$	$\dfrac{1}{36}$	$\dfrac{3}{36}$	$\dfrac{5}{36}$	$\dfrac{7}{36}$	$\dfrac{9}{36}$	$\dfrac{11}{36}$

$\therefore E(6X)=6E(X)=6\sum\limits_{k=1}^{6}k\left(\dfrac{2k-1}{36}\right)=\dfrac{1}{6}\sum\limits_{k=1}^{6}(2k^2-k)=\dfrac{161}{6}$

$\therefore p+q=167$

답 167

TIP 각 확률변수에 대한 확률을 구한다.
이때 $E(aX)=aE(X)$

유형 3 ★ **이항분포**

확률변수 X가 이항분포 $\mathrm{B}(n, p)$를 따르고 $\mathrm{E}(X^2)=40$, $\mathrm{E}(3X+1)=19$일 때, $\dfrac{\mathrm{P}(X=1)}{\mathrm{P}(X=2)}$의 값은? [4점]

① $\dfrac{4}{17}$ ② $\dfrac{7}{17}$ ③ $\dfrac{10}{17}$ ④ $\dfrac{13}{17}$ ⑤ $\dfrac{16}{17}$

풀이 $\mathrm{E}(3X+1)=3\mathrm{E}(X)+1=19$

$\therefore \mathrm{E}(X)=6$, $np=6$

$\mathrm{V}(X)=\mathrm{E}(X^2)-\{\mathrm{E}(X)\}^2=40-36=4$, $np(1-p)=4$

$\therefore p=\dfrac{1}{3}$, $n=18$

$\therefore \dfrac{\mathrm{P}(X=1)}{\mathrm{P}(X=2)}=\dfrac{{}_{18}\mathrm{C}_1\left(\dfrac{1}{3}\right)^1\left(\dfrac{2}{3}\right)^{17}}{{}_{18}\mathrm{C}_2\left(\dfrac{1}{3}\right)^2\left(\dfrac{2}{3}\right)^{16}}=\dfrac{18\times\dfrac{2}{3}}{\dfrac{18\times17}{2}\times\dfrac{1}{3}}=\dfrac{4}{17}$

답 ①

TIP

주어진 $\mathrm{E}(X)$, $\mathrm{E}(X^2)$을 이용하여 $\mathrm{E}(X)=np$, $\mathrm{V}(X)=np(1-p)$에서 n, p를 구한다.

유형 4 ★ **정규분포**

입학정원이 35명인 A학과는 올해 대학수학능력시험 4개 영역 표준점수의 총합을 기준으로 하여 성적순에 의하여 신입생을 선발한다. 올해 A학과에 지원한 수험생이 500명이고 이들의 성적은 평균 500점, 표준편차 30점인 정규분포를 따른다고 할 때, A학과에 합격하기 위한 최저점수를 아래 표준정규분포표를 이용하여 구한 것은?

[3점]

z	$P(0 \leq Z \leq z)$
0.5	0.19
1.0	0.34
1.5	0.43
2.0	0.48
2.5	0.49

① 530 ② 535 ③ 540 ④ 545 ⑤ 550

풀이 A학과에 지원한 수험생의 표준점수의 총합을 확률변수 X라 하면 $X \sim N(500, 30^2)$

이때, 수험생 500명 중 입학정원 35명만이 합격하므로 합격 최저점수를 x라 하면

$P(X \geq x) = 0.07 = P(Z \geq 1.5)$

즉, $Z = \dfrac{X - 500}{30} \geq 1.5$에서 $X \geq 545$이므로

$x = 545$

답 ④

TIP

$X \sim N(m, \sigma^2)$일 때, $Z = \dfrac{X - m}{\sigma}$로 놓으면 $Z \sim N(0, 1)$이 성립한다.

유형 5 ★ **이항분포와 정규분포의 관계**

한 개의 주사위를 72번 던질 때, 3의 배수의 눈이 30번 이상 36번 이하로 나올 확률을 아래 표준정규분포표를
이용하여 구한 것은? [3점]

z	$P(0 \leq Z \leq z)$
1.0	0.3413
1.5	0.4332
2.0	0.4772
2.5	0.4938
3.0	0.4987

① 0.0215　　　　② 0.0655　　　　③ 0.1359　　　　④ 0.1525　　　　⑤ 0.1574

풀이 주어진 상황을 이항분포로 나타내면 $B\left(72, \frac{1}{3}\right)$이고,

$72 \times \frac{1}{3} = 24$, $72 \times \frac{1}{3} \times \frac{2}{3} = 16 = 4^2$에서

정규분포 $N(24, 4^2)$에 근사한다.

3의 눈의 배수의 눈이 나오는 횟수를 확률변수 X라 하고
구하고자 하는 확률을 표준정규분포를 이용하여 바꾸면

$P(30 \leq X \leq 36) = P\left(\frac{30-24}{4} \leq Z \leq \frac{36-24}{4}\right)$

$= P(1.5 \leq Z \leq 3) = P(0 \leq Z \leq 3) - P(0 \leq Z \leq 1.5)$

$= 0.4987 - 0.4332 = 0.0655$

답 ②

TiP
이항분포 $B(n, p)$에서 n의 값이 충
분히 크면 이 이항분포는 정규분포
$N(np, npq)$에 근사한다.

(단 $q = 1 - p$)

01 유형 4

경찰 2008학년도 14번

어느 시험의 점수 분포가 평균 m, 분산 σ^2인 정규분포를 따른다고 한다. 이 시험에서 m과 $m+\sigma$ 사이의 점수는 성적 '우'를 부여할 때, '우'의 성적이 나올 확률을 아래 표준정규분포표를 이용하여 구한 것은?

z	$P(0 \leq Z \leq z)$
1.0	0.34
1.5	0.42
2.0	0.48
2.5	0.49

① 0.11　　　② 0.16　　　③ 0.34　　　④ 0.43　　　⑤ 0.48

01 유형 1

◎ 사관 2018학년도 나형 19번

1부터 $(2n-1)$까지의 자연수가 하나씩 적혀 있는 $(2n-1)$장의 카드가 있다. 이 카드 중에서 임의로 서로 다른 3장의 카드를 택할 때, 택한 3장의 카드 중 짝수가 적힌 카드의 개수를 확률변수 X라 하자. 다음은 $E(X)$를 구하는 과정이다. (단, n은 4 이상의 자연수이다.)

정수 $k(0 \leq k \leq 3)$에 대하여 확률변수 X의 값이 k일 확률은 짝수가 적혀 있는 카드 중에서 k장의 카드를 택하고, 홀수가 적혀 있는 카드 중에서 ((가) $-k$)장의 카드를 택하는 경우의 수를 전체 경우의 수로 나눈 값이므로

$$P(X=0)=\frac{n(n-2)}{2(2n-1)(2n-3)}$$

$$P(X=1)=\frac{3n(n-1)}{2(2n-1)(2n-3)}$$

$$P(X=2)=\boxed{(나)}$$

$$P(X=3)=\frac{(n-2)(n-3)}{2(2n-1)(2n-3)}$$

이다.

그러므로

$$E(X)=\sum_{k=0}^{3}\{k \times P(X=k)\}=\frac{\boxed{(다)}}{2n-1}$$

이다.

위의 (가)에 알맞은 수를 a라 하고, (나), (다)에 알맞은 식을 각각 $f(n)$, $g(n)$이라 할 때, $a \times f(5) \times g(8)$의 값은?

[4점]

① 22 ② $\dfrac{45}{2}$ ③ 23 ④ $\dfrac{47}{2}$ ⑤ 24

02 유형 2

사관 2014학년도 A형 27번

책상 위에 있는 7개의 동전 중 3개는 앞면, 4개는 뒷면이 나와 있다. 이 중 임의로 3개의 동전을 택하여 뒤집어 놓았을 때, 7개의 동전 중 앞면이 나온 동전의 개수를 확률변수 X라 하자. 확률변수 $7X$의 평균을 구하시오. [4점]

03 유형 2

사관 2013학년도 문과 28번

프로야구 한국시리즈는 두 팀이 출전하여 7번의 경기 중 4번을 먼저 이기는 팀이 우승팀이 된다. A, B 두 팀이 한국시리즈에 출전하여 우승팀이 정해지기까지 치른 경기의 수를 확률변수 X라 하자. 매 경기마다 각 팀이 이길 확률은 모두 $\frac{1}{2}$로 같다고 할 때, $E(16X)$의 값을 구하시오. (단, 두 팀이 경기를 할 때 무승부는 없다고 가정한다.) [4점]

04 유형 2

사관 2011학년도 문과 · 이과 30번

주머니 속에 빨간 공 5개, 파란 공 5개가 들어있다. 이 주머니에서 5개의 공을 동시에 꺼낼 때, 꺼낸 공 중에서 더 많은 색의 공의 개수를 확률변수 X라 하자. 예를 들어 꺼낸 공이 빨간 공 2개, 파란 공 3개이면 $X=3$이다. $Y=14X+14$라 할 때 확률변수 Y의 평균을 구하시오.

[4점]

05 유형 3

사관 2014학년도 B형 5번

주머니 속에 1, 2, 3, 4, 5의 수가 각각 하나씩 적힌 5개의 공이 들어 있다. 이 주머니에서 임의로 3개의 공을 동시에 꺼내어 적힌 수를 확인하고 다시 집어넣는 시행을 한다. 이와 같은 시행을 25회 반복할 때, 꺼낸 3개의 공에 적힌 수들 중 두 수의 합이 나머지 한 수와 같은 경우가 나오는 횟수를 확률변수 X라 하자. 확률변수 X^2의 평균 $\mathrm{E}(X^2)$의 값은?

[3점]

① 102　　　② 104　　　③ 106　　　④ 108　　　⑤ 110

06 유형 3

❯ 사관 2017학년도 나형 3번

이항분포 $B\left(n, \dfrac{1}{4}\right)$을 따르는 확률변수 X의 평균이 5일 때, 자연수 n의 값은? [2점]

① 16　　　　　② 20　　　　　③ 24　　　　　④ 28　　　　　⑤ 32

07 유형 3

❯ 교육청 2015년 10월 A형 26번

확률변수 X가 이항분포 $B(n, p)$를 따르고 $E(3X)=18$, $E(3X^2)=120$일 때, n의 값을 구하시오. [4점]

08 유형 4

사관 2018학년도 가형 11번 · 나형 13번

다음 표는 어느 고등학교의 수학 점수에 대한 성취도의 기준을 나타낸 것이다.

성취도	A	B	C	D	E
수학 점수	89점 이상	79점 이상 ~89점 미만	67점 이상 ~79점 미만	54점 이상 ~67점 미만	54점 미만

예를 들어, 어떤 학생의 수학 점수가 89점 이상이면 성취도는 A이고, 79점 이상이고 89점 미만이면 성취도는 B이다. 이 학교 학생들의 수학 점수는 평균이 67점, 표준편차가 12점인 정규분포를 따른다고 할 때, 이 학교의 학생 중에서 수학 점수에 대한 성취도가 A 또는 B인 학생의 비율을 아래 표준정규분포표를 이용하여 구한 것은? [3점]

x	$P(0 \leq Z \leq z)$
0.5	0.1915
1.0	0.3413
1.5	0.4332
2.0	0.4772

① 0.0228   ② 0.0668   ③ 0.1587   ④ 0.1915   ⑤ 0.3085

09 유형 4

사관 2015학년도 A형 14번

정규분포를 따르는 두 연속확률변수 X, Y가 다음 조건을 만족시킨다.

> (가) $Y = aX \, (a > 0)$
> (나) $P(X \leq 18) + P(Y \geq 36) = 1$
> (다) $P(X \leq 28) = P(Y \geq 28)$

$E(Y)$의 값은? [4점]

① 42   ② 44   ③ 46   ④ 48   ⑤ 50

10 유형 5

❯ 사관 2010학년도 문과 · 이과 21번

어느 자영업자의 하루 매출액은 평균이 30만원이고 표준편차가 4만원인 정규분포를 따른다고 한다. 이 자영업자는 하루 매출액이 31만원 이상일 때마다 1000원씩을 자선단체에 기부하고 31만원 미만일 때는 기부를 하지 않는다고 한다. 이와 같은 추세가 계속된다고 할 때, 600일 동안 영업하여 기부할 총 금액이 222000원 이상이 될 확률을 아래 표준정규분포표를 이용하여 구한 것은?　　　　　　　　　　　　　　　　　　　　　　　　　　　　　[4점]

z	$P(0 \le Z \le z)$
0.25	0.10
0.50	0.19
1.00	0.34
1.50	0.43

① 0.69　　　　② 0.84　　　　③ 0.90　　　　④ 0.93　　　　⑤ 0.98

02 통계적 추정

01 모집단과 표본

(1) **전수조사**: 조사의 대상 전체를 조사하는 것을 전수조사라 한다.

(2) **표본조사**: 조사의 대상 일부를 조사하여 조사 대상 전체의 성질을 추측하는 것을 표본조사라 한다.

(3) **모집단**: 통계조사에서 조사의 대상이 되는 자료 전체를 모집단이라 한다.

(4) **표본**: 모집단 중에서 표본조사를 하기 위하여 뽑은 일부의 자료를 표본이라 한다.

(5) **임의추출**: 모집단의 각 대상이 같은 확률로 추출되도록 하는 방법을 임의추출이라 한다.

① 복원추출: 한 번 추출된 대상을 다시 모집단으로 되돌려 놓은 후 다음 대상을 뽑는 방법을 복원추출이라 한다.

② 비복원추출: 한 번 추출된 대상을 다시 모집단으로 되돌려놓지 않고 다음 대상을 뽑는 방법을 비복원추출이라 한다.

> • 표본조사는 표본으로부터 모집단의 성질을 알아내는 것이 목적이므로 모집단에서 어느 한 부분에 편중되게 추출해서는 안된다.

02 모평균과 표본평균

(1) 어느 모집단에서 조사하고자 하는 특성을 나타내는 확률변수를 X라 할 때, X의 평균, 분산, 표준편차를 각각 모평균, 모분산, 모표준편차라 하고, 기호로 각각 m, σ^2, σ로 나타낸다.

(2) 어느 모집단에서 임의추출한 크기가 n인 표본을 X_1, X_2, $\cdots$, X_n이라 할 때, 이들의 평균, 분산, 표준편차를 각각 표본평균, 표본분산, 표본표준편차라 하고, 기호로 각각 $\overline{X}$, S^2, S로 나타낸다.

> • $\overline{X} = \dfrac{1}{n}\sum_{i=1}^{n} X_i$
>
> $S^2 = \dfrac{1}{n-1}\sum_{i=1}^{n}(X_i - \overline{X})^2$

03 표본평균의 평균, 분산, 표준편차

모평균이 m, 모표준편차가 σ인 모집단에서 크기가 n인 표본을 임의추출할 때, 표본평균 $\overline{X}$의 평균, 분산, 표준편차는 각각

(1) **평균**: $\mathrm{E}(\overline{X}) = m$

(2) **분산**: $\mathrm{V}(\overline{X}) = \dfrac{\sigma^2}{n}$

(3) **표준편차**: $\sigma(\overline{X}) = \dfrac{\sigma}{\sqrt{n}}$

> • 표본평균 $\overline{X}$는 임의추출한 표본에 따라 여러 값을 가질 수 있으므로 확률변수이다.

04 표본평균의 분포

모평균이 m, 모분산이 σ^2인 모집단에서 크기가 n인 표본을 임의추출할 때, 표본평균 $\overline{X}$에 대하여

(1) 모집단의 분포가 정규분포 $\mathrm{N}(m, \sigma^2)$이면 $\overline{X}$는 정규분포 $\mathrm{N}\left(m, \dfrac{\sigma^2}{n}\right)$을 따른다.

(2) 모집단의 분포가 정규분포가 아니더라도 표본의 크기 n이 충분히 크면 $\overline{X}$는 근사적으로 정규분포 $N\left(m, \dfrac{\sigma^2}{n}\right)$을 따른다.

• $n \geq 30$이면 n은 충분히 크다.

05 모평균의 추정

(1) **추정**: 표본에서 얻은 정보를 이용하여 모평균, 모표준편차와 같은 모집단의 특성을 확률적으로 추측하는 것을 추정이라 한다.

(2) **모평균의 신뢰구간**

정규분포 $N(m, \sigma^2)$을 따르는 모집단에서 크기가 n인 표본을 임의추출하여 구한 표본평균 $\overline{X}$의 값이 $\overline{x}$일 때, 모평균 m의 신뢰구간은 다음과 같다.

① 신뢰도 95%의 신뢰구간: $\overline{x} - 1.96\dfrac{\sigma}{\sqrt{n}} \leq m \leq \overline{x} + 1.96\dfrac{\sigma}{\sqrt{n}}$

② 신뢰도 99%의 신뢰구간: $\overline{x} - 2.58\dfrac{\sigma}{\sqrt{n}} \leq m \leq \overline{x} + 2.58\dfrac{\sigma}{\sqrt{n}}$

• 신뢰도 x%의 신뢰구간이란 표본을 여러 번 추출하여 신뢰구간을 만들 때, 이들 중에서 x% 정도는 모평균 m을 포함한다는 뜻이다.

06 모비율과 표본비율

(1) **모비율**: 모집단에서 어떤 특성을 가지는 사건의 비율을 그 사건에 대한 모비율이라 하고, 기호로 p로 나타낸다.

(2) **표본비율**: 모집단에서 임의추출한 표본에서 어떤 사건의 비율을 그 사건에 대한 표본비율이라 하고, 기호로 $\hat{p}$로 나타낸다.

(3) 크기가 n인 표본에서 어떤 사건이 일어나는 횟수를 확률변수 X라 할 때, 이 사건에 대한 표본비율 $\hat{p}$은

$$\hat{p} = \frac{X}{n}$$

• 즉, $\hat{p} = \dfrac{X}{n}$에서 X가 확률변수이므로, $\hat{p}$도 확률변수이다.

07 표본비율의 분포

(1) 모비율이 p인 모집단에서 크기가 n인 표본을 임의추출할 때, 표본비율 $\hat{p}$에 대하여

① $\mathrm{E}(\hat{p}) = p$

② $\mathrm{V}(\hat{p}) = \dfrac{pq}{n}$ (단, $q = 1 - p$)

③ $\sigma(\hat{p}) = \sqrt{\dfrac{pq}{n}}$ (단, $q = 1 - p$)

(2) 표본의 크기 n이 충분히 크면 표본비율 $\hat{p}$은 근사적으로 정규분포 $N\left(p, \dfrac{pq}{n}\right)$를 따른다. (단, $q = 1 - p$)

08 모비율의 신뢰구간

크기가 n인 표본의 표본비율이 $\hat{p}$이고 $\hat{q} = 1 - \hat{p}$일 때, 표본의 크기 n이 충분히 크면 모비율 p의 신뢰구간은

(1) **신뢰도 95%의 신뢰구간**: $\hat{p} - 1.96\sqrt{\dfrac{\hat{p}\hat{q}}{n}} \leq m \leq \hat{p} + 1.96\sqrt{\dfrac{\hat{p}\hat{q}}{n}}$

(2) **신뢰도 99%의 신뢰구간**: $\hat{p} - 2.58\sqrt{\dfrac{\hat{p}\hat{q}}{n}} \leq m \leq \hat{p} + 2.58\sqrt{\dfrac{\hat{p}\hat{q}}{n}}$

유형 1 ★ 표본평균의 분포

어느 도시에서 운전면허증을 소지한 사람이 지난 10년간 교통법규를 위반한 건수는 평균 5건, 표준편차 1건인 정규분포를 따른다고 한다. 이 도시에서 운전면허증을 소지한 사람 중에서 임의추출한 100명이 지난 10년간 교통법규를 위반한 건수의 평균이 4.85건 이상이고 5.2건 이하일 확률을 표준정규분포표를 이용하여 구하면?

[3점]

z	$P(0 \leq Z \leq z)$
1.5	0.4332
2.0	0.4772
2.5	0.4938

① 0.8664   ② 0.9104   ③ 0.9544   ④ 0.9710   ⑤ 0.9876

풀이 평균이 5, 표준편차가 1이고 100명을 임의 추출하였으므로

$$P(4.85 \leq \overline{X} \leq 5.2) = P\left(\frac{4.85-5}{\frac{1}{\sqrt{100}}} \leq Z \leq \frac{5.2-5}{\frac{1}{\sqrt{100}}}\right)$$

$$= P(-1.5 \leq Z \leq 2)$$

$$= P(0 \leq Z \leq 2) + P(0 \leq Z \leq 1.5)$$

$$= 0.4772 + 0.4332 = 0.9104$$

답 ②

TiP

정규분포 $N(m, \sigma^2)$를 따르는 모집단에서 크기가 n인 표본을 임의추출할 때 표본평균 $\overline{X}$는 정규분포 $N\left(m, \frac{\sigma^2}{n}\right)$를 따른다.

이때 $Z = \dfrac{\overline{X}-m}{\frac{\sigma}{\sqrt{n}}}$으로 놓으면 $Z \sim N(0, 1)$이 성립한다.

유형 2 ★ 모평균의 추정

청소년 가장 가정을 돕기 위해 경찰청에서 기획한 수박판매행사에 사용된 수박의 무게는 표준편차 1kg인 정규분포를 따른다고 한다. 이 수박들 중에서 49개의 수박을 임의추출하여 무게를 조사해보니 평균 9kg이었다. 이 행사에 사용된 수박의 모평균 m(kg)을 신뢰도 95%로 추정할 때의 신뢰구간은 $a \le m \le b$이다. 이때 $b-a$ 의 값은? (단, $P(|Z| \le 2) = 0.95$)　　　　[4점]

① $\dfrac{4}{7}$　　　　② $\dfrac{6}{7}$　　　　③ $\dfrac{8}{7}$　　　　④ $\dfrac{10}{7}$　　　　⑤ $\dfrac{12}{7}$

풀이 표본평균이 9, 모표준편차가 1, 표본의 크기가 49이므로 모평균 m의 95% 신뢰구간은

$$(a, b) = \left(9 - 2 \times \frac{1}{7}, \ 9 + 2 \times \frac{1}{7}\right)$$

$$\therefore b - a = \frac{4}{7}$$

답 ①

TIP

모표준편차가 σ인 정규분포에서 크기가 n인 표본을 임의추출하여 구한 표본평균이 $\overline{m}$일 때, 신뢰도 95%로 추정한 모평균의 신뢰구간은 $\left[\overline{m} - 2 \times \dfrac{\sigma}{\sqrt{n}}, \ \overline{m} + 2 \times \dfrac{\sigma}{\sqrt{n}}\right]$
(단, $P(|Z| \le 2) = 0.95$)

01 유형 1

● 경찰 2011학년도 6번

어느 대민 봉사 센터의 전화상담의 통화 시간은 평균이 8분이고 표준편차가 2분인 정규분포를 따른다고 한다. 이 봉사 센터에 걸려오는 상담 전화 중 임의로 선택한 4통의 통화 시간의 합이 30분 이상일 확률은? (단, 아래 표준정규분포표를 이용한다.)

z	$P(0 \leq Z \leq z)$
0.5	0.192
1.0	0.341
1.5	0.433
2.0	0.477

① 0.690　　　② 0.691　　　③ 0.692　　　④ 0.693　　　⑤ 0.694

02 유형 1

● 경찰 2010학년도 20번

다음은 어떤 모집단의 확률분포표이다.

X	0	3	6	계
$P(X=x)$	$\dfrac{1}{3}$	a	$\dfrac{2}{3}-a$	1

이 모집단에서 크기가 3인 표본을 복원추출하여 구한 표본평균을 $\overline{X}$ 라 하자. $\overline{X}$ 의 분산이 $\dfrac{17}{12}$ 일 때, a의 값은?

① $\dfrac{1}{6}$　　　② $\dfrac{1}{5}$　　　③ $\dfrac{1}{4}$　　　④ $\dfrac{1}{3}$　　　⑤ $\dfrac{1}{2}$

유형 연습 더하기

01 유형 1

◎ 사관 2016학년도 A형 7번

어느 과수원에서 생산되는 사과의 무게는 평균이 350g이고 표준편차가 30g인 정규분포를 따른다고 한다. 이 과수원에서 생산된 사과 중에서 임의로 선택한 9개의 무게의 평균이 345g 이상 365g 이하일 확률을 아래 표준정규분포표를 이용하여 구한 것은? [3점]

z	$P(0 \leq Z \leq z)$
0.5	0.1915
1.0	0.3413
1.5	0.4332
2.0	0.4772

① 0.5328　　② 0.6247　　③ 0.6687　　④ 0.7745　　⑤ 0.8185

02 유형 1

◎ 사관 2013학년도 문과 · 이과 5번

정규분포 $N(50, 10^2)$을 따르는 모집단에서 임의로 25개의 표본을 뽑았을 때의 표본평균을 $\overline{X}$라 하자. 아래 표준정규분포표를 이용하여 $P(48 \leq \overline{X} \leq 54)$의 값을 구한 것은? [3점]

z	$P(0 \leq Z \leq z)$
0.5	0.1915
1.0	0.3413
1.5	0.4332
2.0	0.4772

① 0.5328　　② 0.6247　　③ 0.7745　　④ 0.8185　　⑤ 0.9104

03 유형1

◎ 평가원 2016학년도 9월 A형 11번

어느 지역의 1인 가구의 월 식료품 구입비는 평균이 45만원, 표준편차가 8만 원인 정규분포를 따른다고 한다. 이 지역의 1인 가구 중에서 임의로 추출한 16가구의 월 식료품 구입비의 표본평균이 44만 원 이상이고 47만 원 이하일 확률을 아래 표준정규분포표를 이용하여 구한 것은? [3점]

z	$P(0 \leq Z \leq z)$
0.5	0.1915
1.0	0.3413
1.5	0.4332
2.0	0.4772

① 0.3830   ② 0.5328   ③ 0.6915   ④ 0.8185   ⑤ 0.8413

04 유형2

◎ 사관 2015학년도 A형 24번

어느 통신 회사의 스마트폰 사용 고객들의 올해 7월의 데이터 사용량은 모평균이 m(GB), 모표준편차가 1.2(GB)인 정규분포를 따른다고 한다. 이 고객들 중에서 n명을 임의추출하여 신뢰도 95%로 추정한 모평균 m에 대한 신뢰구간이 $[a, b]$일 때, $b-a \leq 0.56$을 만족시키는 자연수 n의 최솟값을 구하시오. (단, Z가 표준정규분포를 따르는 확률변수일 때, $P(0 \leq Z \leq 1.96) = 0.4750$으로 계산한다.) [3점]

05 유형 2

어느 선박 부품 공장에서 만드는 부품의 길이 X는 평균이 100, 표준편차가 0.6인 정규분포를 따른다고 한다. 이 공장에서 만든 부품 중에서 9개를 임의추출한 표본의 길이의 평균을 $\overline{X}$라 할 때, 표본평균 $\overline{X}$와 모평균의 차가 일정한 값 c 이상이면 부품의 제조과정에 대한 전면적인 조사를 하기로 하였다. 부품의 제조 과정에 대한 전면적인 조사를 하게 될 확률이 5% 이하가 되도록 상수 c의 값을 정할 때, c의 최솟값은? (단, 단위는 mm이고, 아래 표준정규분포표를 이용한다.)

[4점]

z	$P(0 \le Z \le z)$
1.65	0.450
1.96	0.475
2.58	0.495

① 0.196   ② 0.258   ③ 0.330   ④ 0.392   ⑤ 0.475

MEMO

MEMO

MEMO

사관학교·경찰대학 입학의 길잡이
기출보감

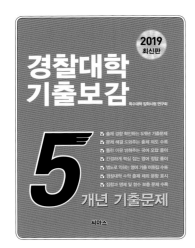

[문제편 + 해설편 + 별책 단어장] 으로 구성된 사관학교와 경찰대학 기출문제집

꿈이당

경찰대학 수학

유형별 기출문제 총정리

단권화

☑ **교과서 단원별 경찰대학** 기출문제 유형별 분류

☑ **경찰대학 기출문제** 단원별 · 유형별 출제 경향 제시

☑ **수학Ⅱ · 미적분Ⅰ · 확률과 통계** 교과서 개념 정리

☑ **사관학교 · 수능 · 평가원 · 교육청 기출문제로** 유형별 문제 풀이 연습 강화

꿈 꾸어라!
이 루어라!
당 신 뜻대로!

경찰대학 수학
유형별 기출문제 총정리

특수대학 입학시험 연구회 편

정답 및 해설

단권화

씨마스

사관학교·경찰대학 1차 시험 합격
수학능력시험 고득점

사관학교 · 경찰대학 1차 시험[국영수] 출제경향을 분석하여 유형별로 제시한 과목별 문제집

유형별로 최적화된 고난도 문제로 수능 고득점을 준비하기 위한 완전체 과목별 문제집

영어 고득점!
사관학교와
경찰대학, 수능까지!

사관학교 · 경찰대학 · 수학능력시험 영어 기출문제에서 뽑은 영단어 모음집

기출 문장으로 익히고 확인문제로 복습하는 영단어 모음집

경찰대학 수학
유형별 기출문제 총정리
정답 및 해설

수학 Ⅱ

Ⅰ. 집합과 명제

01 집합   002
02 명제   003

Ⅱ. 함수

01 함수   004
02 유리함수와 무리함수   004

Ⅲ. 수열

01 등차수열과 등비수열   006
02 수열의 합   008
03 수학적 귀납법   011

Ⅳ. 지수와 로그

01 지수   011
02 로그   012

미적분 Ⅰ

Ⅰ. 수열의 극한

01 수열의 극한   014
02 급수   016

Ⅱ. 함수의 극한과 연속

01 함수의 극한과 연속   018

Ⅲ. 다항함수의 미분법

01 미분계수와 도함수   019
02 도함수의 활용   019

Ⅳ. 다항함수의 적분법

01 부정적분과 정적분   024
02 정적분의 활용   026

확률과 통계

Ⅰ. 순열과 조합

01 순열   028
02 조합   030

Ⅱ. 확률

01 확률의 뜻과 활용 및 조건부확률   031

Ⅲ. 통계

01 확률분포와 정규분포   033
02 통계적 추정   035

수학 Ⅱ

Ⅰ. 집합과 명제

01 집합

기출 유형 더 풀기

01 ④　　**02** ⑤　　**03** ③　　**04** ②

01 B는 1, 3, 5를 원소로 가지지 않는다.

B는 {7, 9, 11}의 부분집합이므로

B의 경우의 수는 $2^3=8$

이제 각 B의 경우에 따른 $A \cap B$를 따져보면

(i) $n(B)=0$인 경우 ∅로 1가지

　　$\Rightarrow (A, B)$ 순서쌍의 개수는 $2^0 \times {}_3C_0 = 1$

(ii) $n(B)=1$인 경우 그 원소를 가지거나 ∅로 2가지

　　$\Rightarrow (A, B)$ 순서쌍의 개수는 $2^1 \times {}_3C_1 = 6$

(iii) $n(B)=2$인 경우 4가지 $\Rightarrow$B의 개수는 $2^2 \times {}_3C_2 = 12$

(iv) $n(B)=3$인 경우 8가지 $\Rightarrow$B의 개수는 $2^3 \times {}_3C_3 = 8$

$\therefore 1+6+12+8=27$(가지)　　**답** ④

02 507 이하의 모든 자연수는 $5k$, $5k+1$, $5k+2$, $5k+3$, $5k+4$ $(k \geq 0$인 정수$)$로 구분이 가능하다. 조건 (나)에 의한 이 집합의 특징은 다음과 같다.

(i) $5k$ 꼴의 자연수가 2개 이상 들어갈 수 없다.

(ii) $5k+1$과 $5k+4$ 꼴의 자연수가 함께 들어갈 수 없다.

(iii) $5k+2$와 $5k+3$ 꼴의 자연수가 함께 들어갈 수 없다.

이 때 507 이하의 자연수 중 각 수의 개수는 다음과 같다.

$5k$: 101개, $5k+1$: 102개, $5k+2$: 102개, $5k+3$: 101개,

$5k+4$: 101개

따라서 집합 S의 원소의 개수가 가장 많으려면 507 이하의 $5k+1$, $5k+2$ 꼴의 모든 자연수와 $5k$ 꼴의 자연수 1개가 포함되면 된다.

$\therefore 102+102+1=205$　　**답** ⑤

03 $\dfrac{1}{i}=-i$ $\therefore \left(\dfrac{1}{i}\right)^k=(-1)^k i^k$

ㄱ. $i^1-i^1=0$, $i^1+(-1)^2 i^2=-1+i$ (참)

ㄴ. 예를 들어 $A=\{1, 2, 3\}$, $B=\{1, 3\}$인 경우 $m=k=1$과 $m=k=3$일 때, $i^m+(-i)^k=0$이므로 $X(A, B)$의 원소에 중복이 발생한다. (참)

ㄷ. $i^m=i, -1, -i, 1$, $(-i)^k=-i, -1, i, 1$

$i^m+(-i)^k$	i	-1	$-i$	1
$-i$	0	$-1-i$	$-2i$	$1-i$
-1	$-1+i$	-2	$-1-i$	0
i	$2i$	$-1+i$	0	$1+i$
1	$1+i$	0	$1-i$	2

가능한 $X(A, B)$의 값을 구하면

$-2, 0, 2, 1+i, 1-i, -1+i, -1-i, 2i, -2i$

따라서 총 9가지이다. (거짓)　　**답** ③

04 다음 그래프에서 집합 A의 영역은 색칠한 부분이고(경계 포함) 집합 B의 영역은 중심이 $(0, k)$이고 반지름이 k인 원의 경계와 내부이다.

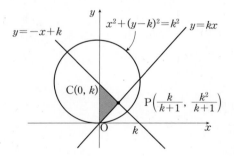

이때 원의 중심을 $C(0, k)$라 하자.

직선 $y=kx$와 $x+y=k$의 교점은, $P\left(\dfrac{k}{k+1}, \dfrac{k^2}{k+1}\right)$이다.

주어진 조건 $A \cup B = B$를 만족시키려면 교점이 원의 내부 혹은 경계에 존재해야 한다.

따라서 점 P와 원의 중심 C 사이의 거리 $\overline{CP}$는 원의 반지름보다 작아야 한다.

$\overline{CP}=\sqrt{\left(0-\dfrac{k}{k+1}\right)^2+\left(k-\dfrac{k^2}{k+1}\right)^2}$

$\quad\;\; =\sqrt{2}\,\dfrac{k}{k+1}$

즉 $\sqrt{2}\,\dfrac{k}{k+1} \leq k$이므로 부등식을 풀면 $\sqrt{2}-1 \leq k$이다.

따라서 k의 최솟값은 $\sqrt{2}-1$이다.　　**답** ②

유형 연습 더 하기

01 ④　　**02** 33

01 구하는 부분집합 X의 개수는 전체집합 U의 부분집합의 개수에서 $A \cap X = \varnothing$이거나 $B \cap X = \varnothing$을 만족하는 부분집합 X의 개수를 빼고, 이 중 중복되는 집합인 $A \cap X = \varnothing$이고 $B \cap X = \varnothing$인 부분집합 X의 개수를 더하면 된다.

이때, 전체집합 U의 부분집합의 개수는 $2^7 = 128$

$A \cap X = \varnothing$을 만족하는 부분집합 X의 개수는 $\{4, 5, 6, 7\}$의 부분집합의 개수와 같으므로

$2^4 = 16$

$B \cap X = \varnothing$을 만족하는 부분집합 X의 개수는 $\{1, 4, 6\}$의 부분집합의 개수와 같으므로

$2^3 = 8$

$A \cap X = \varnothing$이고 $B \cap X = \varnothing$을 만족하는 부분집합 X의 개수는 $\{4, 6\}$의 부분집합의 개수와 같으므로

$2^2 = 4$

따라서 구하는 부분집합 X의 개수는

$128 - (16 + 8) + 4 = 108$ **답 ④**

02 수학 문제집 A, B, C를 선택한 집합을 각각 A, B, C라고 하면

$n(A \cap B) = 15$, $n(B \cap C) = 12$, $n(C \cap A) = 11$

$n(A \cup B) = 55$, $n(B \cup C) = 54$, $n(C \cup A) = 51$

이때

$n(A) + n(B) = n(A \cup B) + n(A \cap B) = 55 + 15 = 70$

$n(B) + n(C) = n(B \cup C) + n(B \cap C) = 54 + 12 = 66$

$n(C) + n(A) = n(C \cup A) + n(C \cap A) = 51 + 11 = 62$

이므로 위 3개의 식을 모두 더하면

$2 \times \{n(A) + n(B) + n(C)\} = 198$

$n(A) + n(B) + n(C) = 99$

$\therefore n(A) = 99 - 66 = 33$ **답 33**

⑫ 명제

기출 유형 더 풀기

01 ⑤

01 준 식을 변형하면,

$x^2 + y^2 + 1 + x^2 - 2x + \dfrac{4}{x^2 + y^2 + 1} - 1$

$= x^2 - 2x - 1 + x^2 + y^2 + 1 + \dfrac{4}{x^2 + y^2 + 1}$

$\geq x^2 - 2x - 1 + 2\sqrt{4}$

$= x^2 - 2x + 3$

(단, 등호는 $x^2 + y^2 + 1 = \dfrac{4}{x^2 + y^2 + 1}$일 때 성립한다.)

$x^2 - 2x + 3 = (x - 1)^2 + 2$이므로 최솟값은 2이다. **답 ⑤**

유형 연습 더 하기

01 13   **02** 23   **03** 25

01 조건 p, q의 진리집합은 각각

$P = \{x \mid -3 \leq x < 5\}$, $Q = \{x \mid k - 2 < x \leq k + 3\}$

이때 주어진 명제에 의하여 $P \cap Q \neq \varnothing$를 만족하는 정수 k의 값을 찾으면 된다.

$P \cap Q = \varnothing$인 경우는 $k + 3 < -3$ 또는 $k - 2 \geq 5$인 경우이므로 이때 $k < -6$ 또는 $k \geq 7$

따라서 $P \cap Q \neq \varnothing$를 만족하는 집합은 $P \cap Q = \varnothing$를 만족하는 집합의 여집합이다. 즉 문제의 조건을 만족하는 정수 k는 -6, -5, -4, $\cdots$, 4, 5, 6이므로 정수 k의 개수는 13이다. **답 13**

02 $x > 3$에서

$x^2 - 9 > 0$이므로

$x^2 + \dfrac{49}{x^2 - 9} = (x^2 - 9) + \dfrac{49}{x^2 - 9} + 9 \geq \sqrt{(x^2 - 9) \times \dfrac{49}{x^2 - 9}} + 9$

$= 23$

따라서 $(x^2 - 9) = \dfrac{49}{x^2 - 9}$

즉, $x = 4$일 때 최솟값은 23이다. **답 23**

03 $\overline{AB} = 4$이고, $P(a, b)$에서 삼각형 PAB의 높이는 b이므로 그 넓이는

$S_1 = \dfrac{1}{2} \times 4 \times b = 2b$

또, $\overline{CD} = 2$이고, $P(a, b)$에서 삼각형 PDC의 높이는 a이므로 그 넓이는

$S_2 = \dfrac{1}{2} \times 2 \times a = a$

즉, $S_1 + S_2 = a + 2b = 10$이고, $S_1 > 0$, $S_2 > 0$이므로 산술평균과 기하평균의 관계에서

$10 = S_1 + S_2 \geq 2\sqrt{S_1 S_2}$

$\sqrt{S_1 S_2} \leq 5$, $S_1 S_2 \leq 25$

따라서 $S_1 S_2$의 최댓값은 25이다. **답 25**

Ⅱ. 함수

01 함수

01 ③

01 주어진 정의에 의하여

$$n+\frac{k}{100}\leq x<n+\frac{k+1}{100}$$

(단, n은 정수, $k=0, 1, 2, \cdots, 99$)

일 때, $f(x)=100n+k$이다.

ㄱ. $1+\dfrac{33}{100}\leq\dfrac{4}{3}<1+\dfrac{34}{100}$이므로 $f\left(\dfrac{4}{3}\right)=133$ (참)

ㄴ. (ⅰ) n이 짝수일 때,

$$\frac{3}{2}n+\frac{k}{100}\leq x+\frac{n}{2}<\frac{3}{2}n+\frac{k+1}{100}$$이므로

$$f\left(x+\frac{n}{2}\right)=150n+k=f(x)+50n$$

(ⅱ) n이 홀수일 때,

$n=2k-1$(k는 자연수)이라 하자.

① $\alpha+\dfrac{\beta}{100}\leq x<\alpha+\dfrac{\beta+1}{100}$

($\beta=0, 1, \cdots, 49$)(α는 정수)일 때,

$$\alpha+k-1+\frac{50+\beta}{100}\leq x+\frac{n}{2}<\alpha+k-1+\frac{51+\beta}{100}$$

이므로

$$\begin{aligned}f\left(x+\frac{n}{2}\right)&=100\alpha+100k-100+50+\beta\\&=(100\alpha+\beta)+100k-50\\&=f(x)+50n\end{aligned}$$

② $\alpha+\dfrac{\beta}{100}\leq x<\alpha+\dfrac{\beta+1}{100}$

($\beta=50, 51, \cdots, 99$)(α는 정수)일 때,

$$\alpha+k+\frac{\beta-50}{100}\leq x+\frac{n}{2}<\alpha+k+\frac{\beta-49}{100}$$이므로

$$\begin{aligned}f\left(x+\frac{n}{2}\right)&=100\alpha+100k+\beta-50\\&=(100\alpha+\beta)+100k-50\\&=f(x)+50n\end{aligned}$$

(ⅰ), (ⅱ)에서 $f\left(x+\dfrac{n}{2}\right)=f(x)+50n$ (참)

ㄷ. $n=1$일 때, $f(x)=1$이므로

$$f(f(x)-1)=0, 1\times f(x)-1=0$$

또, $n=99$일 때, $f(x)=99$이므로

$$f(f(x)-1)=9800, 99f(x)-1=9800 \text{ (거짓)}$$

따라서 옳은 것은 ㄱ, ㄴ이다. **답** ③

01 ⑤ **02** 7

01 $f_{A\cap B\cap C}(a)=2 \Rightarrow a\in A\cap B\cap C$

$\Rightarrow f_A(a)=2, f_{B^c}(a)=5, f_C(a)=2, f_{A-B}(a)=5$

$\therefore \{f_A(a)+f_{B^c}(a)+f_C(a)\}\cdot f_{A-B}(a)=45$ **답** ⑤

02 $f(x)=\begin{cases}-(a+4)x-2a & (x<-2)\\(a-4)x+2a & (x\geq-2)\end{cases}$

이때 함수 f가 일대일대응이 되려면 두 직선

$y=-(a+4)x-2a, y=(a-4)x+2a$

의 기울기의 부호가 서로 같아야 한다.

즉 $-(a+4)(a-4)>0$이므로

$(a+4)(a-4)<0 \quad \therefore -4<a<4$

따라서 조건을 만족시키는 정수 a의 개수는 $-3, -2, -1, 0, 1,$
$2, 3$으로 7개이다. **답** 7

02 유리함수와 무리함수

01 ② **02** ③

01 $f(0)=0$이므로, $\dfrac{b}{d}=0$, 따라서 $b=0$

$$f(x)=\frac{ax}{cx+d}=\frac{\dfrac{a}{c}(cx+d)-\dfrac{ad}{c}}{cx+d}$$

$$=\frac{a}{c}-\frac{\dfrac{ad}{c}}{cx+d}$$

따라서 점근선의 방정식은

$$x=-\frac{d}{c}=1, y=\frac{a}{c}=-2$$

따라서 $d=-c, a=-2c$이므로

$f(x) = \dfrac{-2cx}{cx-c} = \dfrac{-2x}{x-1}$, $f(-1) = -1$

$\therefore f^{-1}(-1) = -1$ 답 ②

02

이 유리함수가 일대일 대응이 되려면 점근선이
$x=-2$, $y=5$이어야 한다.

$$\dfrac{\dfrac{a}{c}(cx+d) - \dfrac{ad}{c} - b}{cx+d} = \dfrac{-b - \dfrac{ad}{c}}{cx+d} + \dfrac{a}{c}$$

이때 점근선은

$x = -\dfrac{d}{c} = -2$, $y = \dfrac{a}{c} = 5$

따라서 $d=2c$, $a=5c$이고 a, b, c, d 모두 20보다 작다.

$a<20$이므로 $c=1, 2, 3$

(i) $c=1$일 때,

    $d=2$, $a=5$

    $\therefore a+c+d=8$

(ii) $c=2$일 때,

    $d=4$, $a=10$

    $\therefore a+c+d=16$

(iii) $c=3$일 때,

    $d=6$, $a=15$

    $\therefore a+c+d=24$

최솟값 : $a+b+c+d=5+1+1+2=9$

최댓값 : $a+b+c+d=15+19+3+6=43$

$\therefore 43+9=52$ 답 ③

유형 연습 더 하기

01 ③   02 ①   03 ③

01

함수 $y=f(x)$의 역함수 $y=f^{-1}(x)$의 그래프가 점 $(2, 1)$에 대하여 대칭이므로, 함수 $y=f(x)$는 점 $(1, 2)$에 대하여 대칭이다.

$f(x) = \dfrac{k}{x-1} + 2$로 놓으면

$f(x) = \dfrac{k}{x-1} + 2 = \dfrac{2(x-1)+k}{x-1}$

    $= \dfrac{2x+k-2}{x-1} = \dfrac{bx+1}{x+a}$

따라서 $a=-1$, $b=2$이므로 $a+b = -1+2 = 1$ 답 ③

02

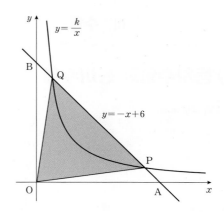

직선 $y=-x+6$이 x축, y축과 만나는 점을 각각 A, B라 하면
A$(6, 0)$, B$(0, 6)$

이 때 삼각형 OAB의 넓이는

$\dfrac{1}{2} \times 6 \times 6 = 18$

함수 $y=\dfrac{k}{x}$의 그래프와 직선 $y=-x+6$은 모두 직선 $y=x$에 대하여 대칭이다. 따라서 삼각형 OAP와 삼각형 OQB의 넓이는 서로 같다.

삼각형 OPQ의 넓이가 14이므로 삼각형 OAP와 삼각형 OQB의 넓이를 각각 구하면

$\dfrac{1}{2}(18-14) = 2$

점 P의 좌표를 (a, b)라 하면

$\triangle OAP = \dfrac{1}{2} \times 6 \times b = 2$에서 $b = \dfrac{2}{3}$

점 P는 직선 $y=-x+6$ 위의 점이므로

$b = -a+6 = \dfrac{2}{3}$에서 $a = \dfrac{16}{3}$

또한 점 P는 함수 $y=\dfrac{k}{x}$의 그래프 위의 점이므로

$k = ab = \dfrac{16}{3} \times \dfrac{2}{3} = \dfrac{32}{9}$ 답 ①

03

점 P의 좌표를 (a, b)라 하면

$b = \dfrac{2}{a-1} + 2$, $b-2 = \dfrac{2}{a-1}$

이때 직사각형 PRSQ의 둘레의 길이는

$2(a-1) + 2(b-2) \geq 2\sqrt{2(a-1) \times 2(b-2)}$

        $= 2\sqrt{2(a-1) \times \dfrac{4}{a-1}}$

        $= 4\sqrt{2}$

따라서 직사각형 PRSQ의 둘레의 길이의 최솟값은 $4\sqrt{2}$ 이다.

답 ③

Ⅲ. 수열

01 등차수열과 등비수열

기출 유형 더 풀기

01 ④   **02** ①   **03** ①

01 $a_n=a_1+d(n-1)\,(d>0)$

$b_n=b_1+l(n-1)\,(l<0)$

$S_n=\dfrac{n(a_1+a_n)}{2}=\dfrac{n\{2a_1+d(n-1)\}}{2}$

$\quad=\dfrac{n(dn+2a_1-d)}{2}$

$T_n=\dfrac{n(b_1+b_n)}{2}=\dfrac{n\{2b_1+l(n-1)\}}{2}$

$\quad=\dfrac{n(nl+2b_1-l)}{2}$

$S_n+T_n=\dfrac{n(dn+nl+2a_1-d+2b_1-l)}{2}$ ...... ㉠

$S_n-T_n=\dfrac{n(dn-nl+2a_1-d-2b_1+l)}{2}$ ...... ㉡

문제의 조건에서 $a_1=b_1+1$

또한 $S_n{}^2-T_n{}^2=(S_n+T_n)(S_n-T_n)$의 4차 항의 계수는

$\dfrac{(d+l)(d-l)}{4}$이고 그 값이 0이어야 하므로

$d+l=0,\ l=-d\ (\because d>0,\ l<0)$

두 조건을 ㉠, ㉡에 대입하면

$S_n+T_n=n(2b_1+1),\ S_n-T_n=n(dn-d+1)$이 되어

$S_n{}^2-T_n{}^2=n^2(2b_1+1)(dn-d+1)$

따라서 $n^2(2b_1+1)(dn-d+1)=n^2(n+1)$이므로

$(2b_1+1)d=1$ ...... ㉢

$(2b_1+1)(-d+1)=1$ ...... ㉣

㉢, ㉣을 연립하면

$d=b_1=\dfrac{1}{2}$

$l=-b_1=-\dfrac{1}{2},\ a_1=b_1+1=\dfrac{3}{2}$

$a_{20}=\dfrac{3}{2}+19\times\dfrac{1}{2}=11,$

$b_{20}=\dfrac{1}{2}+19\times\left(-\dfrac{1}{2}\right)=-9$

$\therefore a_{20}b_{20}=-99$

답 ④

02 수열 $\{a_n\}$이 등비수열이므로 a_n의 값은 순차적으로 증가하거나 감소한다.

n의 값이 커질수록 a_n의 값이 감소한다고 가정하고,

$f(x)=\sum_{n=1}^{17}|x-a_n|$를 다시 쓰면

$$f(x)=\begin{cases}17x-\sum_{n=1}^{17}a_n & (x>a_1)\\[4pt]16a_1-\sum_{n=2}^{17}a_n & (x=a_1)\\[4pt]15x+a_1-\sum_{n=2}^{17}a_n & (a_1>x>a_2)\\[4pt]\quad\vdots\\[4pt]x+\sum_{n=1}^{8}a_n-\sum_{n=9}^{17}a_n & (a_8>x>a_9)\\[4pt]\sum_{n=1}^{8}a_n-\sum_{n=10}^{17}a_n & (x=a_9)\\[4pt]-x+\sum_{n=1}^{9}a_n-\sum_{n=10}^{17}a_n & (a_9>x>a_{10})\\[4pt]\quad\vdots\\[4pt]-17x+\sum_{n=1}^{17}a_n & (a_{17}>x)\end{cases}$$

이웃한 구간끼리 $f(x)$를 비교해 보면 $f(x)$는 $x=a_9$가 될 때까지 감소하다가 다시 증가하는 형태를 갖는다.

따라서 $f(x)$의 그래프의 개형은 다음 그림과 같다.

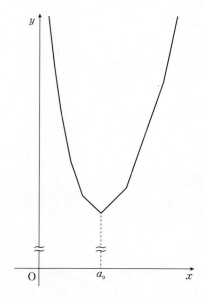

n의 값이 커질수록 a_n의 값이 증가한다고 가정하여도 마찬가지 방법으로 $f(x)$의 그래프의 개형은 위 그림과 같다.

이때 $x=a_9=16$일 때 $f(x)$가 최솟값을 가지므로

$a_9=r^8=16,\ r=\sqrt{2}$

$f(16)=\sum_{n=1}^{17}|x-a_n|$

$\quad=(16-1)+(16-\sqrt{2})+\cdots+(16-8\sqrt{2})$

$$+0+(16\sqrt{2}-16)+(32-16)+\cdots+(256-16)$$

$$=\frac{16\sqrt{2}\{(\sqrt{2})^8-1\}}{\sqrt{2}-1}-\frac{(\sqrt{2})^8-1}{\sqrt{2}-1}$$

$$=15(31+15\sqrt{2})$$

$$\therefore rm=\sqrt{2}\times15(31+15\sqrt{2})=15(30+31\sqrt{2})$$ 답 ①

03 $\dfrac{9}{8}+9+9^2+\cdots+9^n=\dfrac{9}{8}+\dfrac{9(9^n-1)}{9-1}=\dfrac{9^{n+1}}{8}$

$a_{n+1}=\dfrac{9}{8}\left(\dfrac{9}{8}+9\right)\left(\dfrac{9}{8}+9+9^2\right)\cdots\left(\dfrac{9}{8}+9+9^2+\cdots+9^n\right)$이므로

$a_n=\dfrac{9}{8}\left(\dfrac{9}{8}+9\right)\left(\dfrac{9}{8}+9+9^2\right)\cdots\left(\dfrac{9}{8}+9+9^2+\cdots+9^{n-1}\right)$

$a_n=\dfrac{9}{8}\times\dfrac{9^2}{8}\times\dfrac{9^3}{8}\times\cdots\times\dfrac{9^n}{8}=\dfrac{9^{\frac{n(n+1)}{2}}}{8^n}=\dfrac{3^{n(n+1)}}{2^{3n}}$

$\log a_n=n\log\dfrac{3^{n+1}}{2^3}$

$\dfrac{\log a_n}{n}=\log\dfrac{3^{n+1}}{2^3}$

$\displaystyle\sum_{k=1}^{10}\dfrac{\log a_k}{k}=\log\dfrac{3^{\frac{10(2+11)}{2}}}{2^{30}}=\log\dfrac{3^{65}}{2^{30}}$

$\therefore A=\dfrac{3^{65}}{2^{30}}$ 답 ①

유형 연습 더 하기

01 24	**02** 50	**03** 15	**04** 61	**05** ③
06 ④				

---

01 등차수열 $\{a_n\}$의 공차를 d라고 하면

$a_1+d=14$

$(a_1+3d)+(a_1+4d)=2a_1+7d=23$

위 두 식을 연립하여 풀면

$a_1=15,\ d=-1$

$\therefore a_7+a_8+a_9=(a_1+6d)+(a_1+7d)+(a_1+8d)$

$\qquad\qquad=3a_1+21d=3\times15+21\times(-1)$

$\qquad\qquad=24$ 답 24

02 등차수열 $\{a_n\}$의 공차를 d라고 하면

$a_2+a_4=16$에서 $(a_1+d)+(a_1+3d)=16$

$\therefore 2a_1+4d=16$ ······ ㉠

$a_8+a_{12}=58$에서 $(a_1+7d)+(a_1+11d)=58$

$\therefore 2a_1+18d=58$ ······ ㉡

㉡$-$㉠을 하면 $14d=42$

$\therefore d=3,\ a_1=2$

$\therefore a_{17}=a_1+16d=2+16\times3=50$ 답 50

03 등차수열 $\{a_n\}$의 공차를 d라고 하면

$a_{10}-a_1=27$에서 $(a_1+9d)-a_1=27$

$9d=27$

$\therefore d=3$

따라서 $S_{10}=\dfrac{10(2a_1+9\cdot3)}{2}$이고, $a_{10}=a_1+9\cdot3$이므로

$S_{10}=a_{10}$에서 $5(2a_1+27)=a_1+27$

$9a_1=-108$ $\therefore a_1=-12$

$\therefore S_{10}=a_{10}=a_1+27$

$\qquad=(-12)+27=15$ 답 15

04 수열 $\{a_n\}$의 공차를 d라 하면

$T_n=\left|\dfrac{n\{120+(n-1)d\}}{2}\right|$

조건 (나)에서 $T_{20}=T_{21}$이므로

$\left|\dfrac{20(120+19d)}{2}\right|=\left|\dfrac{21(120+20d)}{2}\right|$

(i) $\dfrac{20(120+19d)}{2}=\dfrac{21(120+20d)}{2}$인 경우

$2400+380d=2520+420d,$

$40d=-120,\ d=-3$

이때

$T_{19}=\left|\dfrac{19\times\{120+18\times(-3)\}}{2}\right|=627,$

$T_{20}=\left|\dfrac{20\times\{120+19\times(-3)\}}{2}\right|=630$

에서 $T_{19}<T_{20}$이므로 조건 (가)가 성립한다.

(ii) $\dfrac{20(120+19d)}{2}=-\dfrac{21(120+20d)}{2}$인 경우

$2400+380d=-2520-420d,$

$800d=-4920,\ d=-\dfrac{123}{20}$

이때

$T_{19}=\left|\dfrac{19\times(120+18\times d)}{2}\right|=\dfrac{1767}{20},$

$T_{20}=\left|\dfrac{20\times(120+19\times d)}{2}\right|=\dfrac{63}{2}$

에서 $T_{19}>T_{20}$이므로 조건 (가)가 성립하지 않는다.

(i), (ii)에서 $T_n=\left|\dfrac{-3n^2+123n}{2}\right|$이므로

$f(x)=\left|\dfrac{-3x^2+123x}{2}\right|=\left|\dfrac{-3x(x-41)}{2}\right|$ $(x\geq0)$

이라 하면 함수 $y=f(x)$의 그래프는 다음과 같다.

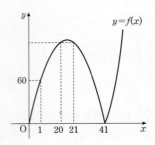

위 그래프에서 $T_{21}>T_{22}>T_{23}>\cdots>T_{41}=0$, $T_{41}<T_{42}<\cdots$ 이므로 $T_n>T_{n+1}$을 만족시키는 n의 최솟값은 21, 최댓값은 40이다. 따라서 구하는 최솟값과 최댓값의 합은

$21+40=61$ 답 61

05

$S_6-S_3=a_4+a_5+a_6=(a_1+a_2+a_3)\times r^3=S_3r^3=6$

$S_{12}-S_6=a_7+a_8+a_9+a_{10}+a_{11}+a_{12}=S_3r^6+S_3r^9$
$=S_3r^6(r^3+1)=72$

따라서 $\dfrac{S_3r^6(r^3+1)}{S_3r^3}=r^3(r^3+1)=12$이고 $r^3=-4$ 혹은 3인데

r이 양수이므로 $r^3=3$, $S_3=2$

$\therefore a_{10}+a_{11}+a_{12}=S_3r^9=2\times3^3=54$ 답 ③

06

노트북 컴퓨터의 판매 가격은 매월 초 직전 달보다 1%씩 인하하므로 2009년 8월 초 200만원인 노트북 컴퓨터의 12개월 후인 2010년 8월 초 판매가격은

$200\times(1-0.01)^{12}=200\times(0.99)^{12}$
$=200\times0.89$
$=178\,(만\,원)$

2009년 8월 초부터 a만 원씩 월이율 1%로 12개월 동안 적립한 금액의 원리합계는

$a(1.01)^{12}+a(1.01)^{11}+\cdots+a(1.01)$

$=\dfrac{a(1.01)\{(1.01)^{12}-1\}}{(1.01)-1}$

$=101a\{(1.01)^{12}-1\}$

$=101a(1.13-1)$

$=13.13a\,(만\,원)$

노트북 컴퓨터를 구매하기 위해서는 12개월 후의 노트북 컴퓨터의 가격보다 적립 금액이 커야 한다.

$\therefore 13.13a\geq178$

$a\geq\dfrac{178}{13.13}$

$a\geq13.55\cdots$

따라서 매월 초에 적립해야 할 최소 금액은 14만원이다. 답 ④

02 수열의 합

기출 유형 더 풀기

| 01 ① | 02 ② | 03 ③ | 04 ① |

01

$a=\displaystyle\sum_{k=1}^{100}\left(\dfrac{1}{2k-1}-\dfrac{1}{2k}\right)$이며,

$b=\dfrac{1}{301}\displaystyle\sum_{k=1}^{100}\left(\dfrac{1}{201-k}+\dfrac{1}{k+100}\right)$이다.

식을 변형하면, $b=\dfrac{2}{301}\displaystyle\sum_{k=1}^{100}\dfrac{1}{k+100}$ 임을 알 수 있다.

따라서 $\displaystyle\sum_{k=1}^{100}\dfrac{1}{k+100}=\dfrac{301}{2}b$

$\displaystyle\sum_{k=1}^{100}\dfrac{1}{2k-1}=1+\dfrac{1}{3}+\cdots+\dfrac{1}{99}$ 이고,

$\displaystyle\sum_{k=1}^{100}\dfrac{1}{2k}=\dfrac{1}{2}+\dfrac{1}{4}+\cdots+\dfrac{1}{200}$ 이다.

$\displaystyle\sum_{k=1}^{100}\dfrac{1}{k+100}=\dfrac{1}{101}+\dfrac{1}{102}+\cdots+\dfrac{1}{200}=\sum_{k=51}^{100}\dfrac{1}{2k}+\sum_{k=51}^{100}\dfrac{1}{2k-1}$

$\dfrac{301}{2}b-a=\displaystyle\sum_{k=1}^{100}\dfrac{1}{k+100}-\sum_{k=1}^{100}\left(\dfrac{1}{2k-1}-\dfrac{1}{2k}\right)$

$=-\displaystyle\sum_{k=1}^{50}\dfrac{1}{2k-1}+\sum_{k=1}^{100}\dfrac{1}{2k}+\sum_{k=51}^{100}\dfrac{1}{2k}$

(ⅰ) $-\displaystyle\sum_{k=1}^{50}\dfrac{1}{2k-1}+\sum_{k=1}^{100}\dfrac{1}{2k}$

$=-\left(1+\dfrac{1}{3}+\dfrac{1}{5}+\cdots+\dfrac{1}{99}\right)+\dfrac{1}{2}\left(1+\dfrac{1}{2}+\dfrac{1}{3}+\dfrac{1}{4}+\cdots+\dfrac{1}{100}\right)$

$=\dfrac{1}{2}\left(-1+\dfrac{1}{2}-\dfrac{1}{3}+\dfrac{1}{4}-\dfrac{1}{5}+\dfrac{1}{6}+\cdots-\dfrac{1}{99}+\dfrac{1}{100}\right)$ ┄┄ ㉠

(ⅱ) $\displaystyle\sum_{k=51}^{100}\dfrac{1}{2k}=\dfrac{1}{2}\left(\dfrac{1}{51}+\dfrac{1}{52}+\cdots+\dfrac{1}{100}\right)$ ┄┄ ㉡

㉠과 ㉡에 의하여

$\dfrac{301}{2}b-a=-\displaystyle\sum_{k=1}^{50}\dfrac{1}{2k-1}+\sum_{k=1}^{100}\dfrac{1}{2k}+\sum_{k=51}^{100}\dfrac{1}{2k}$

$=\dfrac{1}{2}\left(-1+\dfrac{1}{2}-\dfrac{1}{3}+\dfrac{1}{4}-\dfrac{1}{5}+\dfrac{1}{6}+\cdots-\dfrac{1}{99}+\dfrac{1}{100}\right)$

$+\dfrac{1}{2}\left(\dfrac{1}{51}+\dfrac{1}{52}+\cdots+\dfrac{1}{100}\right)$

$=\dfrac{1}{2}\left(-1-\dfrac{1}{3}-\dfrac{1}{5}-\cdots-\dfrac{1}{49}\right)$

$+\dfrac{1}{2}\left(\dfrac{1}{2}+\dfrac{1}{4}+\cdots+\dfrac{1}{50}\right)+\dfrac{1}{2}\left(\dfrac{1}{26}+\dfrac{1}{27}+\cdots+\dfrac{1}{50}\right)$

$=\dfrac{1}{2}\left(-1-\dfrac{1}{3}-\dfrac{1}{5}-\cdots-\dfrac{1}{25}\right)$

$+\dfrac{1}{2}\left(\dfrac{1}{2}+\dfrac{1}{4}+\cdots+\dfrac{1}{24}\right)+\dfrac{1}{2}\left(\dfrac{1}{13}+\dfrac{1}{14}+\cdots\dfrac{1}{25}\right)$

$=\dfrac{1}{2}\left(-1-\dfrac{1}{3}-\dfrac{1}{5}-\cdots-\dfrac{1}{11}\right)$

$+\dfrac{1}{2}\left(\dfrac{1}{2}+\dfrac{1}{4}+\cdots\dfrac{1}{12}\right)+\dfrac{1}{2}\left(\dfrac{1}{7}+\dfrac{1}{8}+\cdots+\dfrac{1}{12}\right)$

$=\dfrac{1}{2}\left(-1-\dfrac{1}{3}-\dfrac{1}{5}\right)+\dfrac{1}{2}\left(\dfrac{1}{2}+\dfrac{1}{4}+\dfrac{1}{6}\right)+\dfrac{1}{2}\left(\dfrac{1}{4}+\dfrac{1}{5}+\dfrac{1}{6}\right)$

$$= \frac{1}{2}\left(-1-\frac{1}{3}\right)+\frac{1}{2}\cdot\frac{1}{2}+\frac{1}{2}\left(\frac{1}{2}+\frac{1}{3}\right)$$

$$= \frac{1}{2}\cdot(-1)+\frac{1}{2}\cdot\frac{1}{2}+\frac{1}{2}\cdot\frac{1}{2}=0$$

$$\therefore \frac{a}{b}=\frac{301}{2}=150.5$$

$$\therefore \left[\frac{a}{b}\right]=150$$

답 ①

02 $(x-4)^2+(ax)^2=\dfrac{4}{n^2}$

정리하면

$$(a^2+1)x^2-8x+16-\frac{4}{n^2}=0$$

판별식을 D라고 하면

$$\frac{D}{4}=16-16(a^2+1)+(a^2+1)\times\frac{4}{n^2}$$

$$=\left(\frac{4}{n^2}-16\right)a^2+\frac{4}{n^2}=0$$

따라서

$$\{f(n)\}^2=a^2=\frac{\dfrac{4}{n^2}}{16-\dfrac{4}{n^2}}=\frac{1}{4n^2-1}$$

$$=\frac{1}{(2n-1)(2n+1)}$$

$$\therefore \sum_{n=1}^{10}\{f(n)\}^2=\sum_{n=1}^{10}\frac{1}{(2n-1)(2n+1)}$$

$$=\frac{1}{2}\left(\frac{1}{1}-\frac{1}{3}\right)+\frac{1}{2}\left(\frac{1}{3}-\frac{1}{5}\right)+\cdots+\frac{1}{2}\left(\frac{1}{19}-\frac{1}{21}\right)$$

$$=\frac{1}{2}\left(\frac{1}{1}-\frac{1}{21}\right)=\frac{10}{21}$$

답 ②

03 ㄱ. (가)의 1세대는 다음과 같다.

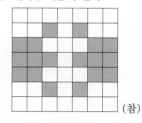

(참)

ㄴ. (나)의 1세대는 다음과 같다.

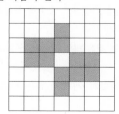

2세대는 다음과 같다.

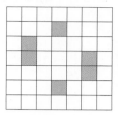

3세대는 다음과 같다.

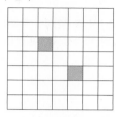

4세대에서 모든 정사각형이 죽게 된다. (참)

ㄷ. (다)의 1세대는 다음과 같다.

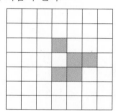

2세대는 다음과 같다.

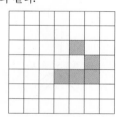

3세대는 다음과 같다.

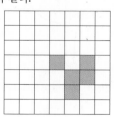

4세대는 다음과 같다.

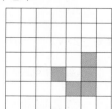

0세대와 4세대의 모양이 같다. 따라서 4가지 모양이 그 다음 세대에도 반복될 것이다. (거짓)

답 ③

04 k에 차례로 1부터 20까지 대입해서 정리해 보면

$$\frac{3}{1}+\frac{3}{2}+\frac{3}{3}+\cdots\cdots+\frac{3}{20}$$

$$\frac{5}{2}+\frac{5}{3}+\cdots\cdots+\frac{5}{20}$$

$$\frac{7}{3}+\cdots+\frac{7}{20}$$

$$\vdots$$

$$\frac{41}{20}$$ 로 정리할 수 있다.

이때, 분모가 1인 항은 1개, 분모가 2인 항은 2개, 분모가 20인 항은 20개임을 알 수 있다. 따라서 주어진 식은

$$S=\sum_{n=1}^{20}\left(\sum_{k=1}^{n}\frac{2k+1}{n}\right)$$
$$=\sum_{n=1}^{20}\frac{1}{n}\sum_{k=1}^{n}(2k+1)$$
$$=\sum_{n=1}^{20}\frac{1}{n}\{n(n+1)+n\}$$
$$=\sum_{n=1}^{20}(n+2)=250$$

답 ①

┌─────────────────────────────┐
│ **유형 연습 더 하기** │

01 195　　**02** ⑤　　**03** 142　　**04** ⑤

01

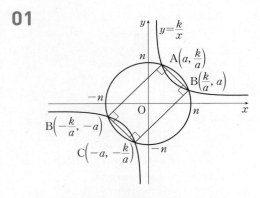

제 1사분면의 교점 중 한 점의 x좌표를 a라고 하면 네 교점은 $\left(a,\frac{k}{a}\right)$, $\left(\frac{k}{a},a\right)$, $\left(-a,-\frac{k}{a}\right)$, $\left(-\frac{k}{a},-a\right)$가 된다. 따라서 직사각형의 가로와 세로의 길이는 $\sqrt{2\left(\frac{k}{a}-a\right)^2}$과 $\sqrt{2\left(a+\frac{k}{a}\right)^2}$이 된다. 이때 $\frac{k}{a}>a$라고 하면 $2\times\sqrt{2}\left(\frac{k}{a}-a\right)=\sqrt{2}\left(a+\frac{k}{a}\right)$이므로 $a^2=\frac{k}{3}$이다. 또 $\left(a,\frac{k}{a}\right)$는 원 위의 점이므로 $a^2+\frac{k^2}{a^2}=n^2$이고 $a^2=\frac{k}{3}$를 대입하면 $\frac{10}{3}k=n^2$이고 $k=\frac{3}{10}n^2$이다.

$$\therefore \sum_{n=1}^{12}f(n)=\sum_{n=1}^{12}\frac{3}{10}n^2=\frac{3}{10}\times\frac{12\times13\times25}{6}=195$$

답 195

02 $f(x)=g(x)\Rightarrow x^2-6x+7=x+n$

$x^2-7x+(7-n)=0$의 두 근을 α, β라 하면

$\alpha+\beta=7$, $\alpha\beta=7-n$

따라서 $|\alpha-\beta|=\sqrt{7^2-4(7-n)}=\sqrt{21+4n}$

두 교점은 기울기가 1인 $g(x)$ 위의 점이므로 두 교점의 x 좌표값의 차는 y좌표값의 차와 같다.

즉, $a_n=\sqrt{2}\,|\alpha-\beta|=\sqrt{42+8n}$

$$\therefore \sum_{n=1}^{10}a_n^2=\sum_{n=1}^{10}(42+8n)=420+440=860$$

답 ⑤

03 (i) 198행에 나열된 바둑돌의 개수는

$198=3\times66$

따라서 198행에 놓인 흰색의 바둑돌의 개수는

$2\times66=132$

즉, 198이 쓰인 바둑돌의 개수는 132이다.

(ii) 4개의 합이 198인 경우, n행에 198이 있다고 가정하면

$(n-1)+n+2(n+1)=198$

$\therefore 4n+1=198$ (불가능)

(iii) 6개의 합이 198인 경우 n행에 198이 있다고 가정하면

$2(n-1)+2n+2(n+1)=198$

$6n=198$　$\therefore n=33$

(ii), (iii)에서 198은 33행에 존재한다.

33행에는 바둑돌이 총 34개 있다. 이때, 제일 왼쪽에 검은색 돌을 놓은 다음 흰색, 흰색, 검은색 돌을 놓는다.

이때 양 끝의 검은색 돌은 숫자 4개의 합이므로

$(34-1)\div3-1=11-1=10$

따라서 (i), (ii), (iii)에서 198이 쓰인 바둑돌의 개수는

$132+10=142$

답 142

04

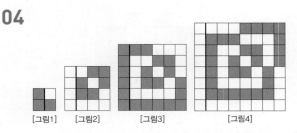

[그림1]　　[그림2]　　[그림3]　　[그림4]

위 그림에서 굵은 선을 기준으로 오른쪽 부분은 흰 타일의 개수와 검은 타일의 개수가 같다.

따라서 [그림1]에서는 검은 타일의 개수가 흰 타일의 개수보다 2개 많다.

[그림2]에서는 흰 타일의 개수가 검은 타일의 개수보다 4개 많다.

[그림3]에서는 검은 타일의 개수가 흰 타일의 개수보다 6개 많다.

[그림4]에서는 흰 타일의 개수가 검은 타일의 개수보다 8개 많다.

$$\vdots$$

한편, 전체 타일의 개수가 400이 될 때는 한 변의 길이가 20이 될 때이므로 규칙을 추론하면 흰 타일의 개수가 검은 타일의 개수보다 20개 많다.

답 ⑤

⑩③ 수학적 귀납법

기출 유형 더 풀기

01 ④

01 $a_2=-1-3a_1$

$a_3=2-3a_2$

$a_4=-3-3a_3$

$$\vdots$$

$a_{2012}=-2011-3a_{2011}$

양변을 더하면

$$\sum_{k=2}^{2011} a_k + a_{2012} = -1006 - 3a_1 - 3\sum_{k=2}^{2011} a_k$$

$4\displaystyle\sum_{k=2}^{2011} a_k + 3a_1 + a_{2012} = -1006$ 에 $a_{2012}=a_1-2$를 대입하면

$$4\sum_{k=2}^{2011} a_k + 3a_1 + a_1 - 2 = -1006$$

$$4\sum_{k=1}^{2011} a_k = -1004$$

$$\therefore \sum_{n=1}^{2011} a_n = -251$$

답 ④

유형 연습 더 하기

01 ②　　**02** 39

01 $a_{n+1}-a_n=2(n-1)$이므로

$a_n = a_1 + \displaystyle\sum_{k=1}^{n-1} 2(k-1)$ $(n \geq 2)$

$\therefore a_{10} = a_1 + \displaystyle\sum_{k=1}^{9}(2k-2)$

$\qquad = a_1 + 2 \times \dfrac{9 \times 10}{2} - 2 \times 9$

$\qquad = a_1 + 72 = 100$

$\therefore a_1 = 28$

답 ②

02 $a_n+1-a_n=(-1)^n\dfrac{2n+1}{n(n+1)}$

$\qquad =(-1)^n\left(\dfrac{2n+1}{n}-\dfrac{2n+1}{n}+1\right)$

$\qquad =(-1)^n\left(2+\dfrac{1}{n}-2+\dfrac{1}{n+1}\right)$

$\qquad =(-1)^n\left(\dfrac{1}{n}+\dfrac{1}{n+1}\right)$

즉, $a_{n+1}-a_n=(-1)^n\left(\dfrac{1}{n}+\dfrac{1}{n+1}\right)$이므로

$a_{20}=2+\displaystyle\sum_{k=1}^{19}(a_{k+1}-a_k)=2+\sum_{k=1}^{19}(-1)^k\left(\dfrac{1}{k}+\dfrac{1}{k+1}\right)$

$\qquad =2+\left\{-\left(1+\dfrac{1}{2}\right)+\left(\dfrac{1}{2}+\dfrac{1}{3}\right)-\cdots-\left(\dfrac{1}{19}+\dfrac{1}{20}\right)\right\}$

$\qquad =2+\left(-1-\dfrac{1}{20}\right)=1-\dfrac{1}{20}=\dfrac{19}{20}$

따라서 $p=20$, $q=19$이므로 $p+q=39$

답 39

Ⅳ. 지수와 로그

⑩① 지수

기출 유형 더 풀기

01 150　　**02** ①

01 $12^{\frac{2a+b}{1-a}}=\left(\dfrac{60}{5}\right)^{\frac{2a+b}{1-a}}=60^{\frac{2a+b}{1-a}}5^{\frac{2a+b}{a-1}}$

$\qquad =(60^{2a+b})^{\frac{1}{1-a}}(60^a)^{\frac{2a+b}{a-1}}$ $(\because 60^a=5)$

$\qquad =(60^{2a+b})^{\frac{1}{1-a}}(60^{2a+b})^{\frac{a}{a-1}}$

$\qquad =150^{\frac{1}{1-a}}150^{\frac{a}{a-1}}$ $(\because 60^{2a+b}=5^2\times 6=150)$

$\qquad =150^{\frac{-1}{a-1}}150^{\frac{a}{a-1}}=150^{\frac{a-1}{a-1}}=150$

답 150

02 세균 S는 4시간마다, 세균 T는 6시간마다 개체 수가 두 배로 증가한다. 즉, 12시간마다 세균 S는 8배, 세균 T는 4배로 증가한다.

두 세균의 최초 개체 수를 비교하면 T가 S의 2^6가 된다. 12시간 마다 이 개체 수의 차이는 2배씩 줄어들게 된다. 따라서 총 72시 간이 지나면 개체수가 같아지게 된다. 따라서 세균 S의 개체 수 는 2^{20}개가 된다.

답 ①

01

$n = p_1^{a_1} p_2^{a_2} \cdots p_n^{a_n}(p_1, p_2, \cdots, p_n$은 소수$)$이라고 할 때, $f(n)$의 값은 $4a_1, 4a_2, \cdots, 4a_n$의 공약수의 개수와 같다.

이때, 약수의 개수가 8인 자연수 중 가장 작은 수는 1, 2, 3, 4, 6, 8, 12, 24를 약수로 가지는 24이다.

따라서 $f(n) = 8$을 만족하는 가장 작은 자연수 n은

가장 작은 소인수만을 가질 때 $p_1 = 2$,

$4a_1 = 24$에서 $a_1 = 6$

$\therefore n = 2^6 = 64$ **답** 64

02

주어진 가격표에 의하여

$x = 0.3$일 때, $f(x) = 70$이므로

$f(0.3) = a(b^{0.3} - 1) = 70$ …… ㉠

$x = 0.6$일 때, $f(x) = 210$이므로

$f(0.6) = a(b^{0.6} - 1)$

$\qquad = a(b^{0.3} - 1)(b^{0.3} + 1)$

$\qquad = 70(b^{0.3} + 1) = 210$

$b^{0.3} + 1 = 3$

$\therefore b^{0.3} = 2$

㉠에 대입하면 $a = 70$

$\therefore f(1.5) = 70(b^{1.5} - 1)$

$\qquad = 70\{(b^{0.3})^5 - 1\}$

$\qquad = 70(2^5 - 1)$

$\qquad = 70 \times 31$

$\qquad = 2170$ (만 원) **답** ④

03

$v_A = c\left(\dfrac{\pi a^2}{2\pi a}\right)^{\frac{2}{3}}(0.01)^{\frac{1}{2}} = \dfrac{c}{10}\left(\dfrac{a}{2}\right)^{\frac{2}{3}}$,

$v_B = c\left(\dfrac{\pi b^2}{2\pi b}\right)^{\frac{2}{3}}(0.04)^{\frac{1}{2}} = \dfrac{c}{5}\left(\dfrac{b}{2}\right)^{\frac{2}{3}}$이므로

$\dfrac{v_A}{v_B} = \dfrac{\dfrac{c}{10}\left(\dfrac{a}{2}\right)^{\frac{2}{3}}}{\dfrac{c}{5}\left(\dfrac{b}{2}\right)^{\frac{2}{3}}} = \dfrac{1}{2}\left(\dfrac{a}{b}\right)^{\frac{2}{3}} = 2$

따라서 $\left(\dfrac{a}{b}\right)^{\frac{2}{3}} = 4$이므로 $\dfrac{a}{b} = 8$ **답** ③

04

$3^{-2a} \times \sqrt{7} = 2^{a - \frac{1}{2}}$에서

$\left(\dfrac{1}{9}\right)^a \times \sqrt{7} = 2^a \times \dfrac{1}{\sqrt{2}}$, $2^a \times 9^a = \sqrt{14}$

$\therefore 18^a = \sqrt{14}$

$\therefore 324^a = (18^2)^a = (18^a)^2 = (\sqrt{14})^2 = 14$ **답** 14

05

$f(2 \cdot 3)f(3 \cdot 4) \cdots f(9 \cdot 10)$

$= a^{\frac{1}{2 \cdot 3}} a^{\frac{1}{3 \cdot 4}} \cdots a^{\frac{1}{9 \cdot 10}} = a^{\frac{1}{2 \cdot 3} + \frac{1}{3 \cdot 4} + \cdots + \frac{1}{9 \cdot 10}}$

$= a^{\frac{1}{2} - \frac{1}{3} + \frac{1}{3} - \frac{1}{4} + \cdots + \frac{1}{9} - \frac{1}{10}} = a^{\frac{1}{2} - \frac{1}{10}} = a^{\frac{4}{10}}$

$= a^{\frac{2}{5}} = f\left(\dfrac{5}{2}\right)$

$\therefore 10k = 10 \cdot \dfrac{5}{2} = 25$ **답** 25

06

$T_i V_i^{\gamma - 1} = T_f V_f^{\gamma - 1}$에 $\gamma = \dfrac{5}{3}$를 대입하여 정리하면

$T_i V_i^{\frac{5}{3} - 1} = T_f V_f^{\frac{5}{3} - 1}$

$T_i V_i^{\frac{2}{3}} = T_f V_f^{\frac{2}{3}}$

주어진 조건에서 $T_i = 480$, $V_i = 5$, $T_f = 270$이므로 각각을

$T_i V_i^{\frac{2}{3}} = T_f V_f^{\frac{2}{3}}$에 대입하여 정리하면

$480 \times 5^{\frac{2}{3}} = 270 \times V_f^{\frac{2}{3}}$

$V_f^{\frac{2}{3}} = \dfrac{16}{9} \times 5^{\frac{2}{3}}$

$\therefore V_f = \left(\dfrac{16}{9}\right)^{\frac{3}{2}} \times (5^{\frac{2}{3}})^{\frac{3}{2}} V = \dfrac{64}{27} \times 5 = \dfrac{320}{27}$ **답** ⑤

02 로그

01

$\log_2 x \log_3 x + \log_3 x \log_5 x + \log_5 x \log_2 x = \log_2 x \log_3 x \log_5 x$

$\dfrac{\log x \log x}{\log 2 \log 3} + \dfrac{\log x \log x}{\log 3 \log 5} + \dfrac{\log x \log x}{\log 5 \log 2} = \dfrac{\log x \log x \log x}{\log 2 \log 3 \log 5}$

$\dfrac{1}{\log 2 \log 3} + \dfrac{1}{\log 3 \log 5} + \dfrac{1}{\log 5 \log 2} = \dfrac{\log x}{\log 2 \log 3 \log 5}$

$\log x = \log 2 + \log 3 + \log 5 = \log 30$

$\therefore x = 10^{\log 2 + \log 3 + \log 5} = 30$ **답** ③

02 $\log a = 3 - \log(a+b)$에서, $\log a(a+b) = 3 = \log 10^3$

따라서 $a(a+b) = 10^3$이므로, a와 $a+b$는 10^3의 약수이다. 이때 약수의 개수는 순서쌍의 개수와 같다.

$10^3 = 2^3 5^3$이므로, 약수의 개수는

$4 \times 4 = 16$

답 ④

03 주어진 식에서 $100 \log 2 = n \log m$, $2^{100} = m^n$

이때 n은 100의 약수가 되어야 하고, n의 값에 따라 m의 값은 하나로 결정된다.

따라서 자연수의 순서쌍 (m, n)의 개수는 100의 약수의 개수와 같은 9이다.

답 9

유형 연습 더 하기

| 01 ② | 02 ③ | 03 21 | 04 ③ |

---

01 $\log_2 a$와 $\log_2 b$를 각각 $\log_2 a = n_1 + \alpha$, $\log_2 b = n_2 + \alpha$라고 쓰자. (단, n_1, n_2는 정수, $0 \le \alpha < 1$)

$\therefore \log_2 b - \log_2 a = n_2 - n_1 = m$ (m은 정수)

$\log_2 \dfrac{b}{a} = m$

$\dfrac{b}{a} = 2^m$

(i) $m = 1$일 때,

$\dfrac{b}{a} = 2$이므로 $b = 2a$를 만족하는 순서쌍 (a, b)는

$(11, 22), (12, 24), \cdots, (24, 48)$ 총 14개

(ii) $m = 2$일 때,

$\dfrac{b}{a} = 2^2$이므로 $b = 4a$를 만족하는 순서쌍 (a, b)는

$(11, 44), (12, 48)$ 총 2개

(iii) $m \ge 3$일 때,

$\dfrac{b}{a} \ge 2^3$이므로 $b \ge 8a$를 만족하는 순서쌍 (a, b)는 주어진 범위에서 존재하지 않는다.

(i), (ii), (iii)에 의하여 주어진 조건을 만족하는 순서쌍 (a, b)의 개수는 총 16개이다.

답 ②

02 $\log x = X$, $\log y = Y$

$\dfrac{Y}{X} = \dfrac{\log 8}{\log 3}$, $\dfrac{4XY}{\log 2 \log 3} = 3$

을 정리하면

$\dfrac{Y}{X} = \dfrac{3 \log 2}{\log 3}$ ······ ㉠

$XY = \dfrac{3}{4}(\log 2)(\log 3)$ ······ ㉡

㉠×㉡에 의하여

$Y^2 = \left(\dfrac{3 \log 2}{2}\right)^2$, $Y = \dfrac{3 \log 2}{2}$ ($\because Y > 0$)

㉡÷㉠에 의하여

$X^2 = \left(\dfrac{\log 3}{2}\right)^2$, $X = \dfrac{\log 3}{2}$ ($\because X > 0$)

$X + Y = \log x + \log y = \log xy = \dfrac{\log 24}{2}$

$\therefore xy = 10^{\frac{\log 24}{2}} = \sqrt{24} = 2\sqrt{6}$

답 ③

03 $a_n = \displaystyle\sum_{k=1}^{n} a_k - \sum_{k=1}^{n} a_{k-1}$

$= \log \dfrac{(n+1)(n+2)}{2} - \log \dfrac{n(n+1)}{2}$

$= \log \left\{ \dfrac{(n+1)(n+2)}{2} \times \dfrac{2}{n(n+1)} \right\}$

$= \log \dfrac{n+2}{n}$ (단, $n = 2, 3, 4, \cdots$)

이때, $a_1 = \log \dfrac{2 \cdot 3}{2} = \log 3$이므로 모든 자연수 n에 대하여

$a_n = \log \dfrac{n+2}{n}$가 성립한다.

따라서 $a_{2n} = \log \dfrac{2n+2}{2n} = \log \dfrac{n+1}{n}$이므로

$\displaystyle\sum_{k=1}^{20} a_{2k} = \sum_{k=1}^{20} \log \dfrac{k+1}{k}$

$= \log 2 + \log \dfrac{3}{2} + \log \dfrac{4}{3} + \cdots + \log \dfrac{21}{20}$

$= \log \left(2 \times \dfrac{3}{2} \times \dfrac{4}{3} \times \cdots \times \dfrac{21}{20} \right)$

$= \log 21 = p$

$\therefore 10^p = 10^{\log 21} = 21$

답 21

04 $t = 0$일 때, $\log 5000 = k$

$\log N = k + n \log \dfrac{4}{5} \le \log 1000$에서

$\log 5000 + n \log \dfrac{4}{5} \le \log 1000$, $\log 5 \le n \log \dfrac{5}{4}$

$\log 10 - \log 2 \le n (\log 10 - 3 \log 2)$

$\therefore n \ge \dfrac{1 - \log 2}{1 - 3 \log 2} = \dfrac{1 - 0.3010}{1 - 3 \times 0.3010}$

$= \dfrac{0.6990}{0.0970}$

$= 7.2061\cdots$

따라서 구하는 자연수 n의 값은 8이다.

답 ③

Ⅰ. 수열의 극한

01 수열의 극한

기출 유형 더 풀기

01 ③	02 ③	03 ②	04 ③	05 ②
06 ①				

01 $x_1=1$

$x_2=a$

$x_3=t(1)+(1-t)a=a+(1-a)t=1+(a-1)+(a-1)\times(-t)$

$x_4=at+(1-t)\{1+(a-1)+(a-1)\times(-t)\}$

$\quad=at+1+(a-1)-t+(a-1)\times(-t)-(a-1)t+(a-1)\times t^2$

$\quad=a-(a-1)t+(a-1)\times t^2$

$\quad=1+(a-1)+(a-1)\times(-t)+(a-1)\times(-t)^2$

$x_5=1+(a-1)\{1+(-t)+(-t)^2+(-t)^3\}$

$\qquad\vdots$

$x_n=1+(a-1)\{1+(-t)+\cdots+(-t)^{n-2}\}$

$\quad=1+(a-1)\times\dfrac{1-(-t)^{n-1}}{1-(-t)}=1+(a-1)\times\dfrac{1-(-t)^{n-1}}{1+t}$

$\therefore \lim\limits_{n\to\infty}x_n=\lim\limits_{n\to\infty}\Big(1+(a-1)\times\dfrac{1-(-t)^{n-1}}{1+t}\Big)=1+\dfrac{a-1}{1+t}=k$

$(\because 0<t<1, k\text{는 정수})$

$0<t<1$이므로 $1+\dfrac{(a-1)}{2}<k<1+(a-1)$ $(\because 0<t<1)$

$\dfrac{a-1}{2}$ 과 $a-1$ 사이에 11개의 정수가 있으므로

$a=24$ 또는 $a=25$

$\therefore 24+25=49$

답 ③

02

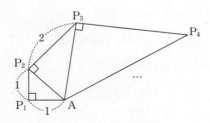

$\overline{P_1P_2}=1$이고 $\overline{P_nP_{n+1}}=2\overline{P_{n-1}P_n}$이므로 $\overline{P_nP_{n+1}}=2^{n-1}$

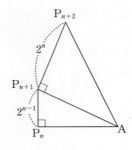

또한 $\overline{AP_{n+1}}^2=\overline{AP_n}^2+\overline{P_nP_{n+1}}^2=\overline{AP_n}^2+(2^{n-1})^2$

$\qquad\qquad=\overline{AP_n}^2+4^{n-1}$

이므로 n이 2 이상의 자연수일 때

$\overline{AP_n}^2=\overline{AP_1}^2+\sum\limits_{k=1}^{n-1}4^{k-1}=1+\dfrac{4^{n-1}-1}{4-1}=\dfrac{4^{n-1}+2}{3}$

$\therefore \lim\limits_{n\to\infty}\Big(\dfrac{\overline{P_nP_{n+1}}}{\overline{AP_n}}\Big)^2=\lim\limits_{n\to\infty}\dfrac{\overline{P_nP_{n+1}}^2}{\overline{AP_n}^2}=\lim\limits_{n\to\infty}\dfrac{4^{n-1}}{\dfrac{4^{n-1}+2}{3}}$

$\qquad\qquad=\lim\limits_{n\to\infty}\dfrac{3\cdot4^{n-1}}{4^{n-1}+2}=\lim\limits_{n\to\infty}\dfrac{3}{1+\dfrac{2}{4^{n-1}}}$

$\qquad\qquad=3$

답 ③

03 ㄱ. $y_{n+1}=f(y_n)=f(x_{n+1})$이다.

따라서

$1-2x_{n+1}=1-2y_n=1-2f(x_n)=1-4x_n(1-x_n)=(1-2x_n)^2$

$a_n=\log|1-2x_n|=\log|(1-2x_{n-1})^2|=2\log|1-2x_{n-1}|=\cdots$

$\quad=2^{n-1}\log|1-2x_1|$ (참)

ㄴ. 만약에 x_n이 수렴한다고 하면

$\lim\limits_{n\to\infty}x_{n+1}=\lim\limits_{n\to\infty}x_n=\alpha$로 둘 수 있다.

ㄱ에 나온 x_n과 x_{n+1}의 관계식에 의하여 $1-2\alpha=1-4\alpha(1-\alpha)$

가 되고, $\alpha=\dfrac{1}{2}$이 된다.

$1-2x_{n+1}=1-2y_n$이므로 $x_{n+1}=y_n$이 되어 $\lim\limits_{n\to\infty}y_n=\dfrac{1}{2}$이다.

(참)

ㄷ. $x_1<0$이면 $x_2=2x_1(1-x_1)<0$이게 된다. 계속 이 과정을 이

어나가면 $x_n<0$임을 알 수 있다.

$x_{n+1}=2x_n(1-x_n)$에서 $1-x_n>1$이다.

즉, 이 수열은 1보다 큰 수가 계속해서 곱해져나가는 수열이

므로 P_n은 무한대로 발산한다. (거짓)

답 ②

04 $a_n=2^{2n}+4^n=2\times4^n=2^{2n+1}$이고, $b_n=2^n$

$\therefore \lim\limits_{n\to\infty}\dfrac{\log_2 a_n+\log_2 b_n}{n}=\lim\limits_{n\to\infty}\dfrac{\log_2 2^{2n+1}+\log_2 2^n}{n}$

$\qquad\qquad=\lim\limits_{n\to\infty}\dfrac{2n+1+n}{n}=3$

답 ③

05 ㄱ. $y=x$와 $y=\sqrt{3x+3}-1$의 그래프를 그려보면 다음과 같다.

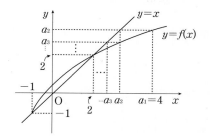

따라서 a_n은 감소수열이다. (참)

ㄴ. $\lim\limits_{n\to\infty}a_n=\lim\limits_{n\to\infty}a_{n+1}=\alpha$라고 하면 주어진 수열의 관계식에 의하여 $\alpha=\sqrt{3\alpha+3}-1$이므로 $\alpha=2$

$a_1=4$이고 a_n은 n이 증가할수록 감소하며 2에 수렴하므로 모든 자연수 n에 대하여 $2<a_n<5$이다. (참)

ㄷ. $\lim\limits_{n\to\infty}a_n=\lim\limits_{n\to\infty}\left(3^{\sum\limits_{k=1}^{n}\frac{1}{2^k}}\times5^{\frac{1}{2^n}}\right)$

$=\lim\limits_{n\to\infty}\left(3^{1-\frac{1}{2^n}}\times5^{\frac{1}{2^n}}\right)$

$=3$

ㄴ에서 $\lim\limits_{n\to\infty}a_n=2$ (거짓)

답 ②

---

06 등비수열 $\{a_n\}$의 일반항을 $a_n=ar^{n-1}$ $(a\neq0,\ r\neq0)$이라 하자.

$\dfrac{S_n-a_n^{\ 2}}{a_n}=\dfrac{S_n}{a_n}-a_n=\dfrac{\dfrac{a(1-r^n)}{1-r}}{ar^{n-1}}-ar^{n-1}$

$\qquad=\dfrac{1}{1-r}\left(\dfrac{1}{r}\right)^{n-1}-\dfrac{r}{1-r}-ar^{n-1}$ …… ㉠

(ⅰ) $|r|<1$

ar^{n-1}은 수렴하지만 $\dfrac{1}{1-r}\left(\dfrac{1}{r}\right)^{n-1}$은 발산한다.

따라서 $\lim\limits_{n\to\infty}\dfrac{S_n-a_n^{\ 2}}{a_n}$ 역시 발산한다.

(ⅱ) $|r|>1$

㉠에서

$\dfrac{1}{1-r}\left(\dfrac{1}{r}\right)^{n-1}$은 수렴하지만 ar^{n-1}은 발산한다.

따라서 $\lim\limits_{n\to\infty}\dfrac{S_n-a_n^{\ 2}}{a_n}$ 역시 발산한다.

(ⅲ) $r=1$

$a_n=a,\ S_n=an$

$\dfrac{S_n-a_n^{\ 2}}{a_n}=\dfrac{an-a^2}{a}=n-a$이므로 $\lim\limits_{n\to\infty}\dfrac{S_n-a_n^{\ 2}}{a_n}$은 발산한다.

즉 $r=-1$일 때 수렴할 수밖에 없다.

(ⅳ) $r=-1$

㉠에 $r=-1$을 대입하면

$\dfrac{S_n-a_n^{\ 2}}{a_n}=\dfrac{1}{2}(-1)^{n-1}+\dfrac{1}{2}-a(-1)^{n-1}$

㉠ n이 홀수

$\dfrac{S_n-a_n^{\ 2}}{a_n}=\dfrac{1}{2}+\dfrac{1}{2}-a=1-a$

㉡ n이 짝수

$\dfrac{S_n-a_n^{\ 2}}{a_n}=-\dfrac{1}{2}+\dfrac{1}{2}+a=a$

$r=-1$일 때 수렴하려면 $1-a=a$이어야 한다.

따라서 $a=\dfrac{1}{2}$이고 일반항을 구하면

$a_n=\dfrac{1}{2}(-1)^{n-1}$ $\therefore a_{10}=\dfrac{1}{2}(-1)^9=-\dfrac{1}{2}$

답 ①

유형 연습 더 하기

01 ②　　**02** 12　　**03** 379　　**04** ③

---

01 $A_n(x_n,\ y_n)$이라고 하면

(나)에 의하여 $B_n(y_n+1,\ x_n)$

(다)에 의하여 $A_{n+1}(x_n+1,\ y_n+2)$

이때 $x_1=1,\ y_1=2$이므로 $x_n=n,\ y_n=2n$

따라서 $A_n(n,\ 2n),\ B_n(2n+1,\ n)$이므로

$\overline{A_nB_n}=(2n+1-n)^2+(n-2n)^2$

$=\sqrt{(n+1)^2+n^2}=\sqrt{2n^2+2n+1}$

$\therefore \lim\limits_{n\to\infty}\dfrac{\overline{A_nB_n}}{n}=\lim\limits_{n\to\infty}\dfrac{\sqrt{2n^2+2n+1}}{n}=\sqrt{2}$

답 ②

---

02 $x_1=1$일 때, $A_1(1,\ 0),\ B_1(0,\ 1),\ C_1(1,\ 1)$에서

$a_1=1\times1\times\dfrac{1}{2}=\dfrac{1}{2},\ b_1=3$

또, 선분 A_2B_2의 중점이 $C_1(1,\ 1)$이므로

$A_2(2,\ 0),\ B_2(0,\ 2),\ C_2(2,\ 2)$

$a_2=2\times2\times\dfrac{1}{2}=2,\ b_2=6$

또, 선분 A_3B_3의 중점이 $C_2(2,\ 2)$이므로

$A_3(2^2,\ 0),\ B_3(0,\ 2^2),\ C_3(2^2,\ 2^2)$

$a_3=2^2\times2^2\times\dfrac{1}{2}=8,\ b_3=12$

$\vdots$

따라서 수열 $\{a_n\},\ \{b_n\}$의 일반항은

$a_n=\dfrac{1}{2}\cdot4^{n-1}=2^{2n-3}$

$b_n=3\cdot2^{n-1}$

$\therefore \lim\limits_{n\to\infty}\dfrac{2^nb_n}{a_n+2^n}=\lim\limits_{n\to\infty}\dfrac{2^{2n-1}\cdot3}{2^{2n-3}+2^n}$

$=\lim\limits_{n\to\infty}\dfrac{\dfrac{2^{2n-1}\cdot3}{2^{2n-1}}}{\dfrac{2^{2n-3}}{2^{2n-1}}+\dfrac{2^n}{2^{2n-1}}}$

$=\dfrac{3}{2^{-2}}=12$

답 12

03 n행의 수들은 n자리 수이며, 제일 앞의 숫자는 1이고 나머지 자리의 숫자는 1 또는 0이다. 또한 각 n행에는 2^{n-1}개의 수가 있다.

따라서 $n \geq 2$일 때 앞에서 두 번째 자리부터 각 자리에 1이 오는 경우의 수는 각각 2^{n-2}이므로

$$a_n = 2^{n-1} \times 10^{n-1} + \sum_{r=0}^{n-2}(2^{n-2} \times 10^r)$$

$$= 2^{n-1} \times 10^{n-1} + 2^{n-2} \times \frac{1-10^{n-1}}{1-10}$$

$$= 2^{n-1} \times 10^{n-1} + 2^{n-2} \times \frac{10^{n-1}-1}{9}$$

$$= \frac{19}{18} \times 2^{n-1} \times 10^{n-1} - \frac{2^{n-2}}{9}$$

$$\therefore \lim_{n \to \infty} \frac{a_n}{20^n} = \lim_{n \to \infty}\left(\frac{19}{18 \times 20} - \frac{1}{4 \times 9 \times 10^n}\right) = \frac{19}{360}$$

따라서 $p=360$, $q=19$이므로

$p+q = 360+19 = 379$

답 379

04 조건 (가)에서 $1 < \dfrac{a_n}{4^n} < 1 + \dfrac{1}{4^n}$ 이고,

$$\lim_{n \to \infty} 1 = \lim_{n \to \infty}\left(1 + \frac{1}{4^n}\right) = 1$$

이므로 $\displaystyle\lim_{n \to \infty} \frac{a_n}{4^n} = 1$

한편, 조건 (나)에서

$$2 + 2^2 + 2^3 + \cdots + 2^n = \frac{2(2^n-1)}{2} - 1 = 2^{n+1} - 2$$

즉, $2^{n+1} - 2 < b_n < 2^{n+1}$에서 $2 - \dfrac{2}{2^n} < \dfrac{b_n}{2^n} < 2$이고

$$\lim_{n \to \infty}\left(2 - \frac{2}{2^n}\right) = \lim_{n \to \infty} 2 = 2$$이므로

$$\lim_{n \to \infty} \frac{b_n}{2^n} = 2$$

따라서 구하는 극한값은

$$\lim_{n \to \infty} \frac{4a_n + b_n}{2a_n + 2^n b_n} = \lim_{n \to \infty} \frac{\dfrac{4a_n + b_n}{4^n}}{\dfrac{2a_n + 2^n b_n}{4^n}}$$

$$= \lim_{n \to \infty} \frac{4 \times \dfrac{a_n}{4^n} + \dfrac{b_n}{2^n} \times \dfrac{1}{2^n}}{2 \times \dfrac{a_n}{4^2} + \dfrac{b^n}{2^n}}$$

$$= \frac{4}{2+2} = 1$$

답 ③

⑫ 급수

기출 유형 더 풀기

01 ②　　**02** ③　　**03** ③　　**04** ⑤

01 공차를 d라고 하면 $a_{10} - a_2 = 8d = 4$

$d = \dfrac{1}{2}$이므로 $a_n = 3 + \dfrac{1}{2} \times (n-1) = \dfrac{n+5}{2}$가 되어

$$\frac{1}{a_n a_{n+1} a_{n+2}} = \frac{1}{\dfrac{n+5}{2} \times \dfrac{n+6}{2} \times \dfrac{n+7}{2}} = \frac{8}{(n+5)(n+6)(n+7)}$$

$$= 4\left\{\frac{1}{(n+5)(n+6)} - \frac{1}{(n+6)(n+7)}\right\}$$

이 수열의 합을 구하면

$$\sum_{k=1}^{n} \frac{1}{a_k a_{k+1} a_{k+2}} = 4\sum_{k=1}^{n}\left\{\frac{1}{(k+5)(k+6)} - \frac{1}{(k+6)(k+7)}\right\}$$

$$= 4\left[\left(\frac{1}{6 \cdot 7} - \frac{1}{7 \cdot 8}\right) + \left(\frac{1}{7 \cdot 8} - \frac{1}{8 \cdot 9}\right) + \cdots \right.$$

$$\left. + \left\{\frac{1}{(n+5)(n+6)} - \frac{1}{(n+6)(n+7)}\right\}\right]$$

$$= 4\left\{\frac{1}{6 \cdot 7} - \frac{1}{(n+6)(n+7)}\right\}$$

$$\therefore \sum_{n=1}^{\infty} \frac{1}{a_n a_{n+1} a_{n+2}} = \lim_{n \to \infty} \sum_{k=1}^{n} \frac{1}{a_n a_{n+1} a_{n+2}}$$

$$= \lim_{n \to \infty} 4\left\{\frac{1}{6 \cdot 7} - \frac{1}{(n+6)(n+7)}\right\}$$

$$= \frac{4}{42} = \frac{2}{21}$$

답 ②

02 $k=1$일 때, $A \cup B = A_3 = \{1, 2, 3\}$

$k=2$일 때, $A \cup B = A_4 = \{1, 2, 3, 4\}$

따라서

$k=k$일 때, $A \cup B = A_{k+2} = \{1, 2, 3, \cdots\cdots, k+2\}$

$n(A) = 2$이므로,

집합 A의 개수 $= {}_{k+2}C_2$ ($k+2$개에서 2개를 고른다.)

집합 B의 개수 $= 2^{k+2-k} = 2^2$

따라서 $a_k = {}_{k+2}C_2 \times 2^2 = 2(k+1)(k+2)$

$$\therefore \sum_{k=1}^{\infty} \frac{1}{a_k} = \sum_{k=1}^{\infty} \frac{1}{2(k+1)(k+2)} = \frac{1}{2}\sum_{k=1}^{\infty}\left(\frac{1}{k+1} - \frac{1}{k+2}\right)$$

$$= \lim_{n \to \infty} \frac{1}{2}\left(\frac{1}{2} - \frac{1}{n+2}\right) = \frac{1}{4}$$

답 ③

03 $0 < x < 1$이므로 $\dfrac{1}{x} > 1$

$y = g(x)$에서

$n \leq \dfrac{1}{x} < n+1$이면 $\dfrac{1}{n+1} < x \leq \dfrac{1}{n}$이고, 이때 $g(x) = \dfrac{1}{n+2}$

$$\therefore R(g) = \sum_{n=1}^{\infty}\left(\frac{1}{n} - \frac{1}{n+1}\right)\frac{1}{n+2} = \sum_{n=1}^{\infty} \frac{1}{n(n+1)(n+2)}$$

$$= \frac{1}{2}\sum_{n=1}^{\infty}\left\{\frac{1}{n(n+1)} - \frac{1}{(n+1)(n+2)}\right\}$$

$$= \frac{1}{2}\sum_{n=1}^{\infty}\left(\frac{1}{n} - \frac{1}{n+1}\right) - \frac{1}{2}\sum_{n=1}^{\infty}\left(\frac{1}{n+1} - \frac{1}{n+2}\right) = \frac{1}{4}$$

답 ③

04 주어진 조건에서

$\dfrac{\log x}{\log a_n}+\dfrac{\log x}{\log a_{n+1}}=\log x$, $\dfrac{1}{\log a_n}+\dfrac{1}{\log a_{n+1}}=1$

$\dfrac{1}{\log a_1}+\dfrac{1}{\log a_2}$ 이고 $a_1=\dfrac{1}{10}$ 이므로 $a_2=10^{\frac{1}{2}}$

$\dfrac{1}{\log a_2}+\dfrac{1}{\log a_3}=1$ 에서 $a_3=\dfrac{1}{10}$

$\vdots$

따라서 $a_{2n-1}=10^{-1}$, $a_{2n}=10^{\frac{1}{2}}$ 이고

$b_n=10^{-1}\times10^{\frac{1}{2}}\times\cdots\times10^{-1}\times10^{\frac{1}{2}}$

$=10^{-n}\times10^{\frac{n}{2}}=10^{-\frac{n}{2}}$

$\therefore \displaystyle\sum_{n=1}^{\infty}b_n=\sum_{n=1}^{\infty}(10^{-\frac{1}{2}})^n=\dfrac{10^{-\frac{1}{2}}}{1-10^{-\frac{1}{2}}}=\dfrac{1}{\sqrt{10}-1}=\dfrac{\sqrt{10}+1}{9}$ 　답 ⑤

유형 연습 더 하기

| 01 12 | 02 ② | 03 19 | 04 2 | 05 ② |

06 103

---

01 $\displaystyle\sum_{n=1}^{\infty}\dfrac{3-a_n}{2}$ 이 수렴하므로 $\displaystyle\lim_{n\to\infty}\dfrac{3-a_n}{2}=0$

$\therefore \displaystyle\lim_{n\to\infty}a_n=3$

$\therefore \displaystyle\lim_{n\to\infty}\dfrac{4na_n+5}{n-3}=\lim_{n\to\infty}\dfrac{4a_n+\dfrac{5}{n}}{1-\dfrac{3}{n}}=\dfrac{4\times3+0}{1-0}=12$ 　답 12

---

02 $S_{2n-2}=\dfrac{2}{n}\,(n\geq2)$ 이므로

$a_{2n-1}=S_{2n-1}-S_{2n-2}=\dfrac{2}{n+2}-\dfrac{2}{n}\ (n\geq2)$

$\therefore \displaystyle\sum_{n=1}^{\infty}a_{2n-1}=a_1+\sum_{n=2}^{\infty}\left(\dfrac{2}{n+2}-\dfrac{2}{n}\right)$

$=\dfrac{2}{3}+2\displaystyle\lim_{n\to\infty}\sum_{k=2}^{n}\left(\dfrac{1}{k+2}-\dfrac{1}{k}\right)$

$=\dfrac{2}{3}+2\displaystyle\lim_{n\to\infty}\left\{\left(\dfrac{1}{4}-\dfrac{1}{2}\right)+\left(\dfrac{1}{5}-\dfrac{1}{3}\right)+\left(\dfrac{1}{6}-\dfrac{1}{4}\right)+\cdots\right.$

$\left.+\left(\dfrac{1}{n+1}-\dfrac{1}{n-1}\right)+\left(\dfrac{1}{n+2}-\dfrac{1}{n}\right)\right\}$

$=\dfrac{2}{3}+2\displaystyle\lim_{n\to\infty}\left(-\dfrac{1}{2}-\dfrac{1}{3}+\dfrac{1}{n+1}+\dfrac{1}{n+2}\right)$

$=\dfrac{2}{3}-1-\dfrac{2}{3}=-1$ 　답 ②

---

03 등비수열 $\{a_n\}$ 의 첫째항을 a, 공비를 r라 하면

$a_2=ar=\dfrac{1}{2}$, $a_5=ar^4=\dfrac{1}{6}$

$\therefore r^3=\dfrac{1}{3}$

한편, $ar=\dfrac{1}{2}$ 이므로 $(ar)^3=\dfrac{1}{8}$ 에 $r^3=\dfrac{1}{3}$ 을 대입하면 $a^3=\dfrac{3}{8}$

이때

$a_na_{n+1}a_{n+2}=ar^{n-1}ar^nar^{n+1}=a^3r^{3n}=\dfrac{3}{8}\cdot\left(\dfrac{1}{3}\right)^n$

이므로 수열 $\{a_na_{n+1}a_{n+2}\}$ 은 첫째항이 $\dfrac{1}{8}$ 이고 공비가 $\dfrac{1}{3}$ 인 등비수열이다.

$\therefore \displaystyle\sum_{n=1}^{\infty}a_na_{n+1}a_{n+2}=\dfrac{\dfrac{1}{8}}{1-\dfrac{1}{3}}=\dfrac{\dfrac{1}{8}}{\dfrac{2}{3}}=\dfrac{3}{16}$

따라서 $p=16$, $q=3$ 이므로 $p+q=16+3=19$ 　답 19

---

04 무한수열 $\{(x+2)(x^2-4x+3)^{n-1}\}$ 은 첫째항이 $(x+2)$, 공비가 $(x-1)(x-3)$ 인 등비수열이므로 이 수열이 수렴하려면 첫째항이 0이거나 공비가 $-1<x^2-4x+3\leq1$ 이어야 한다.

이때, $x+2=0$ 에서 $x=-2$

또, $-1<x^2-4x+3\leq1$ 에서 $2-\sqrt{2}\leq x<2$ 또는 $2<x\leq2+\sqrt{2}$ 이므로 이를 만족하는 정수는 $x=1$ 또는 $x=3$ 이다.

따라서 모든 정수 x 의 합은 $-2+1+3=2$ 　답 2

05

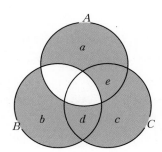

집합 $S(n)$ 의 각 원소가 위 벤 다이어그램의 a, b, c, d, e의 위치 중 어느 하나에 속하게 될 때, 집합 A, B, C가 주어진 조건을 만족한다.

따라서 집합 A, B, C를 정하는 방법의 수는 $a_n=5^n$ 이므로

$\displaystyle\sum_{n=1}^{\infty}\dfrac{1}{a_n}=\sum_{n=1}^{\infty}\dfrac{1}{5^n}=\dfrac{\dfrac{1}{5}}{1-\dfrac{1}{5}}=\dfrac{1}{4}$

　답 ②

---

06 $\dfrac{104}{333}=\dfrac{312}{999}=0.312312312\cdots$

$=\dfrac{3}{10}+\dfrac{1}{10^2}+\dfrac{2}{10^3}+\dfrac{3}{10^4}+\dfrac{1}{10^5}+\dfrac{2}{10^6}+\cdots$

이므로 $a_1=3$, $a_2=1$, $a_3=2$, $a_4=3$, $a_5=1$, $a_6=2$, $\cdots$

$\therefore \displaystyle\sum_{n=1}^{\infty}\dfrac{a_n}{5^n}=\dfrac{3}{5^1}+\dfrac{1}{5^2}+\dfrac{2}{5^3}+\dfrac{3}{5^4}+\dfrac{1}{5^5}+\dfrac{2}{5^6}+\cdots$

$=3\times\left(\dfrac{1}{5^1}+\dfrac{1}{5^4}+\dfrac{1}{5^7}+\cdots\right)+1\times\left(\dfrac{1}{5^2}+\dfrac{1}{5^5}+\dfrac{1}{5^8}+\cdots\right)$

$+2\times\left(\dfrac{1}{5^3}+\dfrac{1}{5^6}+\dfrac{1}{5^9}+\cdots\right)$

$$=\frac{\frac{3}{5}}{1-\frac{1}{5^3}}+\frac{\frac{1}{5^2}}{1-\frac{1}{5^3}}+\frac{\frac{2}{5^3}}{1-\frac{1}{5^3}}$$

$$=\left(\frac{3}{5}+\frac{1}{25}+\frac{2}{125}\right)\times\frac{1}{1-\frac{1}{5^3}}$$

$$=\frac{82}{125}\times\frac{125}{124}=\frac{82}{124}=\frac{41}{62}$$

따라서 $p=62$, $q=41$이므로 $p+q=62+41=103$ 　　답 103

Ⅱ. 함수의 극한과 연속

01 함수의 극한과 연속

기출 유형 더 풀기

01 ③

01 조건에 따라 그래프를 그리면 다음과 같다.

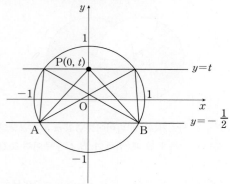

조건 (나)에 의하여, 직선 AB와 점 C 사이의 거리와 직선 AB 와 점 P 사이의 거리가 같아야 한다.

주어진 조건을 만족하는 점 C의 개수를 t의 범위에 따라 구해 보면 다음과 같다.

따라서 $f(t)=\begin{cases}0 & \left(t<-\frac{3}{2}\right)\\1 & \left(t=-\frac{3}{2}\right)\\2 & \left(-\frac{3}{2}<t<-1\right)\\3 & (t=-1)\\4 & \left(-1<t<0,\ t\neq-\frac{1}{2}\right)\\3 & (t=0)\\2 & (0<t<1)\\1 & (t=1)\\0 & (1<t)\end{cases}$

이 함수의 그래프는 다음과 같다.

그래프에 따라

$f(a)+\lim\limits_{t\to a-}f(t)=5$를 만족하는 a값은 -1

$\lim\limits_{t\to0-}f(t)=4=b$　　$\therefore a+b=3$ 　　답 ③

유형 연습 더 하기

01 ④	02 ②	03 ④	04 ①	05 20
06 36				

01 $x\to-1-$일 때, $|x|>1$이므로

$$\lim_{x\to-1-}f(x)=\lim_{x\to-1-}\left(x\lim_{n\to\infty}\frac{\frac{2}{x^{2n}}-1}{\frac{2}{x^{2n}}+1}\right)=(-1)\cdot(-1)=1$$

$\therefore \alpha=1$

$x\to1-$일 때, $|x|<1$이므로

$$\lim_{x\to1-}f(x)=\lim_{x\to1-}\left(x\lim_{n\to\infty}\frac{2-x^{2n}}{2+x^{2n}}\right)=1\cdot1=1$$

$\therefore \beta=1$

$\therefore \alpha\beta=1\cdot1=1$ 　　답 ④

02 $x\to2$일 때, 분자$\to0$, 분모$\to0$이 된다. 따라서 분자와 분모를 모두 유리화한다.

$$\lim_{x\to2}\frac{\sqrt{6-x}-2}{\sqrt{3-x}-1}$$

$$=\lim_{x\to2}\frac{(\sqrt{6-x}-2)(\sqrt{6-x}+2)(\sqrt{3-x}+1)}{(\sqrt{3-x}-1)(\sqrt{3-x}+1)(\sqrt{6-x}+2)}$$

$$=\lim_{x\to2}\frac{(6-x-4)(\sqrt{3-x}+1)}{(3-x-1)(\sqrt{6-x}+2)}$$

$$=\lim_{x\to2}\frac{(2-x)(\sqrt{3-x}+1)}{(2-x)(\sqrt{6-x}+2)}$$

$$=\lim_{x\to2}\frac{\sqrt{3-x}+1}{\sqrt{6-x}+2}$$

$$=\frac{\sqrt{3-2}+1}{\sqrt{6-2}+2}$$

$$=\frac{2}{4}=\frac{1}{2}$$ 　　답 ②

03 중심이 점 P인 원의 반지름의 길이는 y이다. 이때 두 원이 외접하므로

$$\overline{PA}=y+1=\sqrt{x^2+(y-3)^2}$$

$(y+1)^2=x^2+(y-3)^2$에서 $x^2=8y-8$

이때, $x\to\infty$일 때 $y\to\infty$이므로

$$\lim_{x\to\infty}\frac{\overline{PH}^2}{\overline{PA}}=\lim_{x\to\infty}\frac{x^2}{y+1}=\lim_{y\to\infty}\frac{8y-8}{y+1}=8$$

답 ④

04 함수 $f(x)$가 $x=2$에서 연속이므로 $\lim_{x\to 2}f(x)=f(2)=b$

즉, $\lim_{x\to 2}\dfrac{\sqrt{x+7}-a}{x-2}$의 함숫값이 존재하므로 (분모)$\to 0$ 일 때 (분자)$\to 0$이다.

$\sqrt{2+7}-a=0$ $\therefore a=3$

한편, $x\to 2$일 때 $f(x)$의 극한값은

$$\lim_{x\to 2}\frac{\sqrt{x+7}-3}{x-2}=\lim_{x\to 2}\frac{(\sqrt{x+7}-3)(\sqrt{x+7}+3)}{(x-2)(\sqrt{x+7}+3)}$$
$$=\lim_{x\to 2}\frac{x+7-9}{(x-2)(\sqrt{x+7}+3)}$$
$$=\lim_{x\to 2}\frac{1}{\sqrt{x+7}+3}=\frac{1}{6}=b$$

즉 $a=3$, $b=\dfrac{1}{6}$이므로

$$ab=3\times\frac{1}{6}=\frac{1}{2}$$

답 ①

05 $x=1$에서 연속이므로 $x=1$에서 극한값을 갖는다.

$\dfrac{\sqrt{ax}-b}{x-1}$에서 $x\to 1$일 때 분모$\to 0$이므로 분자$\to 0$이려면

$\sqrt{a\times 1}-b=0$

$\therefore \sqrt{a}=b$

$x=1$에서 함수의 극한값과 함숫값이 같으므로

$$\lim_{x\to 1}\frac{\sqrt{ax}-b}{x-1}=\lim_{x\to 1}\frac{\sqrt{ax}-\sqrt{a}}{x-1}=\frac{\sqrt{a}}{2}=2$$

$\therefore a=16$, $b=4$

$\therefore a+b=20$

답 20

06 $h(x)=f(x)-g(x)$라고 하면

$h(x)=x^5+2x^2+k-3$

$h(x)$는 다항함수이므로 모든 구간에서 연속이고,

$h(1)h(2)=k(k+37)<0$

이때 사이값 정리에 의하여 구간 $(1, 2)$에서 $h(x)=0$인 x가 적어도 하나 존재한다. 즉, 적어도 하나의 실근을 갖는다.

따라서 $k(k+37)<0$에서 $-37<k<0$이므로 구하는 정수 k의 개수는 36이다.

답 36

---

01 미분계수와 도함수

기출 유형 더 풀기

01 ⑤ 　　02 ①

01 $g(x)=x^n+3x-4$라고 하면 $g(1)=0$, $g'(x)=nx^{n-1}+3$

$$f(n)=\lim_{x\to 1}\frac{x^n+3x-4}{x-1}=g'(1)=n+3$$

$$\therefore \sum_{n=1}^{10}f(n)=\sum_{n=1}^{10}(n+3)=\frac{10\times 11}{2}+3\times 10=85$$

답 ⑤

02 $$\lim_{x\to 0}\frac{f(3x-x^2)-f(0)}{x}=\lim_{x\to 0}\frac{f(3x-x^2)-f(0)}{3x-x^2}\times(3-x)$$
$$=f'(0)\times 3=\frac{1}{3}$$

$$\therefore f'(0)=\frac{1}{9}$$

답 ①

유형 연습 더 하기

01 ② 　　02 ③

01 $$\lim_{h\to 0}\frac{f(1+3h)-f(1)}{2h}=\frac{3}{2}\times\lim_{h\to 0}\frac{f(1+3h)-f(1)}{3h}$$
$$=\frac{3}{2}\times f'(1)=6$$

$\therefore f'(1)=4$

답 ②

02 $h(x)=f(x)g(x)$라 하면

$$\lim_{x\to 1}\frac{f(x)g(x)-f(1)g(1)}{x-1}=\lim_{x\to 1}\frac{h(x)-h(1)}{x-1}=h'(1)$$

$\therefore h'(1)=f'(1)g(1)+f(1)g'(1)=13$

답 ③

02 도함수의 활용

기출 유형 더 풀기

01 ⑤	02 20	03 ④	04 ③	05 ③
06 37	07 ①	08 ④	09 ②	10 ⑤

01

$\lim\limits_{x \to 0} \dfrac{g(x)-1}{x}=0$에서 $g(0)=1$, $g'(0)=0$

또, $g(x+y)=g(x)g(y)+f(x)f(y)$에서 $x=y=0$을 대입하여 정리하면 $f(0)=0$

ㄱ. 주어진 식에 의하여

$\begin{aligned}
f'(x)&=\lim_{h \to 0} \frac{f(x+h)-f(x)}{h}\\
&=\lim_{h \to 0} \frac{f(x)g(h)+f(h)g(x)-f(x)}{h}\\
&=f(x)\lim_{h \to 0}\frac{g(h)-1}{h}+g(x)\lim_{h \to 0}\frac{f(h)-f(0)}{h}\\
&=f(x)g'(0)+g(x)f'(0)
\end{aligned}$

$\therefore f'(x)=f'(0)g(x)$ (참)

ㄴ. 주어진 식에 의하여

$\begin{aligned}
g'(x)&=\lim_{h \to 0} \frac{g(x+h)-g(x)}{h}\\
&=\lim_{h \to 0} \frac{g(x)g(h)+f(x)f(h)-g(x)}{h}\\
&=g(x)\lim_{h \to 0}\frac{g(h)-1}{h}+f(x)\lim_{h \to 0}\frac{f(h)-f(0)}{h}\\
&=g(x)g'(0)+f(x)f'(0)
\end{aligned}$

$\therefore g'(x)=f'(0)f(x)$

(ⅰ) $f'(0)>0$이라 하면 $f(0)=0$이므로 $x=0$의 좌우에서 $f(x)$의 값은 음수에서 양수로 변한다. 따라서 $x=0$의 좌우에서 $g'(x)$의 값 역시 음수에서 양수로 변한다.

(ⅱ) $f'(0)<0$이라 하면 $f(0)=0$이므로 $x=0$의 좌우에서 $f(x)$의 값은 양수에서 음수로 변한다. 따라서 $x=0$의 좌우에서 $g'(x)$의 값은 음수에서 양수로 변한다.

(ⅰ), (ⅱ)에서 $g(x)$는 $x=0$일 때 극솟값을 가지며, 그 값은 $f'(x)=f'(0)g(x)$에 $x=0$을 대입하면 $g(0)=1$ (참)

ㄷ. $h(x)=\{g(x)\}^2-\{f(x)\}^2$라 하면

$\begin{aligned}
h'(x)&=2g(x)g'(x)-2f(x)f'(x)\\
&=2f'(0)f(x)g(x)-2f'(0)f(x)g(x)=0\\
&(\because f'(x)=f'(0)g(x),\ g'(x)=f'(0)f(x))
\end{aligned}$

즉 $h(x)$는 상수함수이므로 $h(x)$에 $x=0$을 대입하면

$h(0)=\{g(0)\}^2-\{f(0)\}^2=1$ $(\because g(0)=1,\ f(0)=0)$ (참)

따라서 옳은 것은 ㄱ, ㄴ, ㄷ이다.　　　　답 ⑤

02

$y=f'(x)$의 그래프는 x축과 오직 $x=-1$, $x=0$, $x=1$ 세 지점에서만 만나므로 함수 $f(x)$가 극댓값을 가지려면 $y=f'(x)$의 그래프의 개형은 다음 2가지 경우와 같다.

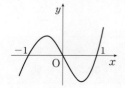 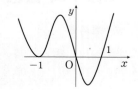

이때, $x=0$과 $x=1$의 좌우에서 반드시 $f(x)$의 부호가 바뀌므로 l, m는 홀수이어야 한다.

또, $1 \le k < l < m \le 10$에서 가능한 l은 3, 5, 7이므로 순서쌍은

$(k, 3, m)$ 꼴에서 $2 \times 3=6$ (가지)

$(k, 5, m)$ 꼴에서 $4 \times 2=8$ (가지)

$(k, 7, 9)$ 꼴에서 6가지

따라서 구하는 순서쌍의 개수는 $6+8+6=20$　　답 20

03

(ⅰ) $0 \le t \le 1$인 경우 $f(t)$

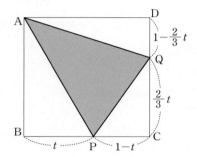

$1-\dfrac{t}{2}-\dfrac{1}{2}\times\dfrac{2}{3}t(1-t)-\dfrac{1}{2}\left(1-\dfrac{2}{3}t\right)$

$=\dfrac{1}{3}t^2-\dfrac{1}{2}t+\dfrac{1}{2}$

(ⅱ) $1 < t \le \dfrac{3}{2}$인 경우 $f(t)$

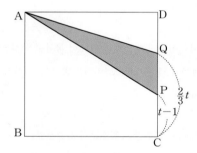

$\dfrac{1}{2}\left\{\dfrac{2}{3}t-(t-1)\right\}=\dfrac{1}{2}\left(1-\dfrac{t}{3}\right)$

정리하면

$f(t)=\begin{cases} \dfrac{t^2}{3}-\dfrac{t}{2}+\dfrac{1}{2} & (0 \le t \le 1) \\[2mm] -\dfrac{t}{6}+\dfrac{1}{2} & \left(1 < t \le \dfrac{3}{2}\right) \end{cases}$

ㄱ. $\lim\limits_{t \to 1-}f'(t)=\lim\limits_{t \to 1}\left(\dfrac{2}{3}t-\dfrac{1}{2}\right)=\dfrac{1}{6}$, $\lim\limits_{t \to 1+}f'(t)=-\dfrac{1}{6}$ (거짓)

ㄴ. $f'\left(\dfrac{3}{4}\right)=0$이고, $\dfrac{3}{4}$을 기준으로 $f'(t)$의 부호가 음에서 양으로 바뀌므로 극솟값을 갖는다. (참)

ㄷ. $\lim\limits_{t \to 1-}f'(t)=\dfrac{1}{6}$이고, $\lim\limits_{t \to 1+}f'(t)=-\dfrac{1}{6}$, $1 < t \le \dfrac{3}{2}$ 범위에서,

$f'(t)=-\dfrac{1}{6}$

$t=\dfrac{3}{4}$에서 $f(t)$는 극솟값을 가지므로 $f(t)$는 $t=1$까지 증가한

후 감소한다. 즉 1을 기준으로 미분함수의 부호가 양에서 음으로 바뀐다. 또한 $f(t)$는 1에서 연속이므로 극댓값을 갖는다. (참)

답 ④

04

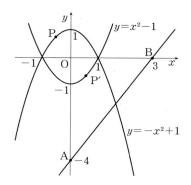

위 그림에서 삼각형 ABP의 넓이의 최댓값은 직선 $y=\frac{4}{3}x-4$와의 거리가 최대인 $y=-x^2+1$의 그래프 위의 점 P를 이용하여 구할 수 있고, 삼각형 ABP의 넓이의 최솟값은 직선 $y=\frac{4}{3}x-4$와의 거리가 최소인 $y=-x^2+1$의 그래프 위의 점 P'을 이용하여 구할 수 있다.

이때, 두 점 P, P'의 좌표는 각각 $y'=-2x=\frac{4}{3}$, $y'=2x=\frac{4}{3}$에서 $P\left(-\frac{2}{3}, \frac{5}{9}\right)$, $P'\left(\frac{2}{3}, -\frac{5}{9}\right)$

따라서

$$M=\frac{1}{2}\times5\times\frac{\left|4\times\left(-\frac{2}{3}\right)+(-3)\times\frac{5}{9}-12\right|}{\sqrt{3^2+4^2}}=\frac{49}{6}$$

$$m=\frac{1}{2}\times5\times\frac{\left|4\times\frac{2}{3}+(-3)\times\left(-\frac{5}{9}\right)-12\right|}{\sqrt{3^2+4^2}}=\frac{23}{6}$$

이므로 $M-m=\frac{13}{3}$

답 ③

05

$f'(x)=3(a-4)x^2+6(b-2)x-3a$가 중근 또는 허근을 가져야 한다.

판별식 D에 대하여

$$\frac{D}{4}=9(b-2)^2+9a(a-4)=9\{(a-2)^2+(b-2)^2-4\}\leq0$$

$(a-2)^2+(b-2)^2\leq2^2$

이때 영역 A를 구하면

$A=\{(x, y)|(x-2)^2+(y-2)^2\leq2^2\}$

$y=mx+m$과 중심 $(2, 2)$ 사이의 거리가 2 이하여야 하므로

$\frac{|3m-2|}{\sqrt{m^2+1}}\leq2$

$9m^2-12m+4\leq4m^2+4$, $5m^2-12m\leq0$

$m(5m-12)\leq0$, $0\leq m\leq\frac{12}{5}$

$\therefore 0+\frac{12}{5}=\frac{12}{5}$

답 ③

06

$$f(x)=x^3(x^3+1)(x^3+2)(x^3+3)$$
$$=x^{12}+6x^9+11x^6+6x^3$$

$f'(x)=12x^{11}+54x^8+66x^5+18x^2$

$\therefore f'(-1)=-12+54-66+18=-6=a$

$x^3=t$로 치환하면 $h(t)=t(t+1)(t+2)(t+3)$이고, t는 실수 전체의 값을 가질 수 있다.

$h(t)=t^4+6t^3+11t^2+6t$

$h'(t)=4t^3+18t^2+22t+6=(4t+6)(t^2+3t+1)$

$t=-\frac{3}{2}, \frac{-3+\sqrt{5}}{2}, \frac{-3-\sqrt{5}}{2}$

$h\left(-\frac{3}{2}\right)=\frac{9}{16}$, $h\left(\frac{-3+\sqrt{5}}{2}\right)=-1$, $h\left(\frac{-3-\sqrt{5}}{2}\right)=-1$

$\therefore b=-1$

$\therefore (-6)^2+(-1)^2=37$

답 37

07

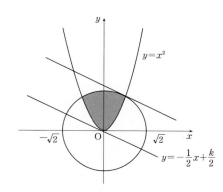

$x+2y=k$라고 하면 $y=-\frac{1}{2}x+\frac{k}{2}$라고 할 수 있다. 이때 주어진 조건들을 바탕으로 y절편이 가장 클 때는 원의 제1사분면에서 접할 때이고, 가장 작을 때는 $y=x^2$과 접할 때이다.

$y=x^2$에서 $y'=2x$이다. 따라서 접선의 기울기가 $-\frac{1}{2}$인 점은 $\left(-\frac{1}{4}, \frac{1}{16}\right)$이다. 따라서 $\frac{1}{16}=\frac{1}{8}+\frac{k}{2}$이므로 $k=-\frac{1}{8}$

$x^2+y^2=2$에서 $\frac{|k|}{\sqrt{1^2+2^2}}=\sqrt{2}$이므로 $k=\sqrt{10}$

$\therefore M^2-m=10+\frac{1}{8}=\frac{81}{8}$

답 ①

08

같은 x값에 대해서 y가 최대가 될 때 $3x+4y$도 최대가 될 것이다. 따라서 $3x+4y$가 최대가 되는 점 (x, y)는 $f(x)$의 그래프 위의 점이다.

$g(x)=3x+4y=3x+4(-x^3-x^2+x+1)=-4x^3-4x^2+7x+4$

라고 두면

$g'(x)=-12x^2-8x+7=-(2x-1)(6x+7)=0$

$x=-\frac{7}{6}$ (극솟값), $x=\frac{1}{2}$ (극댓값)

$-1\leq x\leq1$ 이므로 $x=\frac{1}{2}$에서 $g(x)$가 최대가 된다.

이때 $x=\dfrac{1}{2}$, $y=\dfrac{9}{8}$ 이므로

$3x+4y=6$ **답** ④

09 주어진 방정식의 근은 도형 $y=|x^2-2x-6|$과
$y=|x-k|+2$의 교점의 x좌표이다.
방정식 $y=x^2-2x-6$의 두 근을 구하면
$x=1-\sqrt{7}$ 혹은 $x=1+\sqrt{7}$ 이므로 구간 $(1-\sqrt{7},\ 1+\sqrt{7})$에서
y값은 0보다 작다.
따라서 $y=|x^2-2x-6|$은 $(1-\sqrt{7},\ 1+\sqrt{7})$ 구간에서
$y=-x^2+2x+6$의 그래프의 모양과 같다.
$y=-x^2+2x+6=-(x-1)^2+7$이므로 구간 $(1-\sqrt{7},\ 1+\sqrt{7})$
에서의 꼭지점의 좌표는 $(1,\ 7)$이다.
따라서 교점은 두 가지 형태로 생길 수 있다.
(i) $y=|x-k|+2$에서 기울기가 -1인 부분과 접점이 발생하는
경우

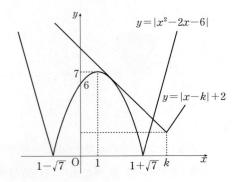

$y=-x^2+2x+6$의 도함수는 $y'=-2x+2$

접선의 기울기가 -1인 점의 좌표를 구하면 $\left(\dfrac{3}{2},\ \dfrac{27}{4}\right)$이다.

이를 $y=-(x-k)+2$에 대입하면 $k=\dfrac{25}{4}$

(ii) $y=|x-k|+2$에서 기울기가 1인 부분과 접점이 발생하는
경우

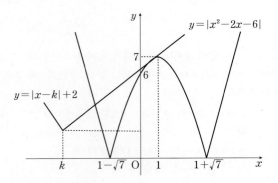

접선의 기울기가 1인 점의 좌표를 구하면 $\left(\dfrac{1}{2},\ \dfrac{27}{4}\right)$이다.

이를 $y=(x-k)+2$에 대입하여 k값을 구하면 $k=-\dfrac{17}{4}$

따라서 모든 실수 k값의 합은

$\dfrac{25}{4}+\left(-\dfrac{17}{4}\right)=2$ **답** ②

10

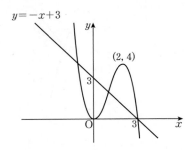

이 그림은 $y=x^2(3-x)$, $y=-x+3$의 그래프다.

ㄱ. 위 그래프에서 x를 a라고 보면 $2<a\le3$일 때, $a^2(3-a)<4$이
므로 최댓값은 4보다 작다. (참)

ㄴ. $3-a-b=t$라고 하면 $A=f(t)=at^2+b^2t+a^2b$
$2<a\le3$일 때 구간 내에서 $2<a+b\le3$이므로 $0\le t<1$
이때 a가 양수이므로 A는 아래로 볼록한 함수이다. 이러한
이차함수의 최댓값은 양 끝 값 중 하나이다.
(i) $t=0$
$f(0)=a^2b$이고, $t=0=3-a-b$이므로 $b=3-a$
따라서 $f(0)=a^2(3-a)$ …… ㉠
(ii) $t=1$
$f(1)=a+b^2+a^2b$이고, $t=1=3-a-b$이므로 $a+b=2$
(단, $2<a\le3$)
따라서 $f(1)=a+(2-a)^2+a^2(2-a)$
$=-a^3+3a^2-3a+4$ …… ㉡
$f(0)$이 A의 최댓값이라고 하면,
㉠에서 $a^2(3-a)-A=a^2(3-a)-a^2(3-a)=0\ge0$
이므로 a의 값에 관계없이 항상 성립한다.
㉡에서 $f(1)$이 A의 최댓값이라고 하면, $2<a\le3$
$a^2(3-a)-(-a^3+3a^2-3a+4)=3a+4\ge0$이므로 항상
성립한다.
따라서 A의 최댓값을 빼도 성립하므로 항상 성립한다. (참)

ㄷ. $3-a-b=t$로 치환하고 $10a+b=k$라고 하면
$A=at^2+b^2t+a^2b=4$이다. 이 식을 만족시키는 $y=-x+3$
을 지나는 점들을 보면 $a+b=3$이고, $t=0$이므로
$A=a^2b=a^2(3-a)=4$가 되기 때문에 $a=2$, $b=1$
이때 $k=21$
이를 그래프로 그리면 다음과 같다.

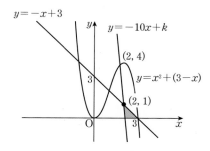

이때 $b=-10a+k$이므로 점 $(2, 1)$을 제외한 위의 색칠된 영역에서 $A=4$, $10a+b>21$을 만족하는 점이 있는지를 보면 된다. 그런데 ㄱ과 ㄴ을 통해, $2<a\leq3$일 때는 $A<4$가 되므로 성립하지 않는다. 따라서 $10a+b$의 최댓값은 21이다. (참)

답 ⑤

유형 연습 더 하기

01 10 **02** 9 **03** ② **04** ③

01 $y=2x^2+1$의 도함수는 $y'=4x$이므로 곡선 $y=2x^2+1$ 위의 점 $(-1, 3)$에서의 접선의 방정식은

$y-3=-4(x+1)$, $y=-4x-1$

이때 직선 $y=-4x-1$이 곡선 $y=2x^3-ax+3$에 접하므로 접점의 x좌표를 t라 하면 점 $(t, 2t^3-at+3)$에서의 접선의 방정식은

$y=(6t^2-a)(x-t)+2t^3-at+3=(6t^2-a)x-4t^3+3$

이때 위 접선은 직선 $y=-4x-1$과 일치하므로

$6t^2-a=-4$, $-4t^3+3=-1$

$\therefore a=10$, $t=1$

답 10

02 $f(x)=x^3+3x^2$에서 $f'(x)=3x^2+6x$이므로

$f'(x)=0$에서 $x=0$ 또는 $x=-2$

따라서 $f(x)$의 증감을 표로 나타내면 다음과 같다.

x	$\cdots$	-2	$\cdots$	0	$\cdots$
$f'(x)$	$+$	0	$-$	0	
$f(x)$	↗	4	↘	0	↗

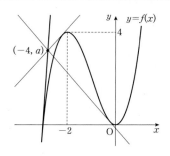

즉 함수 $y=f(x)$는 $x=-2$에서 극댓값 4, $x=0$에서 극솟값 0을 갖는다.

이때 세 접선의 기울기의 곱이 음수이므로 $y=f(x)$의 그래프에 접하는 세 접선의 기울기 중 한 접선의 기울기만 음수이다.

위 그림에서 이를 만족하는 a의 값의 범위는

$0<a<4$이므로 정수 a의 최댓값 M은 3이다.

$\therefore M^2=9$

답 9

03 $f(x)$는 삼차항의 계수가 1인 삼차함수이므로 다음과 같이 놓을 수 있다.

$f(x)=x^3+ax^2+bx+c$

$\therefore A(0, c)$로 둘 수 있다. 여기에서 그은 접선을 구하자.

점 A에서의 접선의 기울기를 구하자. $f'(x)=3x^2+2ax+b$이므로, A에서의 접선의 기울기는 $f'(0)=b$

따라서 점 A에서의 접선의 방정식 l은, $y-c=b(x-0)$,

$y=bx+c$

이 접선의 방정식 l과 $f(x)$의 교점을 구하자.

$x^3+ax^2+bx+c=bx+c$, $x^2(x+a)=0$, $\therefore x=0$ 또는 $x=-a$

따라서 점 B는 $B(-a, -ab+c)$

마찬가지로 점 B에서의 접선의 방정식을 구하면,

$y+ab-c=f'(-a)(x+a)$,

$y=(a^2+b)(x+a)+c-ab$

직선 m의 방정식이 $y=x$이므로, $a^2+b=1$, $a^3+c=0$

직선 l, m이 서로 수직이므로 $(a^2+b)b=-1$

$\therefore b=-1$, $a=-\sqrt{2}$, $c=2\sqrt{2}$ ($\because$ 점 B의 x좌표 값이 양수)

점 C는 직선 m과 $f(x)$의 교점이므로,

$x^3-\sqrt{2}x^2-x+2\sqrt{2}=x$,

$(x-\sqrt{2})(x^2-2)=0$

점 C의 x좌표가 음수이므로 점 C는 $C(-\sqrt{2}, -\sqrt{2})$

따라서 점 C에서의 접선의 기울기는 $f'(-\sqrt{2})=9$

답 ②

04 $\dfrac{dx_1}{dt}=6t^2-18t=6t(t-3)$

따라서 점 P는 4분 동안 $t=3$일 때 운동 방향을 1번만 바꾸므로 $a=1$

또, $\dfrac{dx_2}{dt}=2t+8$에서 점 Q는 4분 동안 운동 방향을 바꾸지 않으므로 $b=0$

이때 t분 후의 점 M의 좌표를 $f(t)$라 하면

$f(t)=\dfrac{(2t^3-9t^2)+(t^2+8t)}{2}=t^3-4t^2+4t$

$f'(t)=3t^2-8t+4=(3t-2)(t-2)$

에서 점 M은 4분 동안 운동 방향을 2번 바꾸므로 $c=2$

$\therefore a+b+c=3$

답 ③

01 부정적분과 정적분

기출 유형 더 풀기

01 19   02 ⑤   03 57   04 36   05 ③
06 ②   07 ③   08 ②

01

(ⅰ) $x \geq t$

$f(x) = x^2 - 2x + 2t = (x-1)^2 + 2t - 1$

(ⅱ) $x < t$

$f(x) = x^2 + 2x - 2t = (x+1)^2 - 2t - 1$

t값에 따른 $f(x)$의 그래프를 구해보면

① $0 \leq t < 1$

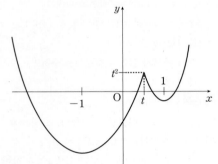

$\therefore g(t) = t^2$

② $1 \leq t$

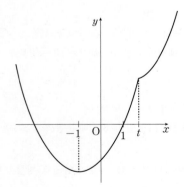

$f(-1) = -2t - 1$, $f(1) = -2t + 3$,

$\therefore g(t) = -2t + 3$

$\int_0^{\frac{3}{2}} g(t) dt = \int_0^1 g(t) dt + \int_1^{\frac{3}{2}} g(t) dt = \int_0^1 t^2 dt + \int_1^{\frac{3}{2}} (-2t+3) dt$

$= \frac{1}{3} + \left[-t^2 + 3t \right]_1^{\frac{3}{2}} = \frac{1}{3} + \frac{1}{4} = \frac{7}{12}$

$\therefore 7 + 12 = 19$

답 19

02

$\int_{-n}^{n} \frac{\{f(x)\}^n}{n} dx = \int_{-1}^{1} \frac{\{f(x)\}^n}{n} dx = \int_{-1}^{1} \frac{(1-|x|)^n}{n} dx$

$= \int_{-1}^{0} \frac{(1+x)^n}{n} dx + \int_{0}^{1} \frac{(1-x)^n}{n} dx$

$= \left[\frac{(1+x)^{n+1}}{n(n+1)} \right]_{-1}^{0} + \left[-\frac{(1-x)^{n+1}}{n(n+1)} \right]_{0}^{1}$

$= \frac{1}{n(n+1)} + \frac{1}{n(n+1)} = \frac{2}{n(n+1)}$

$\sum_{n=1}^{10} \int_{-n}^{n} \frac{\{f(x)\}^n}{n} dx$

$= \sum_{n=1}^{10} \frac{2}{n(n+1)} = 2 \sum_{n=1}^{10} \left(\frac{1}{n} - \frac{1}{n+1} \right)$

$= 2 \times \left\{ \left(\frac{1}{1} - \frac{1}{2} \right) + \left(\frac{1}{2} - \frac{1}{3} \right) + \left(\frac{1}{3} - \frac{1}{4} \right) + \cdots + \left(\frac{1}{10} - \frac{1}{11} \right) \right\}$

$= 2 \times \left(1 - \frac{1}{11} \right) = \frac{20}{11}$

답 ⑤

03

주어진 식에 $x=0$을 대입하면

$f(0) = (0-1)^4 (0+1) = 1 = g(0)$

한편, 주어진 식을 정리하면

$f(x) = g(x) + \int_0^x (x-t)^2 h(t) dt$

$= g(x) + x^2 \int_0^x h(t) dt - 2x \int_0^x t h(t) dt + \int_0^x t^2 h(t) dt$

위 식의 양변을 x로 미분하면

$f'(x) = g'(x) + \left(2x \int_0^x h(t) dt + x^2 h(x) \right)$

$- \left(2 \int_0^x t h(t) dt + 2x \cdot x h(x) \right) + x^2 h(x)$

$= g'(x) + 2x \int_0^x h(t) dt - 2 \int_0^x t h(t) dt$ ……㉠

이고

$f'(x) = 4(x-1)^3 (x+1) + (x-1)^4$

$= (x-1)^3 (5x+3)$

이므로 $x=0$을 대입하면 $f'(0) = -3 = g'(0)$

또, ㉠을 x로 미분하면

$f''(x) = g''(x) + 2 \int_0^x h(t) dt + 2x h(x) - 2x h(x)$

$= g''(x) + 2 \int_0^x h(t) dt$

이고

$f''(x) = 3(x-1)^2 (5x+3) + 5(x-1)^3$

$= (x-1)^2 (20x+4)$

이므로 $x=0$을 대입하면 $f''(0) = 4 = g''(0)$

이때 $g(x) = ax^2 + bx + c$라 하면

$g'(x) = 2ax + b$에서 $b = -3$ ($\because g'(0) = -3$)

$g''(x)=2a$에서 $a=2$ $\qquad$ $(\because g''(0)=4)$

$g(0)=c=1$ $\qquad\qquad$ $(\because g(0)=1)$

이므로 $g(x)=2x^2-3x+1$, $g(2)=3$

한편, $f''(x)=g''(x)+2\displaystyle\int_0^x h(t)dt$ 을 다시 한 번 x로 미분하면

$f'''(x)=2h(x)$이고

$f'''(x)=2(x-1)(20x+4)+20(x-1)^2$
$\qquad =2(x-1)(30x-6)$

이므로 $f'''(2)=108=2h(2)$, $h(2)=54$

$\therefore g(2)+h(2)=3+54=57$ $\qquad$ 답 57

---

04 양변을 미분하면 $\dfrac{f(x)}{x^2}=1$이므로 $f(x)=x^2$

$f(t)=t^2$을 주어진 식에 대입하면

$6+\displaystyle\int_a^x dt=x+6-a=x$, $a=6$

$\therefore f(a)=36$ $\qquad$ 답 36

---

05 $\displaystyle\lim_{n\to\infty}\sum_{k=1}^{n}\frac{k}{n}\left\{f\left(\frac{k}{n}\right)-f\left(\frac{k-1}{n}\right)\right\}$

$=\displaystyle\lim_{n\to\infty}\frac{1}{n}\left[\left\{f\left(\frac{1}{n}\right)-f(0)\right\}+2\left\{f\left(\frac{2}{n}\right)-f\left(\frac{1}{n}\right)\right\}+\cdots\right.$
$\qquad\qquad\qquad\qquad\left.+n\left\{f(1)-f\left(\frac{n-1}{n}\right)\right\}\right]$

$=\displaystyle\lim_{n\to\infty}\frac{1}{n}\cdot n\cdot f(1)+\lim_{n\to\infty}\frac{1}{n}\left\{-f(0)-f\left(\frac{1}{n}\right)-\cdots-f\left(\frac{n-1}{n}\right)\right\}$

$=f(1)-\displaystyle\lim_{n\to\infty}\frac{1}{n}\sum_{k=1}^{n}f\left(\frac{k-1}{n}\right)$

$=f(1)-\displaystyle\int_0^1 f(x)dx=1-\int_0^1\sqrt{x}\,dx$

$=1-\left[\dfrac{2}{3}x^{\frac{3}{2}}\right]_0^1=1-\dfrac{2}{3}=\dfrac{1}{3}$ $\qquad$ 답 ③

---

06 $\displaystyle\lim_{n\to\infty}\sum_{k=1}^{2n}\frac{k^2(5k^2+3)}{n^3(n^2+1)}$

$=\displaystyle\lim_{n\to\infty}\sum_{k=1}^{2n}\frac{5k^4+3k^2}{n^3(n^2+1)}$

$=\displaystyle\lim_{n\to\infty}\sum_{k=1}^{2n}\left\{\frac{5k^4}{n^3(n^2+1)}+\frac{3k^2}{n^3(n^2+1)}\right\}$

$=\displaystyle\lim_{n\to\infty}\sum_{k=1}^{2n}\left\{\frac{n^2}{n^2+1}\cdot 5\cdot\left(\frac{k}{n}\right)^4\cdot\frac{1}{n}\right\}+\lim_{n\to\infty}\sum_{k=1}^{2n}\left\{\frac{1}{n^2+1}\cdot 3\cdot\left(\frac{k}{n}\right)^2\cdot\frac{1}{n}\right\}$

$=\displaystyle\lim_{n\to\infty}\frac{n^2}{n^2+1}\cdot\lim_{n\to\infty}\sum_{k=1}^{2n}\left\{5\cdot\left(\frac{k}{n}\right)^4\cdot\frac{1}{n}\right\}$
$\qquad\qquad\qquad +\displaystyle\lim_{n\to\infty}\frac{1}{n^2+1}\cdot\lim_{n\to\infty}\sum_{k=1}^{2n}\left\{3\cdot\left(\frac{k}{n}\right)^2\cdot\frac{1}{n}\right\}$

$=1\cdot\displaystyle\int_0^2 5x^4+0\cdot\int_0^2 3x^2=[x^5]_0^2=2^5=32$ $\qquad$ 답 ②

---

07 $\displaystyle\lim_{x\to 1-}f(x)=1=\lim_{x\to 1+}f(x)$이므로 $a+b=1$ $\cdots\cdots$ ㉠

$\displaystyle\lim_{x\to 1-}\frac{f(x)-f(1)}{x-1}=4=\lim_{x\to 1+}\frac{f(x)-f(1)}{x-1}$이므로 $2a+b=4$ $\cdots\cdots$ ㉡

㉠과 ㉡을 연립하면 $a=3$, $b=-2$

$\displaystyle\lim_{n\to\infty}\frac{1}{n}\sum_{k=1}^{n}f\left(\frac{2k}{n}\right)=\frac{1}{2}\times\lim_{n\to\infty}\frac{2}{n}\sum_{k=1}^{n}f\left(0+\frac{2-0}{n}k\right)=\frac{1}{2}\int_0^2 f(x)dx$

$\displaystyle\int_0^2 f(x)dx=\int_0^1(4x-3)dx+\int_1^2(3x^2-2x)dx$

$\qquad\qquad\quad =-1+[x^3-x^2]_1^2=-1+4=3$

$\therefore \dfrac{1}{2}\displaystyle\int_0^2 f(x)dx=\dfrac{3}{2}$ $\qquad$ 답 ③

---

08 $g(x)=\displaystyle\int_0^x |f(t)-2t|dt$이므로 $g'(x)=|f(x)-2x|$

$g'(x)$가 실수 전체의 집합에서 미분가능하려면 함수의 모양이 뾰족하지 않아야 한다. 그런데 절댓값 내부의 함숫값이 양수, 음수 영역에 걸쳐 있으면 절댓값을 취했을 때 그래프에서 뾰족한 부분이 나오게 된다. 따라서 모든 x에 대해서 $f(x)-2x\geq 0$이어야만 한다.

즉, $f(x)-2x$가 $a(x-p)^2+q$ $(a>0,\ q\geq 0)$ 꼴이어야 한다.

따라서 $f(x)=a(x-p)^2+q+2x$이고,

$f(1)=a(1-p)^2+2+q\geq 2$

따라서 $f(1)$의 최솟값은 2이다. $\qquad$ 답 ②

유형 연습 더 하기

01 45 $\qquad$ **02** ①

---

01 조건 (가)에 의하여

$\displaystyle\int_0^2 |f(x)|dx=4$, $\displaystyle\int_0^2 f(x)dx=-4$

이므로 구간 $[0, 2]$에서 $f(x)\leq 0$

또, 조건 (나)에 의하여

$\displaystyle\int_2^3 |f(x)|dx=\int_2^3 f(x)dx$

이므로 구간 $[2, 3]$에서 $f(x)\geq 0$

$\therefore f(2)=0$

이때 $f(x)$는 $f(0)=0$인 이차함수이므로

$f(x)=ax(x-2)$ $(a\neq 0)$

의 꼴로 나타낼 수 있다.

즉, $f(x)=ax^2-2ax$이므로

$\displaystyle\int_0^2(ax^2-2ax)dx=\left[\frac{a}{3}x^3-ax^2\right]_0^2$

$\qquad\qquad\qquad\qquad =\dfrac{8}{3}a-4a=-\dfrac{4}{3}a=-4$

$\therefore a=3$

따라서 $f(x)=3x^2-6x$이므로

$f(5)=3\times5^2-6\times5=75-30=45$ <답> 45

02

$x^2\displaystyle\int_1^x f(t)dt-\int_1^x t^2 f(t)dt=x^4+ax^3+bx^2$ ...... ㉠

㉠에 $x=1$을 대입하면

$1+a+b=0$ ...... ㉡

㉠의 양변을 x에 대하여 미분하면

$x^2 f(x)+2x\displaystyle\int_1^x f(t)dt-x^2 f(x)=4x^3+3ax^2+2bx$

$2x\displaystyle\int_1^x f(t)dt=4x^3+3ax^2+2bx$

$\therefore 2\displaystyle\int_1^x f(t)dt=4x^2+3ax+2b$ ...... ㉢

위의 식에 $x=1$을 대입하면

$4+3a+2b=0$ ...... ㉣

㉡, ㉣을 연립하여 풀면

$a=-2,\ b=1$

㉢의 양변을 x에 대하여 미분하면

$2f(x)=8x+3a=8x-6$

$\therefore f(x)=4x-3$

$\therefore f(5)=20-3=17$ <답> ①

② 정적분의 활용

기출 유형 더 풀기

01 ③　　　02 ④　　　03 ③

01

$y=4x^2+2px-9$를 원점에 대해서 대칭하면

$(-y)=4(-x)^2+2p(-x)-9$

$y=-4x^2+2px+9$

두 그래프의 교점의 x좌표는 $4x^2+2px-9=-4x^2+2px+9$

$8x^2=18$

$x=\pm\dfrac{3}{2}$

$A\cap B$의 넓이는 두 포물선이 겹치는 부분의 넓이이다

$\displaystyle\int_{-\frac{3}{2}}^{\frac{3}{2}}\{(-4x^2+2px+9)-(4x^2+2px-9)\}dx=\int_{-\frac{3}{2}}^{\frac{3}{2}}(-8x^2+18)dx$

$=2\displaystyle\int_0^{\frac{3}{2}}(-8x^2+18)dx=2\left[-\dfrac{8}{3}x^3+18x\right]_0^{\frac{3}{2}}=2\times18=36$ <답> ③

02

$y=x^2$ 위의 점 (t,t^2)에서의 접선의 방정식은 $y=2tx-t^2$

이 접선이 점 P를 지나므로

$t-t^2=-2,\ t^2-t-2=0$

$(t-2)(t+1)=0,\ t=-1,2$

따라서 두 직선은 각각

$y=-2x-1,\ y=4x-4$

그리고 이때 교점의 좌표는 점 $\text{P}\left(\dfrac{1}{2},\ -2\right)$이다.

이때 둘러싸인 부분의 넓이를 S라고 하면

$S=\displaystyle\int_{-1}^{\frac{1}{2}}\{x^2-(-2x-1)\}dx+\int_{\frac{1}{2}}^2\{x^2-(4x-4)\}dx$

$=\left[\dfrac{1}{3}x^3+x^2+x\right]_{-1}^{\frac{1}{2}}+\left[\dfrac{1}{3}x^3-2x^2+4x\right]_{\frac{1}{2}}^2$

$=\left(\dfrac{1}{24}+\dfrac{1}{4}+\dfrac{1}{2}\right)-\left(-\dfrac{1}{3}+1-1\right)+\left(\dfrac{8}{3}-8+8\right)-\left(\dfrac{1}{24}-\dfrac{1}{2}+2\right)$

$=\dfrac{1+6+12+8+64-1+12-48}{24}$

$=\dfrac{54}{24}=\dfrac{9}{4}$ <답> ④

03

$y'=3x^2$으로, $\text{A}(a,a^3)$에서의 접선을 구하면

$y=3a^2x-2a^3$

이 접선이 곡선과 만나는 점을 구해보면

$3a^2x-2a^3=x^3,\ x^3-3a^2x+2a^3=0,$

$(x-a)(x^2+ax-2a^2)=(x-a)^2(x+2a)=0$

따라서 점 B는 $\text{B}(-2a,\ -8a^3)$

따라서 선분 AB와 이 곡선 사이의 넓이는

$\displaystyle\int_{-2a}^a |x^3-3a^2x+2a^3|dx=\dfrac{27}{4}a^4$

이제 점 C를 구해보자.

점 B에서의 접선을 구하면

$y-(-8a^3)=12a^2\{x-(-2a)\}$

$y=12a^2x+16a^3$

이 직선과 주어진 곡선이 만나는 점을 구해보면

$12a^2x+16a^3=x^3$

$x^3-12a^2x-16a^3=0$

$(x+2a)^2(x-4a)=0$

따라서 점 C를 구하면 $\text{C}(4a,\ 64a^3)$

따라서 선분 BC와 이 곡선 사이의 넓이는

$\displaystyle\int_{-2a}^{4a}|-x^3+12a^2x+16a^3|dx=108a^4$

$\therefore 108a^4\div\dfrac{27}{4}a^4=16$ <답> ③

01

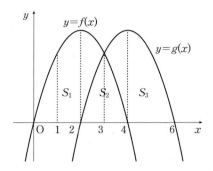

$S_1 = S_3$이므로

$$\frac{S_2}{S_1 + S_3} = \frac{S_2}{S_1 + S_1} = \frac{\frac{1}{2}S_2}{S_1}$$

$$S_1 = \int_0^3 f(x)dx - \int_2^3 f(x-2)dx$$

$$= \int_1^3 f(x)dx = \int_1^3 -x(x-4)dx = \left[-\frac{1}{3}x^3 + 2x^2\right]_1^3$$

$$= 9 + \frac{1}{3} - 2 = \frac{22}{3}$$

$$S_2 = 2\int_0^1 f(x)dx = 2\left[-\frac{1}{3}x^3 + 2x^2\right]_0^1$$

$$= 2\left(-\frac{1}{3} + 2\right) = \frac{10}{3}$$

$$\therefore \frac{S_2}{S_1 + S_3} = \frac{\frac{1}{2}S_2}{S_1} = \frac{\frac{1}{2} \times \frac{10}{3}}{\frac{22}{3}} = \frac{5}{22}$$

답 ⑤

02

(가) 이차방정식 $(a-1)x^2 + bx + c = 0$의 두 실근이

α, β이므로 근과 계수의 관계에 의하여

$$\alpha + \beta = -\frac{b}{a-1}, \quad \alpha\beta = \frac{c}{a-1}$$

$$\therefore (\beta - \alpha)^2 = (\beta + \alpha)^2 - 4\alpha\beta$$

$$= \left(-\frac{b}{a-1}\right)^2 - 4 \times \frac{c}{a-1}$$

$$= \frac{b^2 - 4c(a-1)}{(a-1)^2}$$

이때, $d = b^2 - 4c(a-1)$이므로

$$(\beta - \alpha)^2 = \frac{d}{(a-1)^2}$$

$$\beta - \alpha = \frac{\sqrt{d}}{|a-1|} (\because \beta - \alpha > 0)$$

$$\therefore \text{(가)} = \frac{\sqrt{d}}{|a-1|}$$

(나) 이차방정식 $(a-1)x^2 + bx + c = 0$의 두 실근이 α, β이므로

$$(a-1)x^2 + bx + c = (a-1)(x-\alpha)(x-\beta)$$

$$\int_\alpha^\beta \{(a-1)x^2 + bx + c\}dx = \int_\alpha^\beta (a-1)(x-\alpha)(x-\beta)dx$$

$$= (a-1)\int_\alpha^\beta (x-\alpha)(x-\beta)dx$$

$$\therefore \text{(나)} = a - 1$$

(다) $$(a-1)\int_\alpha^\beta (x-\alpha)(x-\beta)dx$$

$$= (a-1)\int_\alpha^\beta (x^2 - \alpha x - \beta x + \alpha\beta)dx$$

$$= (a-1)\left[\frac{1}{3}x^3 - \frac{1}{2}\alpha x^2 - \frac{1}{2}\beta x^2 + \alpha\beta x\right]_\alpha^\beta$$

$$= (a-1)\left\{-\frac{1}{6}(\beta - \alpha)^3\right\}$$

$$= \frac{1-a}{6}(\beta - \alpha)^3$$

$$\therefore \text{(다)} = \frac{1-a}{6}(\beta - \alpha)^3$$

답 ④

03

$f(x) = x(x-a)(x-6)$ $(0 < a < 6)$이라고 하면

조건 (나)에 의하여 $k=0$일 때, 두 함수 $y=f(x)$, $y=-f(x)$의 그래프는 x축 위에서 만나므로 세 교점의 좌표는 각각 $(0, 0)$, $(a, 0)$, $(6, 0)$이다.

$$\therefore \int_0^7 \{f(x) + f(x-k)\}dx = 2\int_0^6 f(x)dx = 0$$

위 식에서 $f(x) = x(x-a)(x-6)$은 점 $(a, 0)$에서 대칭임을 알 수 있으므로 $a = 3$

한편, 조건에 의하여 두 함수 $y=f(x)$, $y=-f(x-k)$의 그래프의 변화는 $x=4$의 좌우에서 대칭이므로 함수 $y=-f(x-k)$의 그래프가 x축과 만나는 점은 다음과 같다.

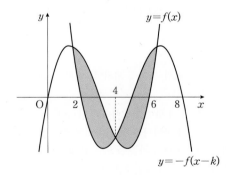

즉, $k=2$이므로

$$\therefore \int_0^2 f(x)dx = \int_0^2 x(x-3)(x-6)dx$$

$$= \int_0^2 (x^3 - 9x^2 + 18x)dx$$

$$= \left[\frac{x^4}{4} - 3x^3 + 9x^2\right]_0^2 = 16$$

답 16

확률과 통계

01 순열

기출 유형 더 풀기

01 ②	02 ④	03 ②	04 45

01 25의 배수는 끝이 00, 25, 50, 75로 끝난다. 이중 위의 숫자들로 만들 수 있는 경우는 25, 50, 75이다.

(ⅰ) 25로 끝나는 경우 : $4 \times 4 = 16$

(ⅱ) 50으로 끝나는 경우 : $5 \times 4 = 20$

(ⅲ) 75로 끝나는 경우 : $4 \times 4 = 16$

$\therefore 16 + 20 + 16 = 52$

답 ②

02 $1*****$: $5! = 120$가지

$2*****$: $5! = 120$가지 $430***$: $3! = 6$가지

$3*****$: $5! = 120$가지 $431***$: $3! = 6$가지

$40***$: $4! = 24$가지 $4320**$: $2! = 2$가지

$41***$: $4! = 24$가지 $4321**$: $2! = 2$가지

$42***$: $4! = 24$가지

총 448가지, 그 다음 항은 차례대로 432501, 432510이다.

따라서 450번째 항은 432510

답 ④

03 (가)와 (다)의 조건에 의하여, 일의 자리에 올 수 있는 숫자는 1, 3, 7, 9이다.

또한 각 자리의 수의 합이 3의 배수가 아니라는 조건은 이 숫자 자체가 3의 배수가 아니라는 것을 의미하므로, 1, 3, 7, 9로 끝나면서 3의 배수가 아닌 숫자를 찾으면 된다.

(ⅰ) 일의 자리 숫자가 1 혹은 7인 경우

이 경우 일의 자리 숫자를 3으로 나누었을 때 나머지는 1이다. 따라서 십의 자리와 백의 자리 숫자의 합을 3으로 나누었을 때 나머지가 2가 될 수 없다. 일의 자리 숫자가 1일 때 백의 자리 숫자를 a, 십의 자리 숫자를 b라고 하고 이 순서쌍을 (a, b)라고 하자.

일의 자리 숫자가 1일 때 3의 배수는

① (a, b)에 1, 4, 7 중 2개가 들어가는 경우(중복 허용)

$3 \times 3 = 9$

② (a, b)에 0, 3, 6, 9 중에서 1개, 2, 5, 8 중에서 1개가 들어가는 경우

$4 \times 3 + 3 \times 4 = 24$

주어진 범위에서 일의 자리 숫자가 1인 자연수의 개수는 총 100개이므로 문제의 조건을 만족하는 경우의 수는

$100 - 9 - 24 = 67$

일의 자리 숫자가 7인 경우도 마찬가지이므로 일의 자리 숫자가 1 혹은 7인 경우 조건을 만족하는 숫자의 개수는

$67 \times 2 = 134$

(ⅱ) 일의 자리 숫자가 3 혹은 9인 경우

이 경우 일의 자리 숫자를 3으로 나누었을 때 나머지는 0이다. 따라서 십의 자리와 백의 자리 숫자의 합을 3으로 나누었을 때 나머지가 0이 될 수 없다.

일의 자리 숫자가 3일 때 백의 자리 숫자를 c, 십의 자리 숫자를 d라고 하고 이 순서쌍을 (c, d)라고 하자.

일의 자리 숫자가 3일 때 3의 배수는

① (c, d)에 0, 3, 6, 9 중 2개가 들어가는 경우(중복 허용)

$4 \times 4 = 16$

② (c, d)에 1, 4, 7 중에서 1개, 2, 5, 8 중에서 1개가 들어가는 경우

$3 \times 3 + 3 \times 3 = 18$

주어진 범위에서 일의 자리 숫자가 3인 자연수의 개수는 총 100개이므로 문제의 조건을 만족하는 경우의 수는

$100 - 16 - 18 = 66$

일의 자리 숫자가 9인 경우도 마찬가지이므로 일의 자리 숫자가 3 혹은 9인 경우 조건을 만족하는 숫자의 개수는

$66 \times 2 = 132$

따라서 조건을 만족하는 경우의 수는 266이다.

답 ②

04 일의 자리, 십의 자리, 백의 자리 숫자를 각각 a, b, c라고 하면 $2b = a + c$

이때 a, b, c는 한 자리 자연수이고 b, c는 0이 될 수 있다.

$b = 0$일 때, $a + c = 0$이므로 성립하지 않는다.

$b = k$일 때, ($1 \le k \le 9$인 자연수) $a + c = 2k$

이때, $a \ge 1$, $c \ge 0$이므로 $a' = a - 1 \ge 0$으로 나타내면

$a' + c = 2k - 1$

즉 $0 \le a' \le 8$, $0 \le c \le 9$를 만족하는 두 정수에 대하여 가능한 (a', c)의 경우를 구해보면 다음과 같다.

$k = 1 : (0, 1), (1, 0)$

$k = 2 : (0, 3), (1, 2), (2, 1), (3, 0)$

$k = 3 : (0, 5), (1, 4), (2, 3), (3, 2), (4, 1), (5, 0)$

$k=4$: $(0, 7), (1, 6), (2, 5), (3, 4), (4, 3), (5, 2), (6, 1), (7, 0)$

$k=5$: $(0, 9), (1, 8), (2, 7), (3, 6), (4, 5), (5, 4), (6, 3), (7, 2), (8, 1)$

$k=6$: $(2, 9), (3, 8), (4, 7), (5, 6), (6, 5), (7, 4), (8, 3)$

$k=7$: $(4, 9), (5, 8), (6, 7), (7, 6), (8, 5)$

$k=8$: $(6, 9), (7, 8), (8, 7)$

$k=9$: $(8, 9)$

따라서 문제의 조건을 만족하는 세 자리 자연수의 개수는

$2+4+6+8+9+7+5+3+1=45$

답 45

유형 연습 더 하기

01 ⑤   **02** 288   **03** ⑤   **04** ①   **05** ①

01

다섯 번의 봉사활동 시간 합계가 8시간이 되도록 하는 방법은 다음과 같다.

$8=1+1+1+1+4$

$\quad=1+1+1+2+3$

$\quad=1+1+2+2+2$

(ⅰ) $8=1+1+1+1+4$인 경우

작성할 수 있는 봉사활동 계획서의 가짓수는

A, A, A, A, D를 나열하는 방법의 수와 같으므로

$\dfrac{5!}{4!}=5$(가지)

(ⅱ) $8=1+1+1+2+3$인 경우

작성할 수 있는 봉사활동 계획서의 가짓수는

A, A, A, B, C를 나열하는 방법의 수와 같으므로

$\dfrac{5!}{3!}=20$(가지)

(ⅲ) $8=1+1+2+2+2$인 경우

작성할 수 있는 봉사활동 계획서의 가짓수는

A, A, B, B, B를 나열하는 방법의 수와 같으므로

$\dfrac{5!}{2!3!}=10$(가지)

따라서 구하는 가짓수는 $5+20+10=35$(가지)

답 ⑤

02

(ⅰ) 3학년 생도 중 1명이 운전석에 앉는 경우의 수는 2

(ⅱ) 1학년 생도 2명이 같은 줄에 이웃하여 앉는 경우는 가운데 줄에 2가지, 뒷줄에 1가지 경우가 있다. 또, 1학년 생도까지 자리를 바꾸어 앉을 수 있으므로 그 경우의 수는 $3\times2=6$

(ⅲ) 나머지 4자리에 3명의 생도가 앉는 경우의 수는

$_4\mathrm{P}_3=4\times3\times2=24$

(ⅰ), (ⅱ), (ⅲ)에서 구하는 경우의 수는 $2\times6\times24=288$

답 288

03

1, 3, 5, 7, 9가 적힌 다섯 장의 카드를 중복을 허락하여 3장을 뽑는다고 하자. 이때 뽑힌 순서대로 x_1, x_2, x_3라고 하자.

x_1, x_2, x_3는 각각 세 자리 수의 첫 번째 자리, 두 번째 자리, 세 번째 자리를 의미한다.

이렇게 뽑힌 세 자리 수는 집합 P의 원소가 될 것이다.

(ⅰ) $x_1=9$일 때 가능한 세 자리 수

$_5\Pi_2=5\times5=25$

(ⅱ) $x_1=7$, $x_2=9$일 때 가능한 세 자리 수

$_5\Pi_1=5$

(ⅲ) $x_1=7$, $x_2=7$일 때 가능한 세 자리 수

$_5\Pi_1=5$

(ⅳ) $x_1=7$, $x_2=5$일 때 가능한 세 자리 수

$_5\Pi_1=5$

여기까지 총 40개의 세 자리 수가 나온다.

그 다음 세 자리 수는 $x_1=7$, $x_2=3$, $x_3=9$일 때 만들어진다.

$a=7$, $b=3$, $c=9$이므로

$a+b+c=19$

답 ⑤

04

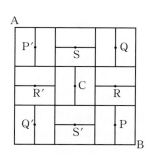

P만 지나는 경우의 수 : $\dfrac{4!}{2!2!}=6$

S만 지나는 경우의 수 : $\dfrac{3!}{2!1!}=3$

Q만 지나는 경우의 수 : 1

R만 지나는 경우의 수 : $\dfrac{3!}{2!1!}=3$

C만 지나는 경우의 수 : $2\times2=4$

P'만 지나는 경우의 수 : $\dfrac{4!}{2!2!}=6$

Q'만 지나는 경우의 수 : 1

R'만 지나는 경우의 수 : $\dfrac{3!}{2!1!}=3$

S'만 지나는 경우의 수 : $\dfrac{3!}{2!1!}=3$

따라서 구하는 경우의 수는

$6+3+1+3+4+6+1+3+3=30$

답 ①

05 구하는 최단경로의 수는 다음 그림에서 A에서 B로 가는 최단경로의 수와 같다.

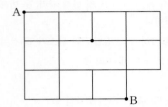

$\therefore \dfrac{6!}{3! \times 3!} - \dfrac{3!}{2!} \times 2! = 20 - 6 = 14$ 답 ①

---

02 조합

기출 유형 더 풀기

| 01 ② | 02 510 | 03 ④ | 04 ③ | 05 ② |
| 06 720 | 07 ① |

01 6개 구역의 넓이의 합이 같아지도록 두 부분으로 나누어야 하므로, 각 구역의 넓이는 8km^2여야만 한다. 따라서 다음과 같은 조합의 가짓수가 나온다.

(i) (A, B), (C, D, E, F)로 나눌 경우

  $2! \times 4! \times 2 = 96$(A, B의 순열, C, D, E, F의 순열, 경찰관 두 명이 순서를 바꾸는 경우)

(ii) (A, △, △), (B, △, △) 꼴로 나눌 경우(3개씩 순찰할 경우 △에는 각각 C, D, E, F 중 하나가 들어간다.)

  ${}_4\text{C}_2 \times 3! \times 3! \times 2 = 432$(C, D, E, F를 나누는 경우, (A, △, △)의 순열, (B, △, △)의 순열, 경찰관 두 명이 순서를 바꾸는 경우)

따라서 총 528가지이다.   답 ②

02 친구 A, B, C에게 날짜를 분배한다고 볼 수 있다.

(i) 각 2일씩 분배 ${}_6\text{C}_2 \times {}_4\text{C}_2 \times {}_2\text{C}_2 = 90$

(ii) 1일, 2일, 3일씩 분배 $3! \times {}_6\text{C}_3 \times {}_3\text{C}_2 \times {}_1\text{C}_1 = 360$

(iii) 0일, 3일, 3일씩 분배 ${}_3\text{C}_2 \times {}_6\text{C}_0 \times {}_6\text{C}_3 \times {}_3\text{C}_3 = 60$

따라서 친구를 초대하는 모든 방법의 수는

$90 + 360 + 60 = 510$ 답 510

03 (i) 함수 f의 경우의 수

우선, B에서 A에 대응할 원소 3개를 뽑는 경우의 수는 ${}_4\text{C}_3$이다.

대응할 원소가 정해졌을 때 A에서 B로 원소를 대응하는 경우의 수는 B에서 뽑힌 3개의 원소를 나열하는 경우의 수와 같으므로 $3!$이다.

따라서 함수 f의 경우의 수는 ${}_4\text{C}_3 \times 3!$이다.

(ii) 함수 g의 경우의 수

함수 f에서 A의 원소에 대응하는 B의 원소는 3개이다. 합성함수 $g \circ f$가 역함수를 가지려면 이 3개의 원소가 함수 g에서 C의 원소 3개에 각각 하나씩 대응해야 한다. 이때 A의 원소에 대응하지 않는 B의 원소 1개는 C의 원소 3개 중 하나에 대응된다. 따라서 함수 g의 경우의 수는 $3! \times 3$이다.

따라서 순서쌍의 개수는

${}_4\text{C}_3 \times 3! \times 3! \times 3 = 432$ 답 ④

04 문제의 조건에 맞는 방법 중 하나는 아래와 같다.

1	2	3	4	5	6	7	8	9	10	11	12	13	14	15

이때 뽑은 숫자 네 개 중 가장 작은 수를 제외한 세 개 앞에는 적어도 두 칸이 존재해야 함을 알 수 있다.

따라서 가장 작은 수를 제외한 나머지 세 수의 경우 각각 앞의 두 수와 세트라고 생각하고 그림을 그리면 다음과 같다.

X ☐ Y ☐☐☐ Z ☐☐☐ T ☐☐☐ W

위 그림에서 빈칸은 위에서 정한 숫자의 세트이다.

이때 10개의 빈칸을 제외하고 X, Y, Z, T, W라고 표시된 자리에 나머지 숫자가 오게 된다.

즉 숫자들은 X, Y, Z, T, W 자리 중에서 중복을 허락하여 세트 이외의 숫자가 올 5개의 자리를 고르는 경우와 같다.

$\therefore {}_5\text{H}_5 = {}_9\text{C}_5 = 126$ 답 ③

05 8월은 31일이고 순찰하는 5일을 먼저 두고 그 사이와 양옆에 쉬는 날을 배치한다.

(i) 5일을 먼저 두고 그 사이에 쉬는 날을 1일씩 총 4일 둔다.

(ii) 나머지 쉬는 날 22일을 5일 사이와 양 끝, 이렇게 총 6곳에 배치한다.

즉 6곳 위치의 중복을 허락하여 22개를 뽑는다.

$\therefore {}_6\text{H}_{22} = {}_{27}\text{C}_{22} = {}_{27}\text{C}_5$ 답 ②

06 $\displaystyle\sum_{k=0}^{n} k(k-1)(k-2){}_n\text{C}_k p^k (1-p)^{n-k}$

$= \displaystyle\sum_{k=3}^{n} k(k-1)(k-2)\dfrac{n!}{(n-k)!\,k!} p^k (1-p)^{n-k}$

$= \displaystyle\sum_{k=3}^{n} \dfrac{n(n-1)(n-2)(n-3)!}{(n-k)!(k-3)!} p^k (1-p)^{n-k}$

$= n(n-1)(n-2)\displaystyle\sum_{k=3}^{n} \dfrac{(n-3)!}{(n-k)!(k-3)!} p^k (1-p)^{n-k}$

$$=n(n-1)(n-2)\sum_{k=3}^{n}{}_{n-3}C_{k-3}p^k(1-p)^{n-k}$$

$$=n(n-1)(n-2)p^3\sum_{k=3}^{n}{}_{n-3}C_{k-3}p^{k-3}(1-p)^{(n-3)-k}=n(n-1)(n-2)p^3$$

$$(\because \sum_{k=3}^{n}{}_{n-3}C_{k-3}p^k(1-p)^{(n-3)-k} 는 \{p+(1-p)\}^{n-3}의 \ 이항정리이고$$

그 값은 $1^{n-3}=1$)

$\therefore f(n)=n(n-1)(n-2)$

$\therefore f(10)=10\times9\times8=720$ **답** 720

07

(ⅰ) 삼차항이 2개, 일차항이 1개, 상수항이 1개일 때 :
$${}_4C_2\times{}_2C_1\times3\times a=36a$$

(ⅱ) 삼차항이 1개, 이차항이 2개, 상수항이 1개일 때 :
$${}_4C_1\times{}_3C_2\times3^2\times a=108a$$

(ⅲ) 삼차항이 1개, 이차항이 1개, 일차항이 2개일 때 :
$${}_4C_1\times{}_3C_1\times3^3=324$$

(ⅳ) 이차항이 3개, 일차항이 1개 일 때 : ${}_4C_3\times3^4=324$

따라서 $144a+648=2^3\times3^5$이므로 $a=9$ **답** ①

유형 연습 더 하기

01 ④　　　02 4

01

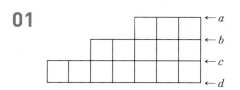

먼저 직사각형의 윗변과 아랫변을 선택한 후, 세로선을 2개 선택하면 된다.

이때, 윗변과 아랫변을 선택하는 경우는 다음 6가지 경우가 있으며, 각각의 경우에서 세로선을 2개 선택하는 경우의 수는

a, b인 경우 : ${}_4C_2=6$,

a, c인 경우 : ${}_4C_2=6$,

a, d인 경우 : ${}_4C_2=6$,

b, c인 경우 : ${}_6C_2=15$,

b, d인 경우 : ${}_6C_2=15$,

c, d인 경우 : ${}_8C_2=28$

따라서 구하는 직사각형의 개수는

$6+6+6+15+15+28=76$ **답** ④

02

이항정리에 의하여 상수항은 어떤 k에 대하여
$${}_{10}C_k(x^n)^k\left(\frac{1}{x}\right)^{10-k}=45$$

이때 ${}_{10}C_k=45$이므로 $k=2$

따라서 $(x^n)^2\left(\frac{1}{x}\right)^8=x^0$이므로 $2n-8=0$

$\therefore n=4$ **답** 4

01 확률의 뜻과 활용 및 조건부확률

기출 유형 더 풀기

01 ④　　02 ③　　03 ③　　04 ④　　05 ③

06 ④

01

전체 경우의 수는 $7^3=343$

e를 하나도 포함하지 않는 경우의 수는 e를 제외한 6개의 문자 중 중복을 허락하여 3개를 선택해 문자열을 만드는 수와 같다.

따라서

$6^3=216$

$\therefore 1-\dfrac{216}{343}=\dfrac{127}{343}$ **답** ④

02

주어진 상황처럼 나올 수 있는 가짓수를 모두 적어보면,

$(1, 1, 2), (1, 2, 3), (2, 2, 4), (2, 3, 5), (3, 1, 4), (3, 2, 5),$

$(3, 3, 6), (4, 1, 5), (4, 2, 6)$

총 9가지이다.

주사위를 총 세 번 던지는 경우의 수는 $6^3=216$

$(1, 1, 2), (2, 2, 4), (3, 3, 6)$을 배열하는 경우의 수는 각각 $\dfrac{3!}{2!}=3$으로 총 9가지이고, 나머지 6가지를 배열하는 경우의 수는 각각 $3!=6$으로 총 36가지이다.

따라서 총 확률은 $\dfrac{45}{216}=\dfrac{5}{24}$ **답** ③

03

정해진 기준을 만족시킨 참가자의 수를 r, 전체 참가자의 수를 n이라고 하자. 오차의 한계를 고려했을 때, 기준을 만족한 인원은 93.5%에서 94.5% 사이이다.

$0.935\leq\dfrac{r}{n}\leq0.945$

참가자의 수가 최소이려면 탈락자 수가 최소이면서 위의 범위 안에 들어가는 n을 찾아야 한다.

탈락자가 1명인 경우 $0.935 \le \dfrac{n-1}{n} \le 0.945$를 만족하는 n이 참가자 수의 최솟값이 될 것이다.

$0.935 \le \dfrac{n-1}{n}$에서 $\dfrac{1}{0.065} \le n$, $\dfrac{n-1}{n} \le 0.945$, $n \le \dfrac{1}{0.055}$

$\therefore 15.38 \le n \le 18.18$

따라서 참가자 수의 최솟값은 16이다. **답** ③

04 10개의 공 중 3개의 공을 임의로 꺼낼 확률은

$_{10}P_3 = 10 \times 9 \times 8 = 720$

이 공 중 나중에 꺼낸 공에 적혀 있는 수가 더 큰 경우는

$_{10}C_3 = \dfrac{10 \times 9 \times 8}{3 \times 2 \times 1} = 120$

따라서 확률은 $\dfrac{1}{6}$이다. **답** ④

05 각 상자에서 $_5P_4$의 경우가 발생하므로 전체의 경우의 수는 $(_5P_4)^2 = 120^2$

5가지의 숫자를 뽑아서 네 자리 수 a, b를 각각 만들면 a, b의 각 자릿수 중 적어도 세 숫자가 겹친다.

(ⅰ) 세 숫자가 같은 경우

각각 $(p\ q\ r\ s)$, $(p\ q\ r\ t)$ 꼴로 뽑는 경우의 수는

$_5C_3 \times 2 = 20$

$(p\ q\ r\ s)$로 숫자를 만드는 경우의 수는 $4!$

만약 a가 pqrs라면 b는 qptr, qrpt, qrtp, qtpr, rpqt, rptq, rtpq, rtqp, tpqr, trpq, trqp로 총 11가지가 나온다.

따라서 경우의 수는 $20 \times 24 \times 11$이다.

(ⅱ) 네 숫자가 같은 경우

$(p\ q\ r\ s)$를 뽑는 경우의 수는 $_5C_4 = 5$

$(p\ q\ r\ s)$로 숫자를 만드는 경우의 수는 $4!$

만약 a가 pqrs라면 b는 qpsr, qrsp, qspr, rpsq, rspq, rsqp, spqr, srpq, srqp로 총 9가지가 나온다.

따라서 경우의 수는 $5 \times 24 \times 9$이다.

$\therefore \dfrac{20 \times 24 \times 11 + 5 \times 24 \times 9}{120 \times 120} = \dfrac{44 + 9}{120} = \dfrac{53}{120}$ **답** ③

06 n번째 던졌을 때, 1의 눈이 나와 시행을 멈출 확률을 a_n이라 하면 $(n-1)$번까지 짝수의 눈이 나올 확률은 던질 때마다 각각 $\dfrac{1}{2}$이므로

$a_n = \left(\dfrac{1}{2}\right)^{n-1}\left(\dfrac{1}{6}\right)$

이때, 구하는 확률은 $\displaystyle\sum_{k=1}^{10} a_k$와 같으므로

$\displaystyle\sum_{k=1}^{10} a_k = \sum_{k=1}^{10}\left(\dfrac{1}{2}\right)^{k-1}\left(\dfrac{1}{6}\right) = \dfrac{1}{6} \times \dfrac{1-\left(\dfrac{1}{2}\right)^{10}}{1-\dfrac{1}{2}} = \dfrac{341}{1024}$ **답** ④

> **유형 연습 더 하기**
>
> **01** ③　　**02** ③　　**03** ④　　**04** ②

01 ㄱ. 주사위를 한 번 굴려 짝수의 눈이 나오면

$a_2 = -1$, 홀수의 눈이 나오면 $a_2 = 1$이다.

즉 $a_2 = 1$일 확률은 $\dfrac{1}{2}$이다. (참)

ㄴ. $a_2 = -1$일 때, 주사위를 한 번 굴려 짝수의 눈이 나오면

$a_3 = 0$, 홀수의 눈이 나오면 $a_3 = 1$이다.

또, $a_2 = 1$일 때, 짝수의 눈이 나오면 $a_3 = 0$,

홀수의 눈이 나오면 $a_3 = -1$이다.

따라서 $a_3 = 1$일 확률은 $\dfrac{1}{4}$이다.

한편, $a_4 = 0$일 경우는 $a_3 = 1$일 경우에서 홀수의 눈이 나오거나, $a_3 = -1$일 경우에서 짝수의 눈이 나올 경우이다. 각각의

확률은 $\dfrac{1}{4} \times \dfrac{1}{2} = \dfrac{1}{8}$이므로

$a_4 = 0$일 확률은 $\dfrac{1}{4}$이다.

따라서 $a_3 = 1$일 확률과 $a_4 = 0$일 확률은 서로 같다. (참)

ㄷ. $a_n = 0$일 확률을 p_n이라고 하면 p_n은 다음과 같은 규칙을 따른다.

(ⅰ) $a_{n-1} \ne 0$이라면 $\dfrac{1}{2}$의 확률로 $a_n = 0$이다.

(ⅱ) $a_{n-1} = 0$이면 $a_n = 0$일 확률은 0이다.

즉, $p_{n+1} = \dfrac{1}{2}(1 - p_n)$

따라서

$p_{n+2} = \dfrac{1}{2}(1 - p_{n+1}) = \dfrac{1}{2}\left\{1 - \dfrac{1}{2}(1 - p_n)\right\}$

$\qquad = \dfrac{1 + p_n}{4}$

이므로 $a_{11} = 0$일 확률은 $\dfrac{1+p}{4}$이다. (거짓) **답** ③

02 두 사건 A, B가 서로 독립이면 $P(A) \times P(B) = P(A \cap B)$를 만족해야 한다.

$P(A) = \dfrac{n+180}{2n+310}$, $P(B) = \dfrac{n+100}{2n+310}$,

$P(A \cap B) = \dfrac{n}{2n+310}$이므로

$P(A) \times P(B) = P(A \cap B)$에서

$\dfrac{n+180}{2n+310} \times \dfrac{n+100}{2n+310} = \dfrac{n}{2n+310}$

$(n+180)(n+100)=n(2n+310)$

$n^2+280n+18000=2n^2+310n$

$n^2+30n-18000=0$

$(n+150)(n-120)=0$

$\therefore n=120 \quad (\because n>0)$ 답 ③

03 (가) ${}_4C_3\times\dfrac{1}{5}\times\dfrac{1}{5}\times\dfrac{1}{5}\times\dfrac{4}{5}=\dfrac{16}{625}$, $p=16$

(나) ${}_4C_2\times{}_2C_1\times\dfrac{1}{5}\times\dfrac{1}{5}\times\dfrac{1}{5}\times\dfrac{3}{5}=\dfrac{36}{625}$, $q=36$

(다) $\dfrac{1+16+6+36}{625}=\dfrac{59}{625}$, $r=59$

$\therefore p+r+q=111$ 답 ④

04 주사위를 100번 반복하여 던지는 각각의 시행은 독립
시행이고, 주사위를 1번 던져 3의 배수가 나올 확률은 $\dfrac{1}{3}$이므로

$P(k)={}_{100}C_k\left(\dfrac{1}{3}\right)^k\left(\dfrac{2}{3}\right)^{100-k}$ $(k=0,\ 1,\ 2,\ \cdots,\ 100)$

$\displaystyle\sum_{k=1}^{50}\{P(2k-1)-P(2k)\}$

$=\{P(1)-P(2)\}+\{P(3)-P(4)\}+\cdots+\{P(99)-P(100)\}$

$={}_{100}C_1\left(\dfrac{1}{3}\right)\left(\dfrac{2}{3}\right)^{99}-{}_{100}C_2\left(\dfrac{1}{3}\right)^2\left(\dfrac{2}{3}\right)^{98}+{}_{100}C_3\left(\dfrac{1}{3}\right)^3\left(\dfrac{2}{3}\right)^{97}-\cdots$

$\qquad\qquad+{}_{100}C_{99}\left(\dfrac{1}{3}\right)^{99}\left(\dfrac{2}{3}\right)-{}_{100}C_{100}\left(\dfrac{1}{3}\right)^{100}$

$=-\left(\dfrac{1}{3}-\dfrac{2}{3}\right)^{100}+\left(\dfrac{2}{3}\right)^{100}=\left(\dfrac{2}{3}\right)^{100}-\left(\dfrac{1}{3}\right)^{100}$ 답 ②

Ⅲ. 통계

❶ 확률분포와 정규분포

기출 유형 더 풀기

01 ③

01 평균이 m, 분산이 σ^2이므로 $N(m,\ \sigma^2)$를 따른다.

$P(m\le X\le m+\sigma)$이면 '우'를 부여한다.

따라서 '우'의 성적이 나올 확률은

$\therefore P(m\le X\le m+\sigma)=P(0\le Z\le1)=0.34$ 답 ③

유형 연습 더 하기

01 ②	02 24	03 93	04 59	05 ③
06 ②	07 18	08 ③	09 ①	10 ④

01 1부터 $(2n-1)$까지의 자연수가 하나씩 적혀 있으므로 짝
수가 적혀 있는 카드는 $(n-1)$장, 홀수가 적혀 있는 카드는 n장
있다.

정수 $k(0\le k\le3)$에 대하여 확률변수 X의 값이 k일 확률은 짝수
가 적혀 있는 카드 중에서 k장의 카드를 택하고, 홀수가 적혀 있
는 카드 중에서 3장 중 짝수가 적혀 있는 카드 k장을 제외한
$(\boxed{3}-k)$ 장의 카드를 택하는 경우의 수를 전체 경우의 수로 나눈
값이므로

홀수가 적혀 있는 카드를 3장 택하는 확률은

$P(X=0)=\dfrac{{}_nC_3}{{}_{2n-1}C_3}=\dfrac{n(n-2)}{2(2n-1)(2n-3)}$

이다. 또, 짝수가 적혀 있는 카드를 1장 택하고, 홀수가 적혀 있
는 카드를 2장 택하는 확률은

$P(X=1)=\dfrac{{}_{n-1}C_1\times{}_nC_2}{{}_{2n-1}C_3}$

$\qquad=\dfrac{(n-1)\times\dfrac{n(n-1)}{2}}{\dfrac{(2n-1)(2n-2)(2n-3)}{3\times2}}$

$\qquad=\dfrac{3n(n-1)}{2(2n-1)(2n-3)}$

이다. 또, 짝수가 적혀 있는 카드를 2장 택하고, 홀수가 적혀 있
는 카드를 1장 택하는 확률은

$P(X=2)=\dfrac{{}_{n-1}C_2\times{}_nC_1}{{}_{2n-1}C_3}$

$\qquad=\dfrac{\dfrac{(n-1)(n-2)}{2}\times n}{\dfrac{(2n-1)(2n-2)(2n-3)}{3\times2}}$

$\qquad=\boxed{\dfrac{3n(n-2)}{2(2n-1)(2n-3)}}$

이다. 마지막으로 짝수가 적혀 있는 카드를 3장 택할 확률은

$P(X=3)=\dfrac{{}_{n-1}C_3}{{}_{2n-1}C_3}=\dfrac{(n-2)(n-3)}{2(n-1)(2n-3)}$

이다. 그러므로

$E(X)=\displaystyle\sum_{k=0}^{3}\{k\times P(X=k)\}$

$\qquad=\dfrac{1\times3n(n-1)+2\times3n(n-2)+3\times(n-2)(n-3)}{2(2n-1)(2n-3)}$

$\qquad=\dfrac{6(n-1)(2n-3)}{2(2n-1)(2n-3)}=\boxed{\dfrac{3(n-1)}{2n-1}}$

이다. 따라서

$a=3$, $f(n)=\dfrac{3n(n-2)}{2(2n-1)(2n-3)}$, $g(n)=3(n-1)$이므로

$a \times f(5) \times g(8) = 3 \times \dfrac{5}{14} \times 21 = \dfrac{45}{2}$　　**답** ②

02

뒤집어 놓은 3개의 동전 중 뒤집어 놓기 전의 앞면이 나왔던 동전의 개수를 $a(=0, 1, 2, 3)$라고 하자.

(i) $a=0$일 때 $X=6$이고, 이때의 확률은 $\dfrac{{}_3C_0 \times {}_4C_3}{{}_7C_3} = \dfrac{4}{35}$

(ii) $a=1$일 때 $X=4$이고, 이때의 확률은 $\dfrac{{}_3C_1 \times {}_4C_2}{{}_7C_3} = \dfrac{18}{35}$

(iii) $a=2$일 때 $X=2$이고, 이때의 확률은 $\dfrac{{}_3C_2 \times {}_4C_1}{{}_7C_3} = \dfrac{12}{35}$

(iv) $a=3$일 때 $X=0$이고, 이때의 확률은 $\dfrac{{}_3C_3 \times {}_4C_0}{{}_7C_3} = \dfrac{1}{35}$

(i)~(iv)에 의하여 X의 확률분포를 표로 나타내면 다음과 같다.

X	0	2	4	6	합계
P(X)	$\dfrac{1}{35}$	$\dfrac{12}{35}$	$\dfrac{18}{35}$	$\dfrac{4}{35}$	1

$\therefore \mathrm{E}(X) = 0 \times \dfrac{1}{35} + 2 \times \dfrac{12}{35} + 4 \times \dfrac{18}{35} + 6 \times \dfrac{4}{35}$

$\quad = \dfrac{24+72+24}{35} = \dfrac{24}{7}$

$\therefore \mathrm{E}(7X) = 7\mathrm{E}(X) = 7 \times \dfrac{24}{7} = 24$　　**답** 24

03

최소 4경기 이상 처러야 우승팀이 결정되므로

$\mathrm{P}(X \le 3) = 0$

x	4	5	6	7	합계
P($X{=}x$)	$2 \times \left(\dfrac{1}{2}\right)^4 = \dfrac{1}{8}$	$2 \times {}_4C_1 \times \left(\dfrac{1}{2}\right)^5 = \dfrac{1}{4}$	$2 \times {}_5C_2 \times \left(\dfrac{1}{2}\right)^6 = \dfrac{5}{16}$	$2 \times {}_6C_3 \times \left(\dfrac{1}{2}\right)^7 = \dfrac{5}{16}$	1

X의 확률분포표가 위와 같으므로

$\mathrm{E}(X) = 4 \times \dfrac{1}{8} + 5 \times \dfrac{1}{4} + 6 \times \dfrac{5}{16} + 7 \times \dfrac{5}{16} = \dfrac{93}{16}$

$\therefore \mathrm{E}(16X) = 16\mathrm{E}(X) = 16 \times \dfrac{93}{16} = 93$　　**답** 93

04

확률변수 X의 확률분포는 다음과 같다.

$X{=}x$	P($X{=}x$)
3	$2 \times \dfrac{{}_5C_2 \times {}_5C_3}{{}_{10}C_5} = 2 \times \dfrac{10 \times 10}{252} = \dfrac{50}{63}$
4	$2 \times \dfrac{{}_5C_1 \times {}_5C_4}{{}_{10}C_5} = 2 \times \dfrac{5 \times 5}{252} = \dfrac{25}{126}$
5	$2 \times \dfrac{{}_5C_0 \times {}_5C_5}{{}_{10}C_5} = \dfrac{1}{126}$
합계	1

$\mathrm{E}(X) = 3 \times \dfrac{50}{63} + 4 \times \dfrac{25}{126} + 5 \times \dfrac{1}{126} = \dfrac{405}{126} = \dfrac{45}{14}$ 이므로

$\mathrm{E}(Y) = \mathrm{E}(14X+14) = 14\mathrm{E}(X) + 14 = 14 \times \dfrac{45}{14} + 14 = 59$　　**답** 59

05

문제의 조건에 맞는 경우는 세 수가 (1, 2, 3) (1, 3, 4), (1, 4, 5), (2, 3, 5)인 경우이다.

숫자 세 개를 뽑는 경우의 수는 ${}_5C_3$이다.

따라서 구하는 확률은 $\dfrac{4}{{}_5C_3} = \dfrac{2}{5}$이므로

확률변수 X는 이항분포 $\mathrm{B}\left(25, \dfrac{2}{5}\right)$를 따른다.

$\therefore \mathrm{E}(X) = 25 \times \dfrac{2}{5} = 10$,

$\quad \mathrm{V}(X) = 25 \times \dfrac{2}{5} \times \dfrac{3}{5} = 6$

$\therefore \mathrm{E}(X^2) = \mathrm{V}(X) + \{\mathrm{E}(X)\}^2$

$\qquad = 6 + 10^2 = 106$　　**답** ③

06

X가 이항분포 $\mathrm{B}(n, p)$를 따를 때 평균값은 np가 된다.

$\dfrac{1}{4}n = 5$

$\therefore n = 20$　　**답** ②

07

확률변수 X가 이항분포 $\mathrm{B}(n, p)$를 따를 때

$\mathrm{E}(X) = np$, $\mathrm{V}(X) = np(1-p)$이므로

$\mathrm{E}(3X) = 3\mathrm{E}(X) = 18$에서 $\mathrm{E}(X) = np = 6$

$\mathrm{E}(3X^2) = 3\mathrm{E}(X^2) = 120$이므로 $\mathrm{E}(X^2) = 40$

$\mathrm{V}(X) = np(1-p) = \mathrm{E}(X^2) - \{\mathrm{E}(X)\}^2$에서

$6(1-p) = 40 - 6^2 = 4$이므로 $p = \dfrac{1}{3}$

따라서 $p = \dfrac{1}{3}$을 $np = 6$에 대입하면 $n = 18$　　**답** 18

08

어떤 학생의 수학 점수를 X라 하면 확률변수 X는 정규분포 $\mathrm{N}(67, 12^2)$을 따르므로

$\mathrm{P}(X \ge 79) = \mathrm{P}\left(Z \ge \dfrac{79-67}{12}\right) = \mathrm{P}(Z \ge 1)$

$\qquad = 0.5 - 0.3413 = 0.1587$　　**답** ③

09

(가), (나)에서

$\mathrm{P}(X \le 18) + \mathrm{P}(Y \ge 36) = \mathrm{P}(X \le 18) + \mathrm{P}\left(X \ge \dfrac{36}{a}\right) = 1$

이므로 $a = 2$

(다)에서

$\mathrm{P}(X \le 28) = \mathrm{P}(Y \ge 28) = \mathrm{P}\left(X \ge \dfrac{28}{2}\right) = \mathrm{P}(X \ge 14)$

X는 정규분포를 따르므로

$\mathrm{E}(X) = \dfrac{28+14}{2} = 21$

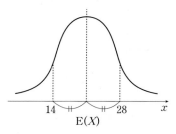

$$\therefore E(Y)=E(2X)=2E(X)=2\times21=42$$

답 ①

10 자영업자의 하루 매출액을 X라 하면 확률변수 X는 정규 분포 $N(30,\ 4^2)$을 따른다.

따라서 하루 매출액이 31만 원 이상일 확률은

$$P(X\geq31)=P\Big(Z\geq\frac{31-30}{4}\Big)$$
$$=P(Z\geq0.25)$$
$$=0.5-P(0\leq Z\leq0.25)$$
$$=0.5-0.1$$
$$=0.4$$

즉 하루에 기부를 하게 될 확률은 0.4가 된다.

이때, 기부한 날의 수를 Y라 하면 확률변수 Y는 이항분포 $B(600,\ 0.4)$를 따르고, 600은 충분히 크다고 볼 수 있으므로 확률변수 Y는 정규분포 $N(240,\ 12^2)$을 따르게 된다.

600일 동안 영업하여 기부할 총 금액이 222000원 이상이 되려면 하루에 1000원씩 기부한 날의 수가 222일 이상이어야 한다.

$$\therefore P(Y\geq222)=P\Big(Z\geq\frac{222-240}{12}\Big)$$
$$=P(Z\geq-1.5)$$
$$=P(-1.5\leq Z\leq0)+0.5$$
$$=P(0\leq Z\leq1.5)+0.5$$
$$=0.43+0.5$$
$$=0.93$$

답 ④

⑫ 통계적 추정

기출 유형 더 풀기

01 ③　　　**02** ⑤

01 대민 봉사센터의 전화상담의 통화시간을 확률변수 X라 고 하면 X는 정규분포 $N(8,\ 2^2)$을 따른다. 임의로 선택한 4통의 통화시간의 평균을 $\overline{X}$라 하면 $\overline{X}$는 정규분포 $N\Big(8,\ \big(\frac{2}{\sqrt{4}}\big)^2\Big)$, 즉 $N(8,\ 1^2)$을 따른다.

임의의 4통의 통화 시간의 합이 30분 이상이어야 하므로, 한 통

당 7.5분 이상이어야 한다고 볼 수 있다.

$$\therefore P(X\geq7.5)=P\Big(Z\geq\frac{7.5-8}{1}\Big)$$
$$=P(Z\geq-0.5)$$
$$=0.5+P(0\leq Z\leq0.5)$$
$$=0.692$$

답 ③

02 우선 확률이 음수가 될 수 없으므로 표를 통해 a의 범위 를 구해야 한다.

$$a>0,\ \frac{2}{3}-a>0,\ 0<a<\frac{2}{3}$$
$$E(X)=3a+6\Big(\frac{2}{3}-a\Big)$$
$$=4-3a$$
$$V(X)=E(X^2)-\{E(X)\}^2$$
$$=9a+36\Big(\frac{2}{3}-a\Big)-(4-3a)^2$$
$$=24-27a-(9a^2-24a+16)$$
$$=-9a^2-3a+8$$
$$V(\overline{X})=\frac{1}{3}V(X)$$
$$=\frac{-9a^2-3a+8}{3}$$
$$=\frac{17}{12}$$
$$-36a^2-12a+32=17$$
$$36a^2+12a-15=(6a+5)(6a-3)=0$$
$$\therefore a=\frac{1}{2}$$

답 ⑤

유형 연습 더 하기

01 ②　　**02** ④　　**03** ②　　**04** 71　　**05** ④

01 이 사과는 $m=350$, $\sigma=30$인 정규분포를 따른다. 이 중 임의로 9개의 사과를 고르므로 표본의 개수 $n=9$이다. 표본의 평균을 $\overline{X}$라고 하면

즉, $P(345\leq\overline{X}\leq365)=P\Big(\dfrac{345-350}{\frac{30}{\sqrt{9}}}\leq Z\leq\dfrac{365-350}{\frac{30}{\sqrt{9}}}\Big)$
$$=P(-0.5\leq Z\leq1.5)$$

$$P(-0.5\leq Z\leq1.5)=P(0\leq Z\leq1.5)+P(0\leq Z\leq0.5)$$
$$=0.4332+0.1915$$
$$=0.6247$$

답 ②

02 모집단이 정규분포 $N(50, 10^2)$을 따르므로
표본평균 $\overline{X}$는 정규분포 $N\left(50, \dfrac{10^2}{25}\right)$, 즉 $N(50, 2^2)$을 따른다.

$$\therefore P(48 \leq \overline{X} \leq 54) = P\left(\dfrac{48-50}{2} \leq Z \leq \dfrac{54-50}{2}\right)$$
$$= P(-1 \leq Z \leq 2)$$
$$= P(0 \leq Z \leq 1) + P(0 \leq Z \leq 2)$$
$$= 0.3413 + 0.4772$$
$$= 0.8185 \qquad \text{답} \textcircled{4}$$

03 임의로 추출한 16가구의 월 식료품 구입비의 표본평균
$\overline{X}$는 정규분포 $N\left(45, \left(\dfrac{8}{\sqrt{16}}\right)^2\right)$, 즉 $N(45, 2^2)$을 따르므로

$$P(44 \leq \overline{X} \leq 47) = P(44 \leq \overline{X} \leq 45) + P(45 \leq \overline{X} \leq 47)$$
$$= P(-0.5 \leq Z \leq 0) + P(0 \leq Z \leq 1)$$
$$= 0.1915 + 0.3413$$
$$= 0.5328 \qquad \text{답} \textcircled{2}$$

04 표본의 평균을 $\overline{x}$라 할 때 모평균 m의 신뢰구간은
$$\overline{x} - 1.96\dfrac{1.2}{\sqrt{n}} \leq m \leq \overline{x} + 1.96\dfrac{1.2}{\sqrt{n}}$$
구간의 길이는
$$b - a = 2 \times 1.96 \times \dfrac{1.2}{\sqrt{n}} \leq 0.56$$
$$\dfrac{2 \times 1.96 \times 1.2}{0.56} \leq \sqrt{n}, \ \left(\dfrac{2 \times 1.96 \times 1.2}{0.56}\right)^2 \leq n$$
$$\therefore n \geq 70.56$$
따라서 자연수 n의 최솟값은 71이다. $\qquad \text{답} \ 71$

05 X는 정규분포 $N(100, 0.6^2)$을 따르므로
$\overline{X}$는 정규분포 $N(100, 0.2^2)$을 따른다.
이때 $P(|\overline{X} - m| > c) \leq 0.05$ ······ ㉠
$$P(|\overline{X} - m| \geq c) = P\left(\dfrac{|\overline{X} - m|}{0.2} \geq \dfrac{c}{0.2}\right)$$
$$= P\left(|Z| \geq \dfrac{c}{0.2}\right)$$
$$= 1 - 2P\left(0 \leq Z \leq \dfrac{c}{0.2}\right)$$

이를 ㉠에 대입하면
$$1 - 2P\left(0 \leq Z \leq \dfrac{c}{0.2}\right) \leq 0.05$$
$$P\left(0 \leq Z \leq \dfrac{c}{0.2}\right) \geq 0.475$$

표준정규분포표에 의하여
$$\dfrac{c}{0.2} \geq 1.96 \ \therefore c \geq 0.392$$

따라서 상수 c의 최솟값은 0.392이다. $\qquad \text{답} \textcircled{4}$

MEMO

MEMO

MEMO

사관학교·경찰대학 입학의 길잡이

기출보감

[문제편 + 해설편 + 별책 단어장]으로 구성된 사관학교와 경찰대학 기출문제집

꿈이당

경찰대학 수학

유형별 기출문제 총정리

정답 및 해설

단권화

쇼핑몰 http://www.cmass21.net/
블로그 http://blog.naver.com/bosungabi